重要国际科技组织概览

闫月勤　王海超　郑　淳　漆　婧◎编著

西南交通大学出版社
·成　都·

图书在版编目（CIP）数据

重要国际科技组织概览 / 闫月勤等编著. —成都：西南交通大学出版社，2023.1

ISBN 978-7-5643-8917-8

Ⅰ. ①重… Ⅱ. ①闫… Ⅲ. ①科学技术 - 国际组织 - 概况 - 世界 Ⅳ. ①G321.2

中国版本图书馆 CIP 数据核字（2022）第 169807 号

Zhongyao Guoji Keji Zuzhi Gailan

重要国际科技组织概览

闫月勤　王海超　郑　淳　漆　婧　**编著**

责任编辑	刘　昕
封面设计	原谋书装
出版发行	西南交通大学出版社 （四川省成都市金牛区二环路北一段 111 号 西南交通大学创新大厦 21 楼）
发行部电话	028-87600564　028-87600533
邮政编码	610031
网　　址	http://www.xnjdcbs.com
印　　刷	成都蜀通印务有限责任公司
成品尺寸	170 mm × 240 mm
印　　张	30.75
字　　数	485 千
版　　次	2023 年 1 月第 1 版
印　　次	2023 年 1 月第 1 次
书　　号	ISBN 978-7-5643-8917-8
定　　价	160.00 元

课件咨询电话：028-81435775

前言

国际组织是两个或两个以上的国际行为体，基于特定目的按照一定程序建立的以协议为基础的组织机构，是一种较为稳定、制度化和常设的国际交往高级形式。自20世纪80年代以来，随着全球化进程的全面开启，面临政府与市场“双失灵”的发展困境，数以万计的国际组织成为各国实现跨区域合作解决共同发展问题的重要路径之一，为化解区域冲突、加强区域共同安全、促进人类社会的共同进步与文化繁荣发挥着不可替代的作用。国际组织不仅见证了全球化进程这一人类社会发展的独特现象，也成为推动全球化进程的倡导者与参与者。值得注意的是，从总体上看，在新民族主义、单边主义等“去全球化”力量不断冲击着全球化进程的现实背景下，对解构全球化的这样一种“想象”并未实质性动摇国际组织在建构国际关系中的关键功能。相反，国际组织正在为维护人类构建命运共同体的理想发挥着愈加重要的作用。

国际科技组织，则是指以从事科学研究、推动全球科学技术发展为目的的国际性社会组织；是以知识的继承创新为目标而进行合理的管理与协调的具有高度自主性的国际社会实体。就全球科学领域来看，各类科技社团、学术组织也随着全球化进程的不断深入而不断建构及拓展其影响力，在推动各国及地区科学技术水平的协调发展、协调优势力量共同解决重大科学难题进而促进经济社会发展等方面发挥着重要作用。甚至有部分全球主要国际科技组织，尝试在某些“强政治”领域中发挥作用，成为缓解国家间关系的“缓冲器”。可以预见的是，与所谓的知识外交一样，科技外交将愈加成为各国在公共外交领域开展多边对话交流、夯实多边合作基础的又一重要手段。因此，通过加入各类国际科技组织，参与国际科技组织制度建设，可以维护我国学术界自身合法权益，扩大我国学术界的国际影响，获得学术领域的话语权；通过与国际学术界交流学习互动，可以帮助我国科研工作者及时掌握各学科发展前沿，迅速提升研究水平，推动我国科学研究与技术进步；通过为国际学术组织输送各级各类管理人才，不仅能够争取国际学术界话语权，维护我国学术界的合法权益，更是一个负责任的大国为国际社会应尽的义务、应做的贡献，也是我国综合国力提升的标志，是实现中华民族伟大复兴的具体途径。

我国一直高度重视面向全球开展广泛而深入的科技合作，推动中国深度融入全球创新合作网络，向世界贡献中国智慧。国家主席习近平在向 2021 中关村论坛视频致贺就指出，当今世界发展科学技术必须具有全球视野，把握时代脉搏，紧扣人类生产生活提出的新要求，强调“中国高度重视科技创新，致力于推动全球科技创新协作”。当前，在第四轮全球科技革命全面开启及中国进一步加强高新科技产业布局的时代背景下，面对世界百年未有之大变局，中国更要主动、深度地融入全球创新网络，推动中国智慧贡献于全人类的共同发展。而加强国际科技组织事务的参与将是实现这一目标的重要举措。

事实上，自中国改革开放以及全面实施科教兴国战略以来，中国科技工作者一直都在主动参与各类国际科技组织，在通过国际科技组织与国际同行建立广泛联系的同时，主动承担全球科技发展的责任，为全球科技事业发展做出了卓越的贡献。这不仅充分展现了中国老一辈科学家开放包容的精神气质，筑牢了当代中国科学家开展国际交流合作的精神基础，更为构建中国作为一个科技大国乃至科技强国的全球形象筑牢了事实根基。尤其是近年来，在科技部和中国科学技术协会的积极引导下，涉及更多学科及职业范畴的科技工作者、优秀工程师能够持续、有序地介入国际科技组织事务，甚至在一些关键岗位上任职，已经成为中国参与国际科技组织事务的重要亮点与新的起点。比如，国家自然科学基金委主任李静海院士于 2018 年至 2021 年期间任职国际科学理事会（ISC）副主席一职。中国科学技术协会荣誉委员、南开大学原校长龚克教授于 2019 年 11 月在澳大利亚墨尔本举行的世界工程组织联合会（WFEO）全体大会上就任主席一职，这是该组织成立 50 年以来首次由中国科学家担任主席。

当前，我国科学技术发展在全球范围内处于跟踪、并行和引领共存的发展阶段。要实现跨越式发展，有必要在更多领域形成引领态势，这是一个国家科学技术发展得到世界认可的标志，也是作为世界第二大经济体，我国要发挥国际影响力，获得更多国际话语权，负起大国责任，必须拥有的国际科技地位。

然而，中国在参与国际科技组织事务方面，还有很大提升空间。比如加入的国际科技组织数量不够多（以我为主建立的国际科技组织更少），公众和地方政府对参与国际科技组织的重要性认识还不够充分，学界对国际科技组织研究仍然较为欠缺等。最关键的是，从国际科技组织高级别岗位任职情况来看，中国同美国等西方国家还存在明显的差距。这些问题都在不同程度上制约着中国在科技领域全面提升全球影响力及建构科技话语能力。鉴于此，中国应持续加强面向国际科技组织的系统性研究，加大对有关国际科技组织基础性知识的普及力度，加快形成一幅有关国际科技组织发展的整体性图谱，为我国科技、外事、教育主管部门决策、为我国高校教师、科研工作者加入国际科技组织、为我国有针对性培养适应国际组织工作的人才、向国际组织选送优秀的工作人员提供参考，为提升我国在科技领域话语权、提升我国学术影响力做出贡献，为构建人类命运共同体做出贡献。

从服务我国提升全球科技影响力、提升话语权出发，从服务我国科技教育主管部门具体工作出发，基于针对性、代表性、重要性、特色性、覆盖性、可行性六个遴选原则，综合考虑中国科学技术协会下属全国学会的加入情况、中国科协系统的加入情况，2021 年，本研究团队遴选了 100 个研究样本组织。从章程、管理细则、战略计划等文献分析入手，形成了 100 篇重要国际组织概览作为研究成果之一，概览对所选取每个国际科技组织都进行综合研究，为广大读者呈现了各个国际科技组织的组织架构、议事规则、运行模式、筹资方式等重要内容，既是从事国际科技组织研究的研究者重要基础参考资料，也是科技教育外事主管部门、科研机构、高等学校了解乃至加入国际科技组织的重要参考。

国际组织协会联合会（UIA）出版的国际组织年鉴是国际上有关国际组织统计和分类比较权威的资料，该年鉴自 1909 年开始至今每年出版一套。

国际组织年鉴对所有收录的国际组织进行了比较详细分类，基本分为 5 组（见表 1）。第一组是国际团体（International bodies）；第二组是依附于国际组织的团体（Dependent bodies）；第三组是替代性的组织；第四组是与国际有关的国内组织（National bodies）；第五组是已经注销的、不活跃的或未经批准的国际组织（Dead，inactive and unconfirmed bodies）。本书中 100 个国际科技组织的排列顺序也按照国际组织协会的分类排列。

表 1　UIA 国际组织年鉴国际组织分类

	类型
国际组织	A 国际组织联盟
	B 全球性国际组织
	C 洲际国际组织联盟
	D 区域性国际组织
	F 特殊形式组织
依赖组织	E 以地名、人名或其他机构命名的组织
	K 辅助和内部组织
	R 宗教教团或世俗协会
替代性组织	S 自主性国际会议系列
	T 多边条约和政府间协定
国内组织	G 从事国际事务的国内组织
	N 国内组织
不活跃或未认可组织	H 面临解散或不活跃的组织
	J 新出现尚未确定的组织
	U 当前不活跃的非传统类组织

本书是中国科协国际科技交流中心 2021 年立项项目的研究成果之一，也是西南交通大学文科建设处 2021 年文科平台建设经费资助的研究成果。由于有关国际科技组织的文献资料类别及来源渠道非常有限，不同于联合国、经合组织、世界银行等主要政府间国际组织的研究资料汗牛充栋，本课题组前期所搜集的各类文献资料主要来源于这 100 个国际科技组织的官方网站，且均为英文、法文文献。鉴于文献资料数量的有限与翻译工作的繁杂，本书难免会有谬误及不足之处，恳请各位学术同仁给予批评指正。

闫月勤

2022 年 6 月于成都

目 录

三、洲际国际组织联盟（C 类）

国际大地测量与地球物理学联合会（IUGG）

国际大地测量与地球物理学联合会（International Union of Geodesy and Geophysics，IUGG）是一个国际性的非政府、非营利性科技组织，于 1919 年创建于比利时布鲁塞尔。作为国际科学理事会（ISC）的成员组织，IUGG 致力于促进在地球系统领域的国际交流与合作，特别是针对空间环境领域开展系统性创新（涉及物理、化学和数学等基础学科）。同时，IUGG 还与联合国教科文组织（UNESCO）在自然灾害、水文、海洋学研究领域开展了相关合作。IUGG 尤其重视为发展中国家解决重要科学问题提供必要支持，为其开展相关活动及计划提供必要的赞助（如面向非洲地区的地球科学发展、水资源开发与保护等议题）。

国际大地测量与地球物理学联合会（IUGG）基本信息

中文名称	国际大地测量与 地球物理学联合会	英文名称	International Union of Geodesy and Geophysics
成立时间	1919 年	总部所在地	比利时 布鲁塞尔
组织属性	非政府、非营利性组织	官方语言	英语、法语
组织标识			
官方网址	http://www.iugg.org/		
关注议题	通过国际科研合作与实施联合教育，持续促进地球和空间科学的发展，以更好地服务于实现人类共同福祉，并与政府决策者保持适时的沟通；推动地球环境保护事业的可持续发展，进一步加强人类社会应对自然灾害的灵活性		

一、历史沿革

1918 年第一次世界大战结束后，一些盟国的科学领导人开始考虑战后的科学合作复兴计划，组建了国际研究理事会（即国际科学理事会 ISC 的前身），IUGG 也是在 ISC 框架下成立的最早的几个国际科技组织之一。IUGG 的初创成员国一共有 9 个，分别是澳大利亚、比利时、加拿大、法国、英国、意大利、日本、葡萄牙、美国。在第二次世界大战结束以后，尤其是进入战后以和平和发展为主题的时期，IUGG 为更好地参与应对气候变化、自然灾害等复杂的科学挑战，研究视角逐渐从最初的以单学科为主转向多学科。IUGG 也因此能够更好地聚焦于如何服务于实现人类共同福祉，其国际影响力得到不断提升。进入 21 世纪以来，随着人类所面临的共同发展问题持续增多，发展系统性风险增强，IUGG 逐渐从一个“多学科研究联盟”向一个“跨领域研究组织”发展，其跨领域研究的属性得到进一步增强，其解决威胁人类生存的重大挑战的能力也得到不断提升。同时，IUGG 本身作为一个国际学术交流平台的功能得到不断强化，其成员组织数从最初的仅仅 9 个，扩展到如今的覆盖世界 5 个大洲的 73 个（截至 2022 年 6 月），这为来自世界各地的科学家开展更为紧密的合作、共享研究数据、开拓新的研究合作机会提供了必要条件。

二、发展构想

（一）组织使命

鼓励开展有关地质学的研究活动，包括促进和支持研究人员加强在地球和太空科学领域的探索，为人类可持续发展、自然资源管理优化和环境保护做出更多更大的贡献；促进科研交流与教育，包括在科学家群体中分享知识（尤其是面向发展中国家），鼓励各国更加积极地参与地球和空间科学的国际科研合作，捍卫科学家群体的思想和言论自由，促进在科学家群体中形塑有关科研道德的普遍性原则；推广相关政府间及国际性政策或标准，包括为决策者提供建议，倡导在地球和太空科学领域开放数据分享、联合制定出版政策；提升在全球范围内开展研究的协同性，加强地球与空间科学领域的全球合作，制定和推广数据获取、模型搭建和服务体系构建的标准化。

（二）主要活动

促进对与地球形态、地球内部、地表、淡水、冰冻圈、海洋和大气的物理和化学有关问题的研究，以及对其他行星的相关研究；发起、促进和协调对大地测量学和地球物理学问题的研究和调查，讨论并出版相关研究结果；促进和协调几个常设机构的科学活动。

三、组织架构

（一）成员类型

IUGG 的成员主要分为 4 种类型，分别是正式成员、非正式成员、附属成员、荣誉成员。

1.正式成员

IUGG 的正式成员是指一个国家或地区以其科学学会、研究理事会或通过组建“IUGG 国家委员会”参与 IUGG 相关工作的成员。“IUGG 国家委员会”将指派 1 名代表参与 IUGG 全体大会。正式成员需按自然年度缴纳一定数量的会费。截至 2022 年 6 月，IUGG 的正式成员数量为 58 个。

2.非正式成员

非正式成员也是以国家及地区为基本单位，以学术团体的形式加入 IUGG。与正式成员的区别在于，属于非正式成员序列的这些国家虽然已经在大地测量学和地球物理学领域开展了相关研究工作，但由于国民经济等原因，无法为 IUGG 的日常运行提供必要赞助，所以以非正式成员的身份加入 IUGG。截至 2022 年 6 月，IUGG 的非正式成员数量为 15 个。

3.附属成员

附属成员主要是指地球科学领域的各种国际组织，包括美国地球科学研究学会（AGI）、地球科学青年学者联盟（YES）等。附属成员的权利、义务和责任与非正式成员一样。通常来讲，IUGG 都会与这些附属成员联合开展一些研究项目。截至 2022 年 6 月，IUGG 的附属成员数量为 6 个。

4.荣誉成员

IUGG 的荣誉成员是指获得 IUGG 会士资格（Fellow）的个人。荣誉成员无权出席 IUGG 理事会会议。

（二）组织机构

自上而下，IUGG 的行政机构主要分为两个层级：一是全体大会和理事会；二是工作局（Bureau）（执行委员会），同时设立了财务委员会，平行于工作局，单独负责 IUGG 的财务相关工作。在处理相关学术事务的层面，IUGG 成立了 8 个国际专业协会（International Association）和 6 个委员会，还有为落实特定议题而成立的若干个工作组（Working Groups）。

1.全体大会

全体大会是 IUGG 的最高决策形式，每四年举行一次。“IUGG 国家委员会”将指派 1 名代表出席全体大会。全体大会将对 IUGG 的重大事项进行投票表决。全体大会将听取理事会提出的相关工作建议和工作草案。

2.理事会

理事会是 IUGG 的最高议事机构（理事会会议通常都在全体大会期间举行）。负责处理大部分行政管理事务。理事会的职责包括决定是否接纳新的正式成员和附属成员、选举财务委员会成员等。

3.工作局（执行委员会）

IUGG 工作局直接负责相关行政管理事务。IUGG 工作局由理事会选举成立，包括 7 名成员，分别是 1 名主席、1 名准主席、1 名秘书长、1 名财政官和 3 名常委。工作局通常每年举行 1 次例会。IUGG 工作局将负责统筹相关行政管理工作，系统推进 IUGG 目标的落实，包括为理事会制定相关工作草案等。

4.国际专业协会

IUGG 由 8 个国际专业协会组成，每个协会负责 IUGG 活动总体框架下的特定的学术主题，并可自行在这些学术主题下设立项目计划和开展系列活动。这些协会的行政组织架构与 IUGG 相同，设立了全体大会、工作局和委员会等。这 8 个协会分别是国际冰冻圈科学协会（IACS）、国际大地测量协会（IAG）、国际地磁学与高空科学协会（IAGA）、国际水文科学协会（IAHS）、国际气象学与大气科学协会（IAMAS）、国际海洋物理科学协会（IAPSO）、国际地震学与地球内部物理学协会（IASPEI）、国际火山学与地球内部化学协会（IAVCEI）。此外，IUGG 还设立了 6 个委员会，分别是气候和环境变化委员会（CCEC）、数学地球物理学委员会（CMG）、地球物理危险性与可持续发展委员会（GRC）、地球深部研究委员会（SEDI）、数据与信息委员会（UCDI）、行星科学委员会（UCPS）。

四、学术及沟通平台

IUGG 主要是通过设立研究计划、出版学术刊物、建立奖励机制、开展教育培训、支持青年学者和发起政策倡议等途径构建其全球影响力和全球工作网络。

1.设立研究计划

IUGG 目前正在开展的研究计划包括国际岩石圈计划（ILP）、全球大地观测系统计划（GGOS）、全球气候研究计划（WCRP）、系统性灾害风险防范研究计划（IRDR）、全球理解国际日（IYGU）、行星地球数学计划（MPE）、世界数据系统计划（WDS）。

2.出版学术刊物

自 2012 年起，英国剑桥出版社开始出版 IUGG 系列刊物。各国际专业协会也出版相关学术期刊和专著，包括在大地测量学界颇有号召力的《大地测量学研究》（IAG）、红皮书和蓝皮书等。

3.开展教育培训和支持青年学者

IUGG 每年都会在全球各地开办几十场学习工作坊或培训会，尤其是面向发展中国家提供科学教育活动。IUGG 每年还会举办多场学术研讨会，为世界青年学者拓展国际学术人脉，拓展职业发展道路，提供必要条件。

4.发起政策倡议

倡议科学政策一直是 IUGG 所开展系列活动的核心组成部分。IUGG 与联合国和其他国际或区域性组织携手合作，在全球范围内分享前沿的学术成果。

五、资金筹措

年度会员费、学术出版物的收入、社会捐赠是 IUGG 最主要的 3 大收入渠道。其中，会员费占比最高，通常为 60%以上。

国际地质科学联盟（IUGS）

国际地质科学联盟（International Union of Geological Sciences，IUGS）是一个国际性的非政府、非营利性科学组织，于 1961 年创建于法国巴黎。作为国际科学理事会（ISC）的成员组织，IUGS 是目前世界上最大的科学组织之一，在组织开展全球性基础和应用地学研究、地学的社会服务性以及运用地学研究成果为政府决策服务等方面发挥了重要作用。

根据中国国土资源部（现为中国自然资源部）2012 年 8 月 6 日与 IUGS 签署的合作协议，其秘书处已于 2012 年迁至北京，由中国地质调查局所属的中国地质科学院负责日常运行工作。IUGS 秘书处建立之初，办公地点设在加拿大地质调查局，先后迁至挪威地质调查局和美国地质调查局。

国际地质科学联盟（IUGS）基本信息

中文名称	国际地质科学联盟	英文名称	International Union of Geological Sciences
成立时间	1961 年	总部所在地	法国 巴黎
组织属性	非政府、非营利性组织	官方语言	英语
组织标识			
官方网址	https://www.iugs.org/		
关注议题	将地球科学的研究从人类学习的模式转变为人类学习与人工智能相结合的综合模式；促进在地质学领域的国际合作及促进相关学科间的合作，完善地质学领域的专用术语构建及研究标准构建；加强地质科学的普及化，开展地质学领域的教育培训活动等		

一、历史沿革

IUGS 的前身可追溯至 1878 年举办的第一届“国际地质大会”。由于“国际地质大会”一直是世界地质学家畅所欲言、相互交流的国际学术平台，成立关于地质科学的全球性联盟的想法一直被搁置。直到 1948 年，在联合国教科文组织的号召下，组建一个全球性联盟的倡议被再次提出。随之，地质科学界进行了反复讨论。直到 1960 年国际科学理事会的成立，因缺乏一个关于地质学的实体组织在国际科学理事会框架下开展工作，这从根本上催生了 IUGS。IUGS 最终在 1961 年正式宣告成立。

二、发展构想

（一）组织使命

IUGS 致力于鼓励和推动其成员开展地质科学相关工作，特别是符合更广泛社会利益和实际需求的研究（如资源的可持续发展）；与联合国教科文组织、国际科学理事会等国际组织建立更为紧密的联系，共同推动落实涉及人类发展的关键议题；通过发行优秀的出版物和出席国际科技论坛，提升其显示度和影响力。

（二）主要活动

IUGS 通过广泛而多样化的科学活动促进地球科学的发展和建立全球地理学术标准，增强公众对地质科学的认识，积极推动地质学领域的教育和培训活动。IUGS 的主要活动包括在全球范围内赞助各学术主题的专题讨论会和开展科学实地考察，发行出版物和设立学术标准。

三、组织架构

（一）成员类型

IUGS 的成员类型主要分为 3 个类别：正式成员、附属成员和非正式成员。

1.正式成员

正式成员是指能够代表并得到某个国家或某个地理区域的地质科学家集体授权的国家级地质委员会或国家科学研究院，截至 2022 年 6 月有 120 个。根据 IUGS 章程，正式成员将被进一步细分，以区别性地缴纳年度会员费。正式成员在 IUGS 全体大会中有投票权。

2.附属成员

附属成员是指与 IUGS 建立附属关系的非政府国际组织。这些国际组织在 IUGS 和 ISC 的框架下组织科学会议，规划并实施科学活动。截至 2022 年 6 月 IUGS 拥有 60 个附属成员。

3.非正式成员

非正式成员主要是指被 IUGS 赋予非正式成员资格的个人或研究机构，在 IUGS 全体大会中无投票权。

（二）组织机构

IUGS 的行政管理机构主要是由理事会、执行委员会和其他职能性委员会构成。IUGS 的学术事务则是由各专业委员会和分委员会负责。

1.理事会

理事会会议是 IUGS 的最高决策机构，在全体大会（IGC）期间召开。理事会由每个正式成员指派的 1 名或多名代表（代表团）组成，具体的代表数由每个正式成员所缴纳的会费数量决定。每个正式成员在理事会中只有 1 票投票权，但在 IUGS 全体大会中针对财务事务及有关议题，所有代表均有投票权。附属成员可列席理事会会议但无投票权。理事会会议将选举出 IUGS 官员（包括主席和副主席等）、相关委员会、执行委员会成员、IUGS 战略计划等重要文件。

2.执行委员会

执行委员会负责落实理事会的相关决策，是 IUGS 负责日常行政管理事务的最主要机构。执行委员会由 1 名主席、2 名副主席、1 名秘书长、前任主席、

1 名财政官和 4 名常委（每届任期 4 年），以及全体大会组委会代表组成。执行委员会还下设执行局，由主席、秘书长和财政官组成，负责日常行政管理工作。

3.其他职能性委员会

其他职能性委员会包括提名委员会、全体大会委员会、财务委员会、出版委员会、战略规划委员会，分别按照业务属性开展相关工作。职能性委员会通常由 1~3 名人员组成，分别是 1 名联络执行人和 2 名专家。

4.专业委员会

专业委员会每 4 年进行 1 次改选。专业委员会自行制定内部管理条例，但需得到执行委员会的同意。在处理学术事务上，各专业委员会具有较高的自由权，包括根据特定的议题举办国际会议以及出版学术刊物、专著和学术研究报告等。相关专业委员会和专业分委会如表 1 所示。

表 1　相关专业委员会和专业分委会

<table>
<tr><th>序号</th><th>专业委员会</th><th>专业分委会</th></tr>
<tr><td>1</td><td>地球科学教育、培训和技术转化委员会</td><td>—</td></tr>
<tr><td>2</td><td rowspan="2">地质遗产委员会</td><td>地理遗产地点和收集分委会</td></tr>
<tr><td>3</td><td>遗产石材分委会</td></tr>
<tr><td>4</td><td>地质科学史委员会</td><td>—</td></tr>
<tr><td>5</td><td>地球科学信息委员会</td><td>—</td></tr>
<tr><td>6</td><td rowspan="7">国际地层委员会</td><td>第四纪地层分委会</td></tr>
<tr><td>7</td><td>新近纪地层分委会</td></tr>
<tr><td>8</td><td>古近纪地层分委会</td></tr>
<tr><td>9</td><td>白垩纪地层分委会</td></tr>
<tr><td>10</td><td>侏罗纪地层分委会</td></tr>
<tr><td>11</td><td>三叠纪地层分委会</td></tr>
<tr><td>12</td><td>二叠纪地层分委会</td></tr>
</table>

续表

序号	专业委员会	专业分委会
13		石炭系地层分委会
14		泥盆纪地层分委会
15		志留纪地层分委会
16		奥陶纪地层分委会
17		寒武纪地层分委会
18		埃迪卡拉纪地层分委会
19		低温地层分委会
20		低温前地层分委会
21		地层分类分委会
22		时标校准分委会
23	国际地球化学标准委员会	—
24	构造与构造地质委员会	—

四、学术及沟通平台

IUGS 主要通过召开国际会议、实施教育培训活动、出版学术刊物促进地质学界科学家和学者的沟通与交流。IUGS 的国际会议包括国际地质大会（IGC）、各专业委员会和工作小组召开的国际会议。正在推进实施的计划或倡议包括：“国际岩石圈计划”（ILP）、“同位素与年代学计划”（TGIG）、“国际地球科学伙伴关系计划”（IGCP）、“未来资源计划”（RFG）。以“国际地球科学伙伴关系计划”（IGCP）为例，该计划是 IUGS 与联合国教科文组织共同实施的发展计划，旨在面向地质学界建立一个全球性的知识中心，促进地球科学领域的跨学科方向、跨区域的合作，促进自然资源的可持续利用、加强地质灾害风险防控等。

学术出版物方面，IUGS 主要出版“季刊”、会议论文集和联盟通信。“季刊”通常载有同行评审的学术型文章、地质学界的新闻和相关专题会议的报告等，会议论文集主要是汇编国际地质大会的学术论文，由伦敦地质学会（GSL）负责出版，“联盟通信”主要分享联盟发展的最新动态。

五、资金筹措

IUGS 的经费来源相对比较简单，主要是会费收入和联合国教科文组织的经费支持。根据 IUGS 发布的 2019 年年度工作报告，会费占比高达 76%，联合国教科文组织经费支持占 24%。

值得注意的是，IUGS 秘书处自 2012 年 12 月迁至北京以来，中国政府一直在为 IUGS 的发展提供可观而稳定的财政与后勤支持。在 IUGS 主席团和执委员的指导下，北京秘书处保持了专业和高效的运作，并在 IUGS 的科学活动和日常管理中发挥了积极的沟通和协调作用，为不断提升 IUGS 年度经费数量做出了贡献。

国际科学理事会（ISC）

“国际科学理事会”（International Science Council，ISC）（重组后）于 2018 年正式成立，其前身为于 1931 年成立的“国际科学联合会理事会”（ICSU）和 1952 年成立的“国际社会科学理事会”（ISSC）。其中，ISSC 由联合国教科文组织创立。

ISC 是世界上成员覆盖面最广泛、学科门类最齐全的综合性科技组织，在国际科技界具有强大号召力。目前，ISC 拥有 143 个组织成员、41 个联合会成员和 44 个联系成员*。ISC 的愿景是使科学成为全球公共利益（公共产品），能够代表全球科学界向世界发声，在引导、孵化和协调公众关切的重大国际行动中发挥领导作用。国家自然科学基金委主任李静海曾在 2018—2021 年任职 ISC 副主席一职。

国际科学理事会（ISC）基本信息

中文名称	国际科学理事会	英文名称	The International Science Council
成立时间	2018 年	总部所在地	法国 巴黎
组织属性	非政府、非营利性组织	官方语言	英语
组织标识	International Science Council		
官方网址	https://council.science/		
关注议题	促进对全球重大挑战的国际研究与学术合作；促进全球范围内科学严谨性、创造力和相关性的持续平等发展；保护科学自由，倡导负责任的科学实践原则		

* 截至 2022 年 1 月 13 日的 ISC 网站数据显示。

一、组织历史

“国际科学理事会”（ISC）的前身“国际科学联合会理事会”（International Council of Scientific Unions，ICSU）是一个非政府组织，拥有包括国家科学团体和国际科学联盟的全球成员。1931 年，ICSU 的前身“国际研究理事会”（International Research Council）在比利时布鲁塞尔成立，其宗旨是鼓励及推动国际科技与学术活动，促进国际科学理事会成员及各个国家成员间合作，促进、规划、协调或参加国际科技计划推展事项，担任国际性科学议题之咨商组织，促进大众理解科学等。“国际研究理事会”于 1998 年 4 月改名为“国际科学联合会理事会”，简称“国际科联”，集中了自然科学各个领域的专家及学者代表，在其召开的各个会议中经常反映出各国科学界共同关心的研究问题，同时也代表了当代世界科学发展的水准与动向。

“国际社会科学理事会”（International Social Science Council，ISSC）是根据联合国教科文组织（UNESCO）的《第 11 号决议》（1951）于 1952 年成立的一个非营利性国际学术组织。ISSC 旨在全球范围内代表社会与行为科学，推动社会和行为科学的研究及运用。UNESCO 和 ISSC 共同推出了 3 版《世界社会科学报告》。

2018 年，“国际科学联合会理事会”和“国际社会科学理事会”合并为“国际科学理事会”。

二、组织定位

（一）宗旨与愿景

ISC 致力于将科学作为一种全球公共产品加以保护。ISC 认为，科学知识是人类理解与体现其创造力的主要内容，应该为社会决策和公共政策提供基础知识。同时，科学数据和专业知识应面向全人类开放，所产生的利益也应由全人类共享。此外，科学实践、接受科学教育的机会和能力发展应当体现包容性与公平性。

ISC 的战略目标包括以下 4 个方面：

（1）体现所有科学和循证决策的价值；

（2）促进和支持面向全球关注的重大问题的国际科学研究和学术发展，并面向公众阐明涉及此类问题的相关科学知识；

（3）促进世界各地科学严谨性、创造力和相关性的持续平等发展；

（4）保护科学自由，倡导负责任的科学实践原则。

（二）相关战略计划（ISC 2022—2024 行动计划——科学与转型中的社会）

ISC 于 2019 年 9 月发布了其第一个 3 年行动计划，其中包括一系列雄心勃勃的科学计划和政策项目，这些项目与当代科学和社会发展密切相关。ISC 于 2021 年发布了《2022—2024 行动计划：科学与转型中的社会》。该行动计划描述了 ISC 未来 3 年的 5 大重点关注议题及 5 大重点工作方向。

1.重点关注领域

（1）全球可持续性：科学发展向可持续性转型、人类健康与发展、全球社会的系统性风险与全球紧急状况。

（2）数字时代背景下的科技融合：科学与教育的数字化转型；开发数字技术以促进可持续发展、融合技术——影响、道德与治理。

（3）政策和公共话语中的科学：探索与塑造科学的公共价值、全球层面的科学政策接口、科学的新常态。

（4）改变科学和科学系统的实践：开放的科学、参与的科学、科学评价。

（5）科学中的自由与责任：科学的多样性、包容性和自由；发展具有负责感的科学。

2.重点工作方向

（1）更有效地与成员互动：制定全面的 ISC 成员参与政策，加强对相关行之有效的参与原则、流程和实践活动的制度化；为各成员更直接、更积极地参与 ISC 的科学活动建立有效途径；确保构建更具有包容性的参与机制，促进成员更多介入 ISC 的活动。

（2）扩大成员的参与性：促进 ISC 更能够代表更为广泛的科学领域和学科；确保 ISC 的全球代表性；构建并践行 ISC 具有高度可持续性的共同愿景。

（3）进一步提高 ISC 的知名度与全球影响力：参与由 ISC 赞助机构（人）开展的相关活动（因为他们代表 ISC 开展富有成效的工作，特别是在开展社区治理方面);进一步扩大与有影响力的国际机构的合作伙伴关系,尤其与相关合作伙伴发展战略合作关系,以更为广泛、深入地拓展 ISC 的声誉、影响力和潜力;探索创建 ISC 会士(ISC Fellows)全球网络,将该荣誉授予那些在执行 ISC 工作计划方面发挥重要作用的科学人士,尤其是在某些特定领域作出重要贡献的科学人士以及积极推动与国际组织的合作并践行 ISC 工作建议的人士;进一步拓展理事会的沟通和资源延揽能力,促进系统发展。

(4)加快资源调动:通过制定相关工作原则,以指导与慈善组织及个人捐助者建立以及发展可持续发展关系;参与有针对性的筹款活动,并为开展相关活动设置相应预算;探索建立慈善信托基金,为长期财务规划提供行动框架,并提高 ISC 核心职能及开展相关活动的安全性。

(5)加强问责机制的建设:需要对 ISC 的进展方向、优先事项和发展进程进行仔细审查,以衡量它们在多大程度上服务于其成员发展的初衷。问责制是促进 ISC 可持续性发展的关键性制度。

三、组织架构

(一)组织加入

ISC 目前拥有 184 个正式成员(包括 143 个科学院类成员和 41 个科学联盟类成员)、44 个附属成员组织。

1.成员类型

根据 2021 年通过的新章程及议事规则(Statues and Rules of Procedure),ISC 的成员分为两个类别,即正式成员(Full Members)与非正式成员(Affiliated Members)。

(1)正式成员:(科学联盟等)致力于促进特定科学学科或科学领域发展的国际科学组织,包括科学联盟、科学协会及其他类似机构;(科学院等)代表一个国家、地区、某个领土范围或面向全球的科学院、研究理事会或类似的非营利性科学机构。

(2)附属成员组织:与理事会的隶属关系不属于上述成员类别,或者其活动与理事会的活动所属领域相同。附属成员交纳会费，但没有投票权。

2.加入方式

所有成员资格的申请必须以书面形式提交给秘书，并且必须在理事会会议召开至少两个月之前收到该书面申请，否则不予考虑。关于材料准备，申请单位必须附上其章程（复印件）和经申请单位负责人签字的声明，以说明申请单位将严格遵守 ISC 的章程和议事规则。选举委员会（Voting Members）将要求所有成员以电子方式对申请单位的成员资格进行投票。

（二）组织管理层级及主要职责

ISC 由 3 个层级的机构组成，自上而下，分别为“全体大会”（General Assembly）、“理事会”（Governing Board）、“执行团队”（Officers）。

1.全体大会

全体大会由所有成员国的代表组成。所有成员国均需自行选出代表团参加工作大会；任何代表均可在大会上发言。全体大会的主要职责包括：

（1）审查并批准理事会的优先议程和相关的执行计划；

（2）审查自上届大会结束以来在理事会监督下开展的相关理事会活动；

（3）建立对理事会开展相关科学、教育及行政工作所必要的委员会和机构；

（4）审查理事会成立的任何委员会和机构的活动；在不再需要其活动时履行职责，并批准其解散；

（5）每年通过电子或其他适当方式审查和批准理事会的审计账目；

（6）任命 1 名外聘审计员；

（7）确定成员应缴纳的年度会费规模，审查理事会提出的预算纲要草案；

（8）审查经由理事会通过的理事会成员资格申请；

（9）审查是否中止未履行 ISC 章程所规定的相关义务的相关成员的成员资格；

（10）选举“选举委员会”（Voting Members）委员；

（11）选举理事会主要官员和常任成员；

（12）讨论并决定对《章程》的修改。

2.理事会

理事会的总体职能是提供科学和战略领导，监督理事会的愿景、使命、原则和价值观的实现，并确保理事会管理的稳健性。理事会对工作大会负责。理事会由 16 名成员组成。理事会的主要官员和常任成员一般拥有 1 票投票权，这些人员包括：

（1）5 名主要官员，包括 1 名主席、1 名候任主席、3 名副主席；

（2）10 名常任成员；

（3）1 名首席执行官（无投票权）。

理事会的主要职责包括：

（1）制定优先事项议程以及相关活动方案、业务计划等，以供全体大会审查；

（2）审查经由全体大会批准的相关活动及业务计划的执行情况；

（3）审查理事会开展的相关科学活动并适当给予全体大会相关建议；

（4）向全体大会提交理事会开展的科学活动及其他活动的执行报告；

（5）提出供理事会审议的预算概要草案，以及成员在未来 3 年期间应缴纳的年度会费的规模，供全体大会审议；

（6）在全体大会的授权下，初步审查拟加入成员的资格；

（7）在全体大会的授权下，任命常设委员会和特设委员会委员；

（8）任命首席执行官。

3.执行团队

执行团队由 1 名主席、1 名候任主席、3 名副主席（分别负责外联、财务等）。这些官员负责在理事会会议之间监督理事会的日常事务。除了参加理事会会议之外，他们还视工作需要召开相关会议，通常每年两次。主席和副主席任期均为 3 年，不可连任。

4.常务委员会

大会将设立各种常务委员会，就理事会开展相关工作及履行相关职责提供建议。这些委员会由理事会根据成员提名进行任命。

常务委员会有如下几种。

（1）科学规划委员会：进行科学战略规划和审查，并处理与科学政策有关的重大问题。

（2）外联与参与委员会：与成员互动，重点关注成员事务以及与外部利益相关者的外联、伙伴关系和战略沟通等。

（3）科学自由与责任委员会：在全球范围内处理科学问题，促进科学自由及监督科学责任的履行。

（4）财务和筹款委员会：处理财务、审计、资源动员和风险管理等问题。

（5）选举委员会：负责建议和管理理事会的提名和选举程序。

（6）赞助人协会：由来自不同部门的许多杰出人士组成，他们由理事会任命，并在科学界内外为理事会提供咨询。

（7）特设委员会：由全体大会或理事会在有限的时间内设立，以处理具体的目标和任务，并在完成任务或实现目标后解散。

四、组织运行

（一）筹资机制

ISC 的主要经费来源是各成员每年缴纳的会费，其次是 ISC 总部所在地法国政府给予的经费支持，以及各种组织和基金会的捐款。根据 ISC《章程》的第 37 条规定，ISC 的会费由全体大会确定比例。

（二）议事规则

1.会议规则

除审查 ISC 年度账目不需要规定人数外，ISC 管理机构的所有决议都须通过合适的方式达到法定人数，可完全通过或部分通过电子通信等方式来完成。

（1）规定人数及其实施。

①规定人数。ISC 一次会议的召开或者确保会议的决议具有效力的一个必要前提，就是出席这次会议的人达到规定人数。根据 ISC《章程》，全体大会和理事会召集的现场或网络会议的法定人数应占到各类具有投票权的成员的半数以上。

②会议实施。主持人宣布会议开始之前要确认满足规定人数。如果主持人宣布会议开始时达到规定人数，那么会议照常进行；否则主持人将宣布会议终止，并不再进行任何表决，也不能宣布任何新动议。

（2）全体大会的召集与议事日程的确定。

ISC 全体大会的召集由理事会秘书长负责，一般应至少提前 6 个月通知各成员下一届大会召开的时间和地点，如遇特殊情况或因特殊需要，经理事会同意，并得到至少 1/3 成员的书面同意，可由理事会主席召集大会的特别会议。

全体大会的议事日程由秘书长拟定，成员如有拟列入全体大会议程的事项，须在确定全体大会召开日期前至少 4 个月提交给秘书长。大会议程确定后，秘书长应在会议开始前至少 3 个月通知到 ISC 所有成员。

（3）会议程序。

①宣布开会。主持人在判定出席人数满足法定人数后宣布开会，并按照议事日程指定的顺序组织会议进程。

②会议讨论。任何一件事务都可以由任何一位成员以动议的形式提交会议讨论，动议的主题可以是主张某种实质性的行动，或者要求进行某种调查并将结果向会议报告以便采取进一步的措施等。

③动议的处理。对动议的处理通常分为 6 个步骤，分别为提出动议、附议、宣布议题、辩论、提请表决、宣布表决结果。

2.表决规则

ISC 在发展过程中形成了一套较为成熟的议事规则，为处理和解决国际科学领域的合作问题提供了基本制度性保障。

（1）表决原则。

ISC 全体大会和理事会的决议应以正式出席或其他方式出席的多数会员的赞成票为准。

（2）投票权分配。

ISC 针对“科学战略和科学活动”“选举等其他决策性事务”“财务事务”这 3 大类事务，分别设置了不同的投票权分配。其中，除了“科学战略和科学活动”为平均分配以外，其余两类事务都进行了加权处理。

（3）决议委员会。

决议委员会由4个成员组成，由全体大会根据理事会的建议任命。决议委员会根据全体大会代表提出的决议整理、编辑和提出合格的建议提交大会审议、采纳，决议委员会将围绕ISC的部分意图或意见审查大会有关议题。

（三）主要学术活动

由于ISC是典型的伞状组织，因此其有关学术事务的会议的类型、所涉及的学科是非常广泛的，包括全体大会、执委会会议、各常委会会议等。主要的学术产品包括关于某研究主题的区域研究报告、各常务委员会的年度报告、各领域的科学研究计划等。

与其他“伞状”组织一样，ISC也提供竞争性经费支持项目，鼓励ISC成员能够持续性地优先考虑发展科学教育、加强外部合作及强化公众参与。根据ISC 2017—2019资助计划，ISC连续3年提供了每年10万欧元的经费资助。值得注意的是，ISC于2020年12月完成了《非洲领先2030年议程》综合研究项目（LIRA 2030），旨在提高非洲职业科学家在职业初期供给，以推进全球可持续发展。该项目得到了瑞典国际开发合作署的支持。

ISC出版的学术产品包括咨询说明、学术报告、学术评论等。

国际心理科学联合会（IUPsyS）

国际心理科学联合会（International Union of Psychological Science，IUPsyS），在 1951 年斯德哥尔摩举办的第 13 届国际心理学大会上成立，1982 年加入国际科学理事会（ISC）。IUPsyS 是世界各国和地区心理学会的联合组织，受联合国教科文组织（UNESCO）资助，致力于促进世界各国和地区心理学工作者的学术交流，组织有关心理学的国际会议。中国心理学会于 1980 年在莱比锡举行的第 22 届国际心理学大会上加入 IUPsyS，成为第 44 个成员组织。

国际心理科学联合会（IUPsyS）基本信息

中文名称	国际心理科学联合会	英文名称	International Union of Psychological Science
成立时间	1951 年	总部所在地	加拿大 蒙特利尔
组织属性	非政府、非营利性组织	官方语言	英语
组织标识	International Union of Psychological Science		
官方网址	https://www.iupsys.net/		
关注议题	推动国家、区域和国际范围内心理学作为基础科学和应用科学的发展		

一、历史沿革

IUPsyS 由国际心理学大会发展而来。1948 年，在英国爱丁堡举办的国际心理学大会上，国际心理科学联合会成立，并在 1951 年斯德哥尔摩举办的第 13 届国际心理学大会上正式通过了 IUPsyS 章程。同时，国际心理学大会委员会将其职能移交给新成立的 IUPsyS。国际心理学会委员会最后一任秘书长 H. S. Langfeld 教授成为 IUPsyS 第一任秘书长，委员会的成员也成为 IUPsyS

执行委员会的第一批成员。截至 2022 年 6 月，IUPsyS 拥有 93 个国家成员、19 个附属组织。

二、发展构想

（一）组织使命

IUPsyS 致力于推动国家、区域和国际范围内基础心理学和应用心理学的发展，开展的主要业务包括：

（1）促进心理学发展。

（2）增进不同国家心理学家思想和科学信息的交流。

（3）举办国际心理学大会和其他与心理学相关的会议。

（4）通过出版活动促进心理知识传播。

（5）促进不同国家间出版物和信息共享。

（6）促进心理学在教育、培训、研究和应用等领域行业标准的完善。

（7）促进心理学家和成员组织的发展。

（8）促进国家间特别是学生和青年研究人员的交流。

（9）促进国际、区域和国家间有关组织就共同关心的话题开展合作。

（二）主要活动

IUPsyS 的主要活动集中在促进心理学在理论和实践层面的发展，主要包括：

（1）召开每 4 年 1 次的国际心理学大会。

（2）出版《国际心理学杂志》《心理学丛书》《组织内部通讯》《月报》《国际大会议事录》《国际心理科学手册》等。

（3）组织或赞助区域性心理学会议，促进区域心理学发展并解决与该区域心理学相关问题。1995 年在中国广州举行了第一次心理学区域性会议——亚太地区心理学会议。随后南非、印度、沙特、泰国、约旦、保加利亚、巴哈马和乌干达等也举行了区域会议。

（4）支持开展心理学理论和实践相关项目，开展能力建设培训班，如曾在高加索地区（2009—2011 年）和亚太及中亚地区（2012 年、2013 年）开展的系列讲习班。其他能力建设培训班侧重于中东的和平建设（2007 年），以及特定区域（如东盟地区）的心理学教育、培训、实践和研究的发展（2013 年），以及针对来自低收入国家的心理学家、新兴心理学家和早期职业心理学家开展能力建设活动。

（5）托管全球心理信息资源。

（6）发展国际和区域网络以促进专业化合作。

（7）通过出版物、信息共享、项目实施等为 IUPsyS 成员提供服务。

（8）通过制定教育和培训、道德规范，完善理论和实践等领域的行业标准促进心理学发展。

（9）参与国际科学理事会、国际社会科学理事会、教科文组织、联合国和世界卫生组织等国际组织活动。

三、组织架构

（一）成员构成

IUPsyS 由国家成员组成。该组织的成员应为其全国心理学学会或此类学会的联合会或协会、国家科学院、国家研究理事会或类似组织。每个国家成员应按照所属类别缴纳年度会费。通常一个国家只允许有 1 个成员组织。

（二）组织架构

1.IUPsyS 大会

IUPsyS 的最高权力机构，由国家成员代表和执行委员会委员组成。IUPsyS 大会每两年举行 1 次。大会主要职责是选举主席和副主席；批准任命秘书长和财务主任；选举执行委员会的 10 名国家成员；选举、取消和调整成员资格；审议审计报告和财务报告；确定下届大会安排；制定 IUPsyS 议事规则。

2.执行委员会

IUPsyS 的行政机构是其执行委员会，由 IUPsyS 大会选举产生。执行委员会由大会选出的 10 名国家成员和 6 名 IUPsyS 官员组成。IUPsyS 官员为主席、副主席、秘书长、财政官和前任主席。在10个常任国家成员中直接选出至少8名，且任何一个国家成员选出的代表不得多于1名。除主席、副主席和前任主席外，执行委员会的其他成员任职不得超过8年。IUPsyS主席应为执行委员会主席。执行委员会应每年召开一次会议。

执行委员会的职权：批准任命行政官员；批准年度预算；监测国际心理学大会的开展组织情况以及在IUPsyS主持下开展其他活动；紧急情况下召集特别会议；任命常设委员会成员和审计员，并审查审计报告。

3.秘书处

秘书处由秘书长负责，成员包括行政联络员、行政助理和顾问，负责执行IUPsyS的行政事务。

4.常设委员会

IUPsyS还设有3个常设委员会：能力建设委员会，出版物和传播委员会，战略规划委员会。

四、学术及沟通平台

《国际心理学杂志》是IUPsyS的官方杂志，致力于在国家、地区和国际领域间促进心理学作为基础科学和应用科学的发展。该杂志鼓励心理学各个专业领域的发展，尤其是前沿领域。此外，IUPsyS还出版了大量心理学丛书和内部通信、月报以及国际心理科学手册等。

五、经费筹措

IUPsyS根据每个国家和地区的经济资源和人口、心理学家的人数、该成员组织所代表的心理学家的人数以及该国/地区的心理学的发展状况，确定6类会费缴纳标准，缴纳标准由执行委员会每4年确定1次。每类成员出席IUPsyS大会的代表人数及缴纳会费标准如表1所示。

表 1　IUPsyS 会费标准

序号	类别	出席代表大会人数	会费标准/$
1	1 类	1	125
2	2 类	2	775
3	3 类	2	1 550
4	4 类	2	4 650
5	5 类	2	6 200
6	6 类	2	15 500

世界工程组织联合会（WFEO）

世界工程组织联合会（World Federation of Engineering Organizations，WFEO），成立于1968年，总部位于法国巴黎。WFEO是在联合国教科文组织的倡议和支持下成立的世界上最大的非政府工程组织。目前，WFEO的成员覆盖了100多个国家和地区、11个相关领域的国际工程组织，涉及3 000多万工程师，是世界上最大的由国家成员和区域成员组成的国际组织，在国际工程领域具有广泛影响力。

中国科协于1981年代表中国正式加入WFEO，成为其国家成员。为大力提高我国在国际科技舞台的影响力和话语权，中国科协组建了WFEO工作协调委员会，积极组织我国科技工作者参加WFEO的活动，先后推荐张光斗、张维、钱易、沈士团、钟义信等人当选WFEO副主席或执委。经中国科协推荐，在2019年WFEO全体大会上，南开大学学术委员会主任龚克当选WFEO主席（任期2019—2021年）。

世界工程组织联合会（WFEO）基本信息

中文名称	世界工程组织联合会	英文名称	World Federation of Engineering Organizations
成立时间	1968年	总部所在地	法国 巴黎
组织属性	非政府、非营利性组织	官方语言	英语、法语
组织标识	World Federation of Engineering Organisations		
官方网址	http://www.wfeo.org/		
关注议题	开展工程学领域的相关活动和教育，推动世界各国工程学组织、科学和工业学术机构、大学和其他组织间的合作，促进全球工程学信息交流、技术转让、共享和评估		

一、历史沿革

（一）发展脉络

工程师基金会负责人、美国博士 A.D. Flinn 于 1921 年首次提出建立世界工程师组织的构想。1929 年，捷克斯洛伐克的 Stan Spacek 博士在东京的世界工程师大会上提出了世界工程师联合会的计划。1948 年的西欧和美国工程学会会议（EUSEC）大会，再次讨论了组建世界工程师联合会的构想。当时认为，需要一个世界性的组织推进有关工程师的教育与培训活动，并制定有关行为守则，以及开展相关国际合作与交流，切实解决工程工作存在的各类问题。虽然当时有代表美洲地区，拥有 23 个国家成员的泛美工程学会联合会（UPADI）；代表欧洲地区，并拥有 16 个成员的欧洲国家工程协会联合会（FEANI），以及拥有 17 个成员的英联邦工程师理事会（CEC），但没有代表世界所有大洲和地区的全球性组织。1965 年，欧洲科技技术学会（EUSEC）大会成立了一个咨询委员会，以审查世界工程组织联合会的可行性。EUSEC 主席 William Wisely 博士被任命为咨询委员会主席。在与教科文组织教育司司长迪诺·扎诺贝蒂博士讨论之后，1966 年 4 月 12—15 日在巴黎联合国教科文组织举行了一次会议，讨论了关于建立这样一个全球性组织的设想，并一致同意将现有的 EUSEC 扩展为新的全球性组织，并起草章程。新的组织将具有与 EUSEC 类似的结构和职能，成员包括国家和地区性组织，并与教科文组织保持密切联系，商定的名称为世界工程组织联合会（WFEO）。

（二）20 世纪 90 年代以来的主要活动

WFEO 的长期目标：开展工程学活动和教育，促进世界的相互理解，为可持续发展服务；按照“联合国教科文组织峰会议程”中确定的内容开展工程学项目和活动；鼓励成立并加强国家和国际工程师的协会；通过促进世界各国工程学组织、科学和工业学术机构、大学和其他组织之间的合作，提高社会效益；传播工程学信息，促进全球工程学信息流动；促进技术转让、共享和评估；讨论并制定提高工程学教育和培训质量的计划，为所有成员国工程学课程鉴定程序提供帮助；为促进工程服务自由交易、地区和国际工程资格认证提供指导；为保证公众安全、健康，对风险控制技术、防止和降低人为和自然灾害造成的损失的评估和传播提供帮助；举办会议和专业技术会议，并将讨论结果和建议进行传播；为有志于进入工程学专业领域的人士提供公平机会，使他们能够在世界范围内自由从事工程学研究。历任主席如表1所示。

表1　WFEO自成立以来的主席任职情况

任期	主席	国家
1968—1974	埃里克·乔西	瑞士
1975—1986	萨多克·本·杰玛	突尼斯
1986—1991	艾什林斯基	苏联
1991—1995	威廉·J·卡罗尔	美国
1995—1999	康拉多·鲍尔	阿根廷
1999—2003	何塞·梅德姆	西班牙
2003—2005	李义昌	马来西亚
2005—2007	卡梅尔·阿亚迪	突尼斯
2007—2009	巴里·格雷尔	澳大利亚
2009—2011	玛丽亚·普瑞托·拉法格	西班牙
2011—2013	阿德尔·卡拉菲	科威特
2013—2015	马万·阿卜杜勒·哈密德	巴勒斯坦
2015—2017	豪尔赫·斯皮塔利尼克	巴西
2017—2019	玛琳·坎加	澳大利亚
2019—2021	龚克	中国

二、发展构想

WFEO鼓励所有国家和国际成员通过提供国际视野和扶持机制，为建立可持续、平等与和平的世界做出贡献。

（1）在公众或专业人员所关注的问题上，提供专业信息与领导支持。

（2）服务社会，得到国际社会和公众的认可；为制定并推动落实有关工程、技术、人类与自然环境相关的政策提供支持。

（3）向世界各国提供有关工程信息，促进成员国之间的交流。

（4）通过适当应用技术，促进世界所有国家之间的和平、社会经济安全和可持续发展。

（5）通过在有关政策和投资的讨论中增加工程学方面的内容，以此促进与政府、企业之间的联系。

三、组织架构

（一）成员类型

WFEO 的成员类型有国家成员、国际成员、其他有投票权的成员、无投票权的成员、杰出研究员。

（1）国家成员由主权国家专业工程组织或一个主权国家内的联合会/协会组成。根据该国的国家标准，该成员被认为是最能代表技术能力的工程师的代表。

（2）国际成员是根据地区利益或在多边基础上组织的国家级专业工程机构的工会/协会，并已证明本身有能力开展活动。

（3）附属成员应包括存在于指定地理区域内的一个或多个专业工程组织。根据该特殊地理区域的标准，该成员被认为是技术能力最强的工程师的代表。

（4）准成员应是工程组织，营利性或非营利性的法人团体、大学、教育或研究机构，其注册目的是支持联合会的活动。

（5）杰出研究员是具有工程学背景，并对工程学做出杰出贡献的个人。

任何类别的成员资格均应向执行主任提出申请。申请应由理事会（Executive Board）评估。选举应由理事会投票通过，并在理事会收到年度会费之后生效。

WFEO 是典型的伞状组织，其国家成员和国际成员包括：中国科协（CAST）、英联邦工程师理事会（CEC）、阿拉伯工程师联合会（FAE）、非洲工程组织联合会（FAEO）、欧洲国家工程协会联合会（FEANI）、南亚和中亚工程学会联合会（FEISCA）、亚太工程学会联合会（FEIAP）、法国工程师学会（IESF）、泛美工程师协会联合会（UPADI）、科学与工程学会联盟（USEA）、东盟工程组织联合会（AFEO）、世界土木工程师协会（WCCE）。

（二）组织机构

1.常设技术性委员会

WFEO 的常设专业性技术委员会包括：反腐委员会、灾害风险管理委员会、工程教育委员会、能源委员会、信息通信委员会、工程与环境委员会、工程能力建设委员会、创新技术工程委员会、工程学中的女性职业发展委员会、青年工程师/未来领导者。

2.全体大会

全体大会是 WFEO 的最高决策机构，主要职能包括：

（1）选举执行理事会的官员和国家成员；

（2）根据执行理事会的建议，批准成员支付的年度会费；

（3）根据国家成员（主席国）的提议，成立“常设技术委员会”（STC）和“政策实施委员会”（PIC），选举主席国，批准主席国所提名的主席人选，并根据理事会的建议取消 STC 或 PIC 执行理事会；

（4）根据执行理事会的建议，设立、设定职权范围，取消委员会或工作组；

（5）审查、批准或修改执行理事会，执行局和执行主任自上一届全体大会以来所作出的相关决定；审查联盟的所有相关活动。

3.执行委员会

（1）执行理事会应包括以下表决权的成员：主席、准主席、前任主席、两名执行副主席和财政官；无投票权的成员、执行理事。

（2）执行理事会应任命内部审计官和执行理事长。

（3）执行主任应将全体大会、执行理事会和执行委员会的行动告知所有成员。

4.财务委员会

财务委员会成员包括财政官（主席）、准主席、内部审计师、副财政官以及两名由主席任命的执行理事会成员，执行主任将作为不具投票权的委员会成员。财务委员会的职责包括：

（1）为联合会未来的财务需求制订计划。

（2）鼓励促进为联合会各项活动筹措收入的工作，并接受有关情况报告；监督联合会两年一次预算拟订工作。

（3）审查并监督联合会收支情况、资产负债表、投资和维持联合会偿付能力的其他有关事务。

（4）监督对适当的投资战略的维护工作。

5.执行理事会

执行理事会应由下列有投票权的成员组成

（1）相关官员：1 名主席、1 名准主席、1 名前任主席、两名执行副主席兼财政官（目前只有 1 名）；

（2）11 名国家成员的代表；

（3）技术常务委员会（STC，共计 7 名主席）和政策执行委员会（PIC，共计 3 名主席）的所有主席；

（4）8 名国际成员（National Members）的代表，包括

① 来自主要大洲的 4 个国际成员的代表：非洲、亚洲、美洲、欧洲。

② 正式注册机构的代表，代表英联邦和阿拉伯工程师联合会的工程机构。

③ 以上两类中未包括的其他国际成员的另外两名代表（其他国际代表）。

四、学术及沟通平台

WFEO 作为全球最大的非政府“伞状”组织之一，在其总体框架下举办的各种活动是极其丰富的，涵盖了学术会议、人员培训、设定各种研究议程等，以及有关涉及行政事务的各种会议。WFEO 还与联合国教科文组织于 2000 年共同发起了“世界工程师大会”，以及于 2018 年号召设立“世界工程日”（每年的 3 月 4 日），汇聚在工程界的全球领军人物、学界翘楚，在推动全球可持续发展背景下，以服务人类共同利益为出发点，系统推进工程研究与应用的创新。WFEO 框架下的学术产品主要为各常设技术专业委员会的出版物。

五、资金筹措

WFEO 的资金来源主要为成员会费缴纳、会议注册费收入和赞助商捐款。目前全球范围有 6 家企业向 WFEO 捐款，其中 4 家来自中国。值得注意的是，WFEO 还成立了财务委员会，以此促进联合会各项活动经费筹措工作。

世界自然保护联盟（IUCN）

世界自然保护联盟（International Union for Conservation of Nature，IUCN）是世界上规模最大、历史最悠久且最具影响力的全球性、非营利自然生态保护机构，也是唯一在联合国大会拥有永久观察员席位的环保组织，于 1948 年 10 月在法国枫丹白露创立。IUCN 致力于寻找针对当前迫切的环境与发展问题的实用解决方式，协调并管理各国政府、非政府组织、联合国机构、企业与地方社群之间的各项合作计划，推行有关环境保护的政策和法规的落地。值得注意的是，IUCN 是政府和非政府机构均能参与的少数几个国际组织之一，而作为其下级分支的各专家委员会则接受个人志愿者加入。现有来自 160 多个国家的 200 多个政府机构成员以及 1 400 多个非政府机构成员，在全球 50 多个国家和地区拥有超过 1 000 名全职员工，并有超过 18 000 名学者自愿加入专家委员会工作。IUCN 尤其在自然保护传统领域处于领先地位，其行动议题包括 3 类，分别是拯救濒危动植物种、建立国家公园和保护区、评估物种的多样性以及生态系统的保护及重建等。

IUCN 自 20 世纪 80 年代起就与中国建立了工作联系。其中，中国外交部于 1996 年以国家成员的身份代表中国政府加入 IUCN，并于 2003 年成立中国联络处，于 2012 年正式设立 IUCN 中国代表处。IUCN 通过信息共享、国际交流、能力建设、设立地方示范项目等途径支持中国开展相关工作，除为中国在重要的国际环境问题上与国际社会开展合作提供政策法规等技术支持外，还充分发挥其全球性和区域性的优势，开展了“大都市水源地可持续保护计划”“中国保护地计划”“生态系统生产总值（GEP）核算”“未来红树林中国项目（MFF）”等本地项目，为中国提升在自然环境保护可持续发展领域的研究和实践水平提供了重要的支持。此外，中国教育部原副部长章新胜先生，曾任 IUCN 主席一职（2012—2021 年）。

世界自然保护联盟（IUCN）基本信息

中文名称	世界自然保护联盟	英文名称	International Union for Conservation of Nature
成立时间	1948 年	总部所在地	瑞士 格朗
组织属性	非政府、非营利性组织	官方语言	英语 法语 西班牙语
组织标识			
官方网址	www.iucn.org		
关注议题	影响、鼓励和支持全人类加强对自然的完整性和多样性的保护，并确保对自然资源的任何使用都是公平的和生态可持续性的		

一、历史沿革

第一任联合国教科文组织总干事朱利安·赫胥黎（Sir Julian Sorell Huxley）希望为国际自然保育联盟提供一个以促进学术交流和实践经验分享的平台，于是发起一个大会，希望能够通过创办一个新的环境机构来实现这一目的。第一届大会于 1948 年 10 月 5 日在法国枫丹白露举行，共有来自 18 个政府、7 个国际组织和 107 家地方性组织的代表参加了会议，会议决定共同签署“建制条案”（Constitutive Act），并创立 IUCN 的前身“自然保护联合会”（International Union for the Protection of Nature）。作为全球第一个以环境保护为主要议题的国际联盟，IUCN 将各国政府和民间社会组织聚集在一起，以保护自然为共同目标，协同推进自然环境的保护。在 20 世纪 60 年代，IUCN 主要关注人类活动如何对自然造成影响。从 20 世纪 60 年代到 70 年代，IUCN 则聚焦于保护物种及其生存所需的栖息地，并于 1964 年制定了 IUCN 濒危物种红色名录。该名录现已发展成为最全面的关于全球物种灭绝风险指数评估的数据库。1980 年，IUCN 与联合国环境规划署（UNEP）、世界自然基金会（WWF）合作，发布了《世界保护战略》，这是一份开创性的文件，帮助定义了“可持续发展”

的概念并提出了全球保护和可持续发展议程。1999 年，第 54 届联合国大会决议，IUCN 成为联合国大会永久观察员。此外，一直到 20 世纪末，IUCN 在制定重要的国际公约方面也发挥了关键作用，包括制定《拉姆萨尔湿地公约》（Ramsar Convention on Wetlands)（1971 年)、《世界遗产公约》(World Heritage Convention)（1972 年)、《濒危物种国际贸易公约》(Convention on International Trade in Endangered Species)（1974 年）和《生物多样性公约》(Convention on Biological Diversity)（1992)。进入 21 世纪以后，随着全球经济一体化进程的不断深入，IUCN 率先推出了"基于自然的解决方案"(Nature-based Solutions)，以应对粮食和水安全、气候变化、性别平等等人类面临的共同挑战。

二、发展构想

IUCN 希望影响、鼓励及协助全球各地的社会组织，保护自然的完整性与多样性，并确保在自然资源使用过程中的公平性及持续推动自然生态的可持续发展；满足并解决各国、各群体和居民在可持续发展方面的需求，并将其作为 IUCN 首要的行动准则，以更好地促使国家、民族群体肩负起对自然保护的责任。

三、组织架构

（一）成员类型

IUCN 的成员分为 4 大类和 6 个细分类型。第一大类主要是指政府机构及政治或经济一体化组织；第二大类主要是指本地非政府组织和国际非政府组织；第三大类主要是指民间团体组织；第四大类主要是指民间团体组织下的各类附属组织。所有成员都可以参加世界自然保护大会（WCC），并都拥有表决权*。

* 根据 IUCN《章程》，本地非政府组织拥有 1 票表决权，国际非政府组织拥有两票表决权。

1.第一大类

第一大类主要面向各国具有行政管理职能的各类政府组织、政府机构以及相关政治或经济一体化组织，前提是这些一体化组织已得到相关国家的授权并在 IUCN 框架下开展相关工作。

2.第二大类

第二大类主要是面向在某国境内成立的非政府机构或协会，以及由两个或两个以上国家成立的国际非政府机构和协会。

3.第三、第四大类

第三和第四大类主要是面向为促进社区发展而建立的团体组织。

（二）组织机构

IUCN 的行政管理事务主要由世界自然保护大会（WCC）、理事会、各国家委员会及区域委员会、区域成员论坛（Regional Fora of Members）负责；科学管理事务则是由各技术委员会负责。

1.世界自然保护大会（WCC）

世界自然保护大会是 IUCN 最高管理及决策机构，每四年举行一次。WCC 的职能包括：审议并通过 IUCN 的一般性政策；选举 IUCN 主席、财政官、地区理事（Councilors）和技术委员会主席（由 IUCN 理事会提名）；就涉及 IUCN 目标的相关事项向各国政府、国家和国际组织提出建议；接收并审议总干事（Director General）提出的关于 IUCN 活动开展的工作报告、IUCN 财务总干事提出的工作报告等；审议 IUCN 的预算和决算；选举其认为适当的名誉人员；讨论技术委员会的数量及其任务；确定 IUCN 各成员的年度会费。

2.理事会

IUCN 理事会根据 WCC 所确立的相关发展方向，制定并执行相关发展政策，并监督和总体把控 IUCN 的所有事务。IUCN 理事会每年至少举行一次会议。IUCN 理事会的成员包括：IUCN 主席和财政官、IUCH 各技术委员会的主席、IUCN 各区域理事（Regional Councilors）、由 IUCN 推选的两名理事。根据 IUCN《章程》，同一个国家成员只能派出 3 名人员在 IUCN 理事会任职，即 1 名区域理事和两名技术委员会主席。其中，区域理事的数量为 28 名，具体分布如表 1 所示。

表 1　区域理事的数量分布

所属区域	理事数量	所属区域	理事数量
非洲	4	中美洲和南美洲	4
北美及加勒比地区	3	南亚和东亚	5
西亚	3	大洋洲	3
西欧	3	东欧、中北亚	3

IUCN 理事会的职能包括：制定并批准拟提交至 WCC 进行审议的关于 IUCN 的发展计划草案，为 IUCN 发展提供战略指导；就在 IUCN 框架下开展的相关活动向 IUCN 成员和 WCC 报告并提出建议；从理事会成员中选举至多 4 名副主席，并适当考虑地域分配和性别平衡；任命和评估总干事的工作；审议并批准总干事的年度报告、每年的收支账目及 IUCN 的资产负债表；批准每一年的相关工作计划及预算，并定期审查计划的执行情况等。

3.执行局、常设委员会和工作组

IUCN 理事会下设一个执行局，以代表理事会在每两届理事会会议之间开展相关具体工作。理事会还任命各常设委员会和工作组，包括计划和政策委员会、财务和审计委员会、治理和选举委员会等。这两种分支工作单元的设立须充分反映地域多样性、性别多样性等。

4.国家委员会及区域委员会、区域成员论坛

一个国家、一个地区或一个地区的某一部分可组建一个面向 IUCN 成员及其代表的委员会，以促进各成员之间的交流与合作，促进 IUCN 相关工作的协调及参与 IUCN 开展的相关计划。IUCN 理事会仅承认能够代表某个地理区域的一个国家委员会或区域委员会，并可根据特定目标的实现，承认某些区域间

委员会。在筹备每届 WCC 期间，每个区域各举办 1 次区域成员论坛，为更好地参与 WCC 做好准备。国家委员会及区域委员会可设立独立的法人资格。

5.技术委员会

IUCN 技术委员会是指由各领域专家以自愿的形式，组成的以知识和经验分享为目标的工作网络。IUCN 技术委员会目前有 6 个，分别是教育与传播委员会、生态系统管理委员会、环境、经济和社会政策委员会、物种生存委员会、世界环境法委员会、世界保护区委员会。IUCN 技术委员会的职能包括：开展研究和其他科学技术活动，制定科学行动计划、开展科学评估活动等；拓宽其完成某项科学任务所需要的知识构成范围和科学能力等。

6.秘书处

IUCN 秘书处由 IUCN 聘用的相关工作人员组成,IUCN 总干事为 IUCN 的首席执行官和秘书处的负责人。秘书处的职能主要包括：负责实施 WCC 和 IUCN 理事会制定的相关政策和计划；负责 IUCN 的财务和会计工作；负责协调秘书处与 IUCN 其他部门的工作等。

四、学术及沟通平台

IUCN 围绕 15 个议题开展相关工作，分别是商业和生物多样性、气候变化、生态系统管理、环境法、森林、性别、全球政策、治理和权利、海洋和极地、基于自然的解决方案、保护区、科学和经济、物种、水世界、遗产。IUCN 主要通过召开会议、出版学术材料等途径促进自然和文化遗产保护领域学术工作的开展。

1.召开会议

除了世界自然保护大会，IUCN 还召开各类学术研讨会以及由 IUCN 各区域委员会召开的会议、论坛等。

2.出版学术材料

IUCN 拥有世界上最全面的、涉及自然保护和可持续发展的权威出版物、报告和指南等。每年出版或合著100多种书籍以及数百份其他报告、文件和指南，包括《IUCN 通讯》《世界自然保护政策》《红色数据书》《联合国国家公园和自然保护区名录》等。

3.建立数据库

IUCN在瑞士格朗、斯蒂兰卡科伦坡等全球6个城市设立了图书馆，以促进知识分享和经验交流。此外，IUCN还建立了“自然保护数据库”（Conservation Databases），面向全球一万多名自然保护领域的科学家提供必要数据，包括“濒危物种红色名录”数据库、“世界遗产发展评估”数据库、“关键生物多样性评估”数据库等。其中，自1963年至今，IUCN编制并发布的《濒危物种红色名录》对全球上万种野生动植物的生存现状进行评估，不定期更新评估结果，被认为是关于世界野生动植物保护状况最全面的报告，也是对濒危物种制定保护方针、采取保护行动的权威指南，为各国政府及非政府机构、相关组织等提供了极有价值的参考信息，是政府出台物种保护政策、确立物种保护级别的重要依据。

4.不断促进项目管理的标准化进程

为严格管理项目实施的背景及可能造成的社会影响，促进问责制的实施和项目开展的透明度，IUCN制定了“项目指南与标准”（PG&S）和“环境与社会管理体系”（ESMS）。

五、资金筹措

IUCN的收入来自会费、赠款、捐赠、投资，以及理事会批准的其他来源。

国际博物馆协会（ICOM）

国际博物馆协会（International Council of Museums，ICOM）成立于1946年11月，致力于在世界范围内鼓励并支持各类博物馆的建立、发展和专业管理，组织博物馆各领域的专业合作，宣传博物馆和博物馆事业，履行为国际社会服务的使命（打击走私、开展自然或人为灾害后博物馆急救项目等），规范博物馆业界道德标准。ICOM是目前世界上唯一代表博物馆和博物馆专业人员的国际组织，享有联合国经社理事会咨商地位，其注册办事处位于法国巴黎联合国教科文组织大楼内。目前，ICOM拥有来自世界138个国家和地区的成员44 000多名，在118个国家建立了国家委员会，并设有32个国际专业委员会。

国际博物馆协会（ICOM）基本信息

中文名称	国际博物馆协会	英文名称	International Council of Museums
成立时间	1946年	总部所在地	法国 巴黎
组织属性	非政府、非营利性组织	官方语言	英语、法语和西班牙语
组织标识	ICOM international council of museums		
官方网址	https://icom.museum/en/		
关注议题	为博物馆活动建立专业和道德标准，就与文化遗产相关的问题提出建议，通过开发全球网络和合作计划促进能力建设，增进知识传播和提高公众文化意识		

中国是ICOM成立时最早发表声明表示支持的27个国家之一。1983年，经文化部和外交部批准，中国博物馆协会代表团出席了在伦敦举行的ICOM第13届大会，正式宣布加入ICOM，并于同年建立了ICOM中国国家委员会。ICOM中国国家委员会秘书处与中国博物馆协会秘书处合署办公。加入ICOM以来，中国博物馆界与ICOM的关系日益密切，1989年举办了ICOM第4届亚洲太平洋地

区委员会大会，1994 年在北京举办了 ICOM 博物馆学专业委员会年会，1994 年 ICOM 中国国家委员会与 ICOM 合作在山东省举办了国际博物馆管理人员研讨班，2002 年在北京举办了 ICOM 科技馆专业委员会会议和 ICOM 钱币与银行专业委员会年会，2008 年在湖南长沙召开了 ICOM 博物馆学专业委员会年会。2010 年 11 月，ICOM 第 22 届大会暨第 25 届全体会议在上海举行。2016 年以来，中国博物馆协会（ICOM 中国国家委员会）副理事长兼秘书长、上海大学安来顺教授一直担任 ICOM 副主席职务。

一、历史沿革

1946 年 11 月，在美国博物馆协会会长 Chauncey J. Hamlin 倡议和推动下，ICOM 在法国巴黎成立。1947 年 10 月，ICOM 与联合国教科文组织签订了《关于两组织之间进行合作的途径和方法》的协定。自此，ICOM 成为执行联合国教科文组织发展博物馆事业规划的合作者，并逐渐成为联合国教科文组织中活跃的组织之一。1974 年 6 月，ICOM 在丹麦哥本哈根举行的会议上，将博物馆定义为一个不追求营利、为社会和社会发展服务的公开的永久机构，并把收集、保存、研究有关人类及其环境见证物作为其基本职责。1977 年，ICOM 向世界宣告：5 月 18 日为国际博物馆日（International Museum Day），并自此每年为国际博物馆日确定活动主题。自 20 世纪 70 年代，ICOM 开始在发展中国家开展活动。从 1996 年开始，ICOM 通过开展红色名录和百件失踪物品系列活动，加强了打击非法贩卖文化产品的力度。2002 年，ICOM 启动了博物馆应急计划并加入了国际蓝盾理事会，保护非物质文化遗产成为 ICOM 的重要工作事项。

二、发展构想

作为一个由博物馆和博物馆专业人员组成的国际组织，ICOM 将研究、保护、延续和向社会传播世界自然和文化、现在和未来、有形和无形的遗产作为使命。其发展目标是为博物馆活动建立专业和道德标准；就与文化遗产相关的问题提出建议；通过开发全球网络和合作计划促进能力建设，增进知识传播和提高公众文化意识。2016—2022 年，ICOM 发展规划中提出了其近期发展目标，主要为提升成员素质、服务、交流和能力建设；提升 ICOM 的国际形象和知名度，强化其国际角色；确定在人员和资源方面的自身发展需求。

三、组织架构

（一）成员构成

ICOM 的成员资格面向博物馆、ICOM 认可的机构以及博物馆专业人士开放。任何从事文化财产交易相关的营利性活动的个人或机构（包括其雇员）均不被接纳为成员。ICOM 成员分为以下 4 类。

1.个人成员

成员资格面向在职或退休的博物馆专业人员，以及鉴于其经验或为 ICOM 提供的专业服务而被认为符合 ICOM 成员资格的个人开放。

2.团体成员

成员资格面向博物馆或符合博物馆定义（“一种非营利性永久机构，为社会及其发展服务，且向公众开放；旨在收集、保存、研究有关人类及其环境的物质的与非物质的遗产，以便展出，公之于众，从而达到教育、研究、供人欣赏的目的”）的其他机构。

3.学生成员

参加博物馆相关学术课程者可向其所在的国家委员会提出申请成为此类成员。

4.名誉成员

对国际博物馆事业或 ICOM 做出特殊贡献者可被授予名誉成员。其中，ICOM 的前任主席自动成为其名誉成员。

5.赞助成员

出于对博物馆和博物馆国际合作的兴趣而向 ICOM 提供经济或其他方面支持

的个人或机构。

其中，有良好声誉的个人成员和团体成员代表有权参与 ICOM 选举，并加入其执行委员会，或成为其国家委员会、国际委员会或地方性组织的成员。学生成员可参加 ICOM 国家委员会和国际委员会的活动，也可出席 ICOM 全体大会，但没有表决权和担任 ICOM 职务的权利。名誉成员和赞助成员享有成员的权利和利益，但也不能在 ICOM 担任任何职务。

（二）组织架构

ICOM 的组织架构由全体大会、执行委员会、咨询委员会、国家委员会、国家联络员、国际委员会、全体会议、地区性组织、隶属组织和秘书处组成。

1.全体大会

ICOM 的立法机构和最高决策机构，参会人员包括个人、学生、赞助和名誉成员以及团体成员指定的代表。其中，只有个人成员和被国家委员会、国际委员会和隶属组织指定的团体成员代表有权在全体大会上表决。全体大会每年至少在咨询委员会年度会议期间召开一次常规会议。

全体大会的主要职能是对执行委员会提出的成员资格申请条件的变更进行表决、选举执行委员会、审议上年度财政报告和修改 ICOM 章程等。

2.执行委员会

ICOM 的决策执行机构，由 9~15 名成员组成。咨询委员会主席为执行委员会的当然成员。执行委员会成员在全体大会上选举产生，每届任期两年，可以连任两届，连续任职不能超过 4 届。执行委员会负责实施全体大会确定的发展战略和决定，具体职能包括：监督 ICOM 各种资源（财政、人力、智力、技术）配置和运行，维护 ICOM 的名誉、国际尊严及公共关系，就会费标准向全体大会提出意见。委员会每年至少召开两次常规会议。

3.咨询委员会

ICOM 的咨询机构，成员包括国家委员会、国际委员会、地区联盟及附属组织的主席（或他们任命的代表）。咨询委员会负责就任何有关 ICOM 的方针、规划、程序及财政事宜向执行委员会和全体大会提出意见，对 ICOM 章程提出修改方案；对执行委员会提出的、涉及 ICOM 重大利益的活动及事宜提出意见。咨询委员会每年应至少在执行委员会会议期间召开一次常规会议。

4.国家委员会

由居住在一国内的全体 ICOM 成员组成，应代表博物馆及博物馆专业人员的利益，并组织 ICOM 在该国的活动。

5.国家联络员

在未设有国家委员会但有国际委员会成员居住的国家，ICOM 执行委员会可指定一位居住在该国的 ICOM 成员作为该国的国家联络员。

6.国际委员会

ICOM 执行委员会可授权由至少 50 名 ICOM 成员组成的小组创建一个国际委员会，以实施相关计划和活动，并作为具有相似科学和专业兴趣的 ICOM 成员之间沟通和交流渠道。

7.地区联盟

ICOM 执行委员会可授权成立地区联盟，作为该地区国家委员会、博物馆和博物馆专业人士之间交流信息和合作的平台。

8.附属组织

由 ICOM 执行委员会授权、在国际层面为博物馆或博物馆行业的利益服务的组织。

四、学术及沟通平台

（一）举办 ICOM 大会

ICOM 大会每 3 年举行 1 次，为不同经济、文化背景下的博物馆专业人员提供良好的交流平台。同时，大会期间组织的博览会、文化活动等项目，为普通公众更为直接地了解博物馆及其在社会、文化、科技发展中的作用提供了契机。

（二）设立“国际博物馆日”

从 1977 年开始，ICOM 将每年的 5 月 18 日确定为国际博物馆日，以提高人们对博物馆的认识，并每年确定不同的活动主题。

ICOM 每年还出版有年度发展报告，介绍协会和其成员组织工作开展情况和全球博物馆事业发展动态。同时，ICOM 还开发有介绍博物馆相关内容的丰富线上资源。

五、经费筹措

根据其组织章程，ICOM 运行经费主要来自会费、资产和活动所得收入、私人捐赠、ICOM 基金会募集捐赠，以及因提供服务和完成合作项目或规划所得收益。

国际纯粹与应用化学联合会（IUPAC）

国际纯粹与应用化学联合会（International Union of Pure and Applied Chemistry，IUPAC）是一个国际性的非政府、非营利性科学组织，于 1919 年创建于法国巴黎。作为国际科学理事会（ISC）的成员组织，IUPAC 是全球最大、最具权威性的化学领域的国际科技组织，致力于优化化学命名方式和术语设定（包括元素周期表中新元素的命名）、优化标准化测量方法等。

北京大学周其凤院士于 2016—2019 年任 IUPAC 主席一职。这是自 1919 年 IUPAC 在法国成立百年以来中国化学家首次担任 IUPAC 的领导职务。此外，中国化学会于 1979 年经中国科学技术协会批准，由化学家卢嘉锡带队参加了 IUPAC 的第 34 届会员代表大会并以国家会员身份加入 IUPAC。中国化学会自参加 IUPAC 以来，积极派代表团参加历届会员大会和其他学术会议，并组织召开了十余次学术会议和工作会议，1993 年、2005 年在北京分别召开了第 34 届、第 40 届 IUPAC 学术大会。

国际纯粹与应用化学联合会（IUPAC）基本信息

中文名称	国际纯粹与应用化学联合会	英文名称	International Union of Pure and Applied Chemistry
成立时间	1919 年	总部所在地	瑞士 苏黎世
组织属性	非政府、非营利性组织	官方语言	英语
组织标识			
官方网址	https://iupac.org/		
关注议题	如何在拓展化学传统优势和发展新兴科学之间保持平衡；IUPAC 如何突出其比较优势，以更好地服务化学界；IUPAC 如何更好地利用知识和专长以更好地造福于社会，尤其是面向发展中国家		

一、历史沿革

1911 年，国际化学会联盟（IACS）于英国伦敦成立。也正是在这次会议上，IACS 就成立一个化学领域的全球性组织提出了构想，并就该组织的相关议题进行了讨论，这为随后成立的 IUPAC 创造了必要基础。在其发展过程中，IUPAC 一直致力于通过创建一种化学界的通用语言、工作流程和研究程序的标准化来推动化学界的互动与合作。当然，IUPAC 的意义远不止制定术语和命名元素，而在于向整个社会提供涉及化学领域、能够解决人类共同问题的整体性解决方案。这是 IUPAC 作为一个百年国际科技组织的核心价值观，也是 IUPAC 的使命与愿景。

二、发展构想

根据 IUPAC 的战略发展计划，IUPAC 将聚焦如何进一步促进成员国化学家之间的持续合作；研究并推广相关国际重要课题所需的规范、标准或法规的汇编；加强与其他国际组织的合作；始终坚持中立的科学观，创造并应用化学知识以服务于整个人类社会；通过促进可持续发展，提供化学界的“通用语言”，倡导科学知识的自由交换。

三、组织架构

（一）成员类型

IUPAN 目前设立了国家成员、观察员成员、联系成员、企业成员和个人成员。

1.国家成员

各国仅可通过一个全国性的组织（国家化学理事会、科学院或其他科技团体或机构）代表该国化学工作者参加 IUPAC。IUPAC 目前拥有 55 个国家成员。

2.观察员成员

一个国家可通过其国家及地区化学理事会、国家协会，以观察员身份加入IUPAC。观察员成员在 IUPAC 理事会会议上无表决权。IUPAC 目前拥有两个观察员成员。

3.联系成员

相关国际组织可以联系成员的身份加入 IUPAC，前提是与 IUPAC 拥有共同愿景。

4.企业成员

企业成员主要是指那些与化学专业相关的行业性组织。IUPAC 通过项目制与相关化学企业建立合作关系。

5.个人成员

IUPAC 接收个人成员。截至 2022 年 5 月，来自 63 个国家及地区的近 1 000 名化学家注册为会员，其中包括来自发展中国家和欠发达国家的近 360 名受赞助成员。

（二）组织机构

IUPAC 的行政管理事务主要由理事会、工作局、执行委员会负责；科技（学术）事务是由各专业委员会或工作组负责。值得注意的是，在投票表决上，IUPAC 对科技（学术）事务和行政事务进行了区别管理。其中，对于科技（学术）事务相关问题仅需要理事会组织相关专业委员会的代表进行投票表决。

1.理事会

理事会是 IUPAC 的最高议事和决策机构，每两年举行一次会议。理事会由国家成员的代表组成，每个国家成员都为每次理事会会议任命其代表。观察员成员可参加理事会会议，但无表决权。理事会会议将选举出 IUPAC 的相关官员（包括主席、副主席、秘书长、财政官等），讨论及决定由工作局和执行委员会提出的工作事项（包括年度预算、修订章程等）。

2.工作局

工作局每年举行 1 次会议，会议由 IUPAC 主席主持。工作局由 1 名主席、1 名副主席、1 名秘书长、1 名财政官、前任主席、各专委会的主席，以及不超过 10 名成员代表组成。工作局主要负责执行由理事会会议作出的相关决策，审阅由各专委会提交的举办相关专业学术会议的方案、为理事会会议选定议题等。

3.执行委员会

执行委员会负责具体执行 IUPAC 工作局所作出的相关决定。执行委员会由 8 名成员组成，除主席、副主席等 IUPAC 官员外，还包括 3 名由工作局推选的工作局成员。

4.专业委员会

各专委会负责 IUPAC 的科学（学术）事务，并对工作局负责，工作范畴包括设立并管理相关研究项目、计划并组织学术性活动。根据不同的学科方向，IUPAC 目前设立了 8 个专委会。理事会有权设立或解散相关专委会和工作组，并任命相关专委会和工作组的成员。各专委会拥有较高的自主权，可自行设立章程和管理细则，但需与 IUPAC 的章程和管理细则保持一致。各专委会在获得理事会的同意后可设立委员会。

四、学术及沟通平台

IUPAC 的主要活动包括召开国际会议、发行学术出版物、开发数据库、设立研究项目、设立奖项等。

1.国际会议

IUPAC 每年都会批准大量独立组织的会议、专题讨论会和讲习班，涵盖化学领域的众多专业主题。

2.发行学术出版物

IUPAC 的出版物包括 3 大类，分别是学术报告、学术期刊和专著。其中，学术报告主要是受IUPAC资助的相关研究项目或研究活动所产出的学术成果；IUPAC 目前有 5 个系列的学术期刊，包括纯粹与应用化学（PAC）、国际化学（CI）等；专著主要是指 IUPAC 出版的关于化学术语的标准。

3.开发数据库

IUPAC 提供了多个数据库，以方便开展相关研究活动。这些数据库包括气体动力学数据库、溶解度数据库等。

4.设立研究项目

IUPAC 的科学工作主要是通过研究项目开展的。关于研究项目的立项，IUPAC 要求满足 3 个标准：符合全世界化学家的需求，而不仅仅是针对某一个国家或地区；聚焦如何应用化学解决人类需求；相关研究工作应由一个国际化的团队来完成。

5.设立奖项

IUPAC 目前设立了多达 15 类奖项，既有针对个人成就的奖项，也有针对业务工作的奖项，包括 IUPAC-SOLVAY 国际青年化学家奖、IUPAC-Richter 药物化学奖、IUPAC 化学工程杰出女性奖等。

五、资金筹措

IUPAC 的经费来源为会费，以及企业、基金会的各类捐赠。其中，会费收入是 IUPAC 的最主要收入来源。

国际大地测量协会（IAG）

国际大地测量协会（International Association of Geodesy，IAG）是由世界各国大地测量领域学术团体联合组成的学术组织，致力于促进大地测量学的发展。IAG 是国际大地测量与地球物理学联合会（International Union of Geodesy and Geophysics，IUGG）的从属协会之一。中国于 1977 年加入 IUGG，并成为 IAG 成员。

国际大地测量协会（IAG）基本信息

中文名称	国际大地测量协会	英文名称	International Association of Geodesy
成立时间	1886 年	总部所在地	芬兰
组织属性	非政府、非营利性组织	官方语言	英语
组织标识			
官方网址	https://www.iag-aig.org/		
关注议题	推动大地测量学的发展		

一、历史沿革

1862 年，为促进中欧大地测量学的发展，在德国著名大地测量学者 J. J. Baeyer 的积极倡导下，第一个国际性的大地测量组织——中欧弧度测量协会成立。1867 年，在德国柏林召开的中欧弧度测量协会全体成员会议上，由于成员国已不限于中欧国家，其名称改为欧洲弧度测量协会。1886 年，为扩大协会活动，又改名为国际大地测量协会。1919 年，国际大地测量与地球物理学联合会（IUGG）成立，国际大地测量协会成为 IUGG 的从属组织。

二、发展构想

IAG 的组织使命是推动大地测量学的发展。为实现其使命，IAG 开展的主要活动有：

（1）开展与地球观测和全球变化有关的大地测量问题研究。

（2）开展大地测量参考系统和框架的维护，以便于进行连续、长期的观测和结果存档。

（3）提供可观测和处理的数据、标准、方法和模型，以确保观测结果尽可能广泛地被研究和应用。

（4）运用新兴太空和其他技术提高大地测量数据和产品的辨识度和准确率，推进大地测量学发展和跨学科研究。

（5）通过座谈会、讲习班、暑期学校、培训课程、出版物和其他方式发起、协调和促进国际合作和信息交流。

（6）促进世界范围内大地测量活动和基础设施建设，尤其是发展中国家的发展。

（7）与国际科学和工程界合作，开展大地测量理论和技术的应用。

（8）与国家和国际机构共同开展科研合作。

三、组织架构

（一）成员构成

IAG 由附属组织和个人成员组成。

1.附属组织

主要包括各专业委员会（目前设有 4 个）、跨专业委员会、IAG 项目组、各服务中心（目前设有 12 个）、全球大地测量系统、宣传和外联部等附属组织。

2.个人成员

从事大地测量相关领域工作和研究的个人可在申请并缴纳会费后成为 IAG 个人成员。

（二）组织架构

1.理事会

负责 IAG 的治理、战略政策和发展方向。理事会成员由附属组织任命的代表组成，每个附属组织可任命 1 名代表出席理事会，并且 1 名代表只能代表一个附属组织。IAG 主席、副主席和秘书长不担任任何附属组织的代表。

2.主席团

负责根据 IAG 章程、理事会和执行委员会的决定管理 IAG 事务，由主席、副主席和秘书长组成。

（1）主席：由理事会选举产生，负责 IAG 全面工作，负责主持 IAG 大会、IAG 科学大会、IAG 理事会、IAG 执行委员会和 IAG 主席团会议。在 IAG 理事会会议上，主席没有投票权，除非投票数出现平局。

（2）副主席：由理事会选举产生，负责执行主席、IAG 执行委员会和理事会安排的任务，并在主席缺席或因其他原因无法履职时，承担主席的职能、职责和权力。

（3）秘书长：由理事会选举产生，担任 IAG 大会、IAG 科学大会、IAG 理事会、IAG 执行委员会和 IAG 主席团会议秘书，负责会议的组织安排。

3.执行委员会

由 IAG 主席团成员、前任主席、前任秘书长、各专业委员会主席、大地测量理论研究委员会主席、全球大地测量系统主席、宣传和外联部主席、来自服务中心的 3 名代表和两名普通成员组成，执行委员会的职责是通过工作协调和制定总体政策实现 IAG 的发展目标。

四、学术及沟通平台

IAG 开展的主要活动有组织 IAG 大会和科学大会，围绕大地测量领域设立各类研究项目。IAG 出版的出版物主要包括《大地测量学》（*Journal of Geodesy*）、IAG 组织召开的系列研讨会会议资料和《大地测量手册》（*The*

Geodesist's Handbook）。其中，《大地测量手册》每 4 年出版 1 次，是《大地测量学》的特刊，内容主要包括 IAG 管理事务、IUGG 和 IAG 大会概况、IAG 机构设置和出版物等相关信息以及 IAG 内部通信等。此外，IAG 还设有各类基金和奖项，以表彰对大地测量学和 IAG 做出杰出贡献的组织和个人。

五、经费筹措

IAG 的运行经费主要来自 IUGG 的拨款、成员费、出版学术出版物的收入、组织开展的各类研讨会注册费等。

国际大脑研究组织（IBRO）

国际大脑研究组织（International Brain Research Organization，IBRO）于1961 年成立，总部位于法国巴黎，主要致力于全球神经科学的发展，并开展相关教育培训活动。IBRO 拥有两种国际期刊，分别为 *Neuroscience* 和 *IBRO Neuroscience Reports*。IBRO 理事会由 90 多个国际性、地区性和主权国家的科学组织组成，在 5 个区域委员会的协同下，促进科学家个人及团体组织的学术交流，加强国际交流合作。同时，IBRO 致力于在大脑研究领域推动知识创新、相关投资，以及资源渠道的拓展。中国神经科学学会作为团体成员于 1995 年加入国际脑研究组织。

国际大脑研究组织（IBRO）基本信息

中文名称	国际大脑研究组织	英文名称	International Brain Research Organization
成立时间	1961 年	总部所在地	法国 巴黎
组织属性	非政府、非营利性组织	官方语言	英语、法语
组织标识	IBRO International Brain Research Organization Bringing neuroscience to the world		
官方网址	https://ibro.org/		
关注议题	发展、支持、协调和促进关于脑科学领域的研究；推动世界范围内脑研究领域的国际合作和科学信息交流；促进脑科学教育和脑科学知识传播		

一、主要活动类型

（一）广泛参与其他国际组织的活动

1.国际脑计划（International Brain Initiative，IBI）

IBRO 于 2018 年 2 月发布声明支持 IBI 的组织与实施。IBRO 表示：支持国际大脑计划，秉承该计划的宗旨，致力于促进大脑研究方面的合作，以造福世界。IBRO 通过全球网络发布该计划的使命、目标以及预期成果（包括构建实验标准、道德准则、培训机制、数据共享平台和神经技术）。

2.全球神经病学联盟（Global Neurology Alliance，GNA）

IBRO 是世界神经病学联合会（WFN）和全球神经病学联盟（GNA）的成员，其目标是在神经学家和其他临床科学家中，代表基本神经科学的声音，并确定其共同的利益与潜在的合作。IBRO 还支持与 WFN 每年 7 月 22 日共同举办世界脑日活动。

3.全球学习科学教育网络（Global Science of Learning Education Network，GSLEN）

IBRO 加入了全球学习科学教育网络，其使命是从满足全球未来学习需求的角度，基于科学的方法，将教育作为一项加快贫困消除的关键途径。同时，立足于信任机制和共同创造的环境，该全球学习网络还将为培训最好的跨学科科学家、技术人员、从业人员、政策制定者提供政策保障与资源支持。

4.联合国教科文组织国际基础科学计划（UNESCO International Basic Sciences Programme）

IBRO 作为观察员参加教科文组织国际基础科学计划（IBSP）理事会。该计划是由教科文组织成员国建立的国际多学科计划，旨在加强政府间科学合作组织之间的合作，加强基础科学能力。该计划的重点是促进特定地区的重大行动，包括在国家内部、区域层面构建国际卓越中心或基础科学基准中心网络。

（二）在神经科学领域开展高端培训活动

1.非洲神经科学高级培训中心

IBRO 非洲神经科学高级培训中心由 IBRO 在非洲区域委员会（IBRO-ARC）组成，是穆罕默德五世拉巴特大学（摩洛哥）和开普敦大学（南非）合作发起的一项倡议。

2.亚洲神经科学高级培训中心

IBRO与RIKEN脑科学中心（日本和光）、神经科学研究所（中国上海）建立了合作伙伴关系，致力于在亚洲进行长期和先进的神经科学培训，并组织年度夏季培训计划。每个中心暑期课程通常都包括在一所学校学习，以及一个短期实验室实习。

3.CAJAL 高级神经科学训练计划

CAJAL 高级神经科学培训计划是一个独立的国际非营利组织，建立在FENS和IBRO倡议的基础上，与盖茨比慈善基金会、波尔多Neurocampus（法国）和Champalimaud基金会（葡萄牙）合作。其目标是在欧洲建立专门的神经科学培训机构，每年举办6场培训活动，提供有关神经科学的最新培训课程。课程由一流的神经科学家设计，每期包括大约20名国际学生，培训时间为2~3周。

4.拉丁美洲神经科学培训计划

IBRO拉丁美洲地区委员会（IBRO-LARC）和IBRO美国/加拿大地区委员会（IBRO-USCRC）与神经科学学会合作，以支持实施拉丁美洲培训计划（LATP）。这项为期5年的计划于2014年启动，该计划以SfN Ricardo Miledi计划为基础（格拉斯基金会资助的一项培训计划，始于2003年）。LATP预计为来自拉丁美洲和加勒比地区的650名学员提供服务。每年选拔15名优秀学生至现场参加为期3周的高级培训课程。此外，来自该地区的100多名学生还可以参加在线培训计划。

5. BRO/IBE 教科文组织学习奖学金

IBRO于2016年设立，该计划每年提供3个IBRO/IBE-UNESCO联合学习奖学金，为期3年。入选的研究员将在IBE-UNESCO总部进行为期3个月的项目研究。

二、发展构想

IBRO理事会于2020年12月11日发布了战略计划（The IBRO Strategic Plan）。这是该组织成立以来制定的首个战略计划。该战略计划植根于IBRO明确的愿景和使命宣言，并以此为基础，进一步形塑其在大脑研究领域的未来领导力，推动组织持续发展。在5年的时间内，IBRO的战略计划定义了组织的总体方向，并在2020—2025年的主要任务框架内确定了其中短期发展目标。

（一）组织宗旨

IBRO将成为公认的国际合作和杰出培训的全球领导者，并致力于全球神经科学的包容性、公平性和多样性。IBRO致力于开展创新、有影响力和意义重大的神经科学教育、培训和研究，并成为全球范围内卓越和严谨的领先者。

（二）组织使命

支持全球范围内的基础科学研究，协调与促进科学研究和教育。相关举措包括：

（1）通过支持开设培训班、设立研究基金、推进职业发展计划，为具有职业需求的人员、职业早期至中期研究人员提供支持；

（2）通过维护一个强大的校友网络，为各个职业阶段的研究人员提供可持续性的交流与发展机会；

（3）利用IBRO区域委员会的力量，更好地理解和支持国际社会的各种需求，并以极大的包容性与多样性，在各个层级推进新兴计划与提供社区支持；

（4）利用IBRO的资源，领导、协助、倡导投资和支持地方政府的科学研究和培训；

（5）利用IBRO的国际平台，在全球范围内通过出版物、学术活动、公共宣传平台以传播研究成果；

（6）确保资金、资源的透明度和有效性，包括及时报告可衡量的成果，以及为个人和区域发展提供指标。

（三）主要工作领域

1.循序渐进的职业支持

IBRO 为世界各地的人们提供最新的培训和职业发展机会。IBRO 的培训和职业计划提供了适合不同职业阶段的渐进职业机会。奖学金和助学金的计划是 IBRO 计划的组成部分，以便尽可能广泛地提供教育机会。

2.研究和工作社区建设

区域委员会通过有针对性的举措和行动来确定和解决特殊需求。在全球范围内，IBRO 通过与全球或区域利益相关者建立伙伴关系来统筹利用资源，从而确保其持续的知名度和影响力。

3.作为世界领先的科学组织倡导和参与相关研究活动

IBRO 认为，对大脑生物学和大脑健康理解的进步，对于所有级别的公共对话都至关重要。因此，IBRO 推动并支持在区域和全球范围内开展相关研究。

4.传播研究

IBRO 进行开放式科学交流主要通过两种神经科学专业期刊：*Neuroscience* 和 *IBRO Neuroscience Reports*。

三、组织架构

（一）会员类型

IBRO 的会员组成：企业会员、学术会员、个人会员、支持会员、荣誉会员。

1. 企业会员

企业会员是指致力于发展神经科学或相关学科的神经科学学会或委员会、IBRO 国家分会、研究委员会或类似的科学学会。每个企业会员需根据 IBRO 执行委员会设定的类别，向 IBRO 缴纳年度会费，隶属于企业会员组织的所有个人都有权申请成为 IBRO 的个人会员。

2.学术会员

学术会员资格对美国国家科学院或类似的科学学会开放。学术会员的申请和接受程序与企业会员相同。每位学术会员通常在理事会上有1名代表，并具有1票表决权。学术会员有权协商其会费数额。

3.个人会员

任何对脑研究做出显著贡献并支持IBRO目标的个人都可以申请会员资格。个人会员资格的获得须经执行委员会审查同意。

4.支持会员

支持会员是希望为IBRO目标做出经济贡献的商业公司、基金会或其他机构。会员资格应主席或秘书长邀请并根据执行委员会的建议获得。支持会员应支付IBRO的年度订阅费用。

5.荣誉会员

根据提名委员会的建议，对神经科学以及IBRO目标和工作做出杰出贡献的个人，可以由理事会2/3成员以上投票选为IBRO的荣誉会员。荣誉会员享有普通会员的权利。

（二）组织机构

1.区域委员会

主要设有：非洲区域委员会（ARC）、亚太区域委员会（APRC）、拉丁美洲区域委员会（LARC）、中东/北非次区域委员会（MENA）、泛欧区域委员会（PERC）、美国/加拿大区域委员会（USCRC）等委员会。

2.主要管理机构

IBRO主要由理事会（Governing Council）和执行委员会（Executive Council）负责开展相关工作。

1）理事会

理事会由IBRO主席、会员组织的代表（IBRO的企业和学术会员）、项目主管、联络官、执行委员会成员、区域委员会主席组成。理事会是 IBRO 的理事机构，它确定 IBRO 的政策和计划，并指导实施。理事会选举 IBRO 的主席、秘书长和财政官。

2）执行委员会

执行委员会由主席、秘书长、执行秘书、财政官和区域委员会主席组成。秘书长或其指定人担任执行委员会主席。执行委员会会议的法定人数为秘书长或其指定人和其他 3 名成员。执行委员会会议由秘书长召集，至少每年召开 1 次会议，并可以通过邮寄投票的方式做出决定。

四、学术及沟通平台

IBRO 与世界各地的神经科学学会合作，每 4 年举行 1 次国际会议，以促进神经科学的发展，并促进学生、教师、研究人员和其他利益相关者之间的交流与合作。此外，IBRO 还定期举办区域委员会会议，讨论一定时期内的相关研究议题和委员会任职等。在开展人才培养培训方面，IBRO 联合美国心理学协会（American Psychological Association，APA）、欧洲神经科学学会（Federation of European Neuroscience Societies，FENS）、神经科学学会（Society of Neuroscience，SfN）、美国 Dana 基金会，每年开展国际脑神经科学大赛（International Brain Bee Championship），旨在鼓励学生认识和探索人类大脑。该项赛事主要是面向全球青少年。

IBRO 拥有两种国际学术期刊，即 *Neuroscience* 和 *IBRO Neuroscience Reports*。其中，*Neuroscience* 建刊于 1976 年，为 IBRO 的旗舰级学术期刊；而 *IBRO Neuroscience Reports* 为开源期刊，由世界传媒巨头爱思唯尔（Elsevier）负责定期对外发布。此外，IBRO 通过建立国际研究金（如 Kemail 基金会），开展神经科学领域的高级培训，鼓励全球范围内的年轻研究人员开展创新型研究活动。

五、资金筹措

根据 IBRO 章程，主席、秘书长、财政官有权以 IBRO 的名义接受各类赠款或捐款。IBRO 的资金来源除了各类型会员每年所缴纳的会费之外，还包括各企业提供的各类赞助。

国际档案理事会（ICA）

国际档案理事会（International Council on Archives，ICA）是一个国际性的非政府、非营利性科技组织，于 1948 年创立。成立 70 多年来，ICA 一直致力于联合全球的档案管理机构和档案管理者，积极倡导对档案进行精细化管理和对人类有形文化遗产的保护，广泛树立规范标准与推广工作实践，并鼓励各国机构和个人加强对话交流，促进档案管理和保护领域的知识无国界传播。目前，ICA 拥有来自 199 个国家的 1 900 多名成员。此外，作为一个具有较高开放度和包容性的国际科技组织，ICA 不仅与联合国教科文组织（UNESCO）和欧洲委员会（Council of Europe）等政府间国际组织建立了密切的合作关系，还与“蓝盾”国际委员会（International Committee of the Blue Shield）*等非政府国际组织建立了富有成效的合作关系。

国际档案理事会（ICA）基本信息

中文名称	国际档案理事会	英文名称	International Council on Archives
成立时间	1948 年	总部所在地	法国 巴黎
组织属性	非政府、非营利性组织	官方语言	英语 法语
组织标识	ICA International Council on Archives Conseil International des Archives		
官方网址	https://www.ica.org/en		
关注议题	进一步加强各国档案机构专业团队之间更为广泛的协调机制；进一步促进档案管理和保护技术的发展；通过设立更多的培训计划，鼓励各国发展档案事业，以及加强对档案工作人员的工作培训；进一步促进人们对档案的利用和研究；进一步加强与其他国际文献组织与机构的合作		

* 蓝盾国际委员会是一个国际组织，成立于 1996 年，旨在保护世界文化遗产免受武装冲突和自然灾害等威胁。蓝盾国际委员会是联合国、联合国维和相关组织和联合国教科文组织的密切合作伙伴。

1980 年，ICA 正式接纳中国为其 A 类成员。1994 年，中国档案学会以 B 类成员的身份加入 ICA。1996 年 9 月，第 13 届国际档案大会在北京召开，来自 130 个国家和地区的 2 600 多名代表参加了会议。在同期举行的国际档案理事会全体大会（General Assembly）上，时任中国国家档案局局长、中央档案馆馆长王刚当选为 ICA 主席。

一、历史沿革

ICA 的成立可追溯至 1931 年，知识合作研究所（Institute for Intellectual Co-operation）在国际联盟（League of Nations）的支持下，创建了 ICA 的前身“档案常设咨询委员会”（Permanent Consultative Committee on Archives）。该委员会于 1934 年出版了第一本专业书籍——《国际档案指南》。在联合国教科文组织（UNESCO）的支持下，ICA 于 1948 年 6 月 9 日正式宣告成立。ICA 的第一任主席是法兰西档案馆总干事查尔斯·萨马兰（Charles Samaran），并于 1950 年举行了第一次全体大会。进入 20 世纪 60 年代，随着越来越多新兴民族国家的崛起，ICA 开始设立内容丰富的计划，推动发展中国家能够在创建相关 ICA 分支机构的同时梳理并保护自己的档案材料，第一个区域分会——东南亚区域委员会（SARBICA）于 1968 年成立。20 世纪 70 年代初期，几乎所有的发展中国家都建立了档案服务。ICA 于 1994 年发布了它的第一个全球标准——国际档案说明标准[ISAD（G）]。该标准被世界各地的档案工作者迅速采用。在其 70 多年的发展历程中，ICA 跨越了政治和宗教分歧，在推动专业合作方面起到了重要的作用，其成员范围亦从原来的以欧洲为中心扩大为包含了世界上绝大多数国家。2011 年 11 月 10 日，联合国教科文组织大会全体会议通过了《世界档案宣言》，标志着世界档案事业进入新阶段。

二、发展构想

ICA 的发展构想主要聚焦以下 6 个方面：①持续加强与其他政府间和国际

非政府组织和企业的交流与合作，鼓励和支持所有国家及地区档案事业的发展；②促进、组织和协调档案管理领域的实践经验分享，进一步推动档案管理标准的制定；③建立、维持和加强各国档案工作者之间以及所有与档案的保存、组织、管理有关的机构、专业团体和其他组织（不论是国家的或私人的，还是任何地方的）之间的联系；④在全球范围内鼓励和激励公共和私人档案机构、专业团体和组织的工作（涉及档案管理或保存、档案工作人员的专业培训等）；⑤加强档案管理和保护知识的普及化，为档案工作的解释和使用提供必要支撑，同时鼓励在既定的法律框架下更为广泛地使用档案资源；⑥鼓励各国发展档案事业并对档案人员进行专业培训。

三、组织架构

（一）成员类型

ICA 拥有一支全球化、多元化的成员群体，吸纳了各种类型的档案管理机构。其成员共有 4 种类型：3 种为机构成员（中央或国家级档案机构、专业协会、国际组织和企业档案馆），1 种为个人成员（任何档案专业人员或档案专业学生）。

1.A 类成员（国家成员）

A 类成员主要是面向那些中央档案管理部门或国家级档案机构，以及联邦制（或类似）国家各成员国的同等机构。

2.B 类成员（机构成员）

B 类成员主要是面向那些由在业务上关注文件与档案的管理和保护、档案培训和教育的个人、法人团体组成的协会，以及那些由在业务上关注文件与档案的管理和保护、档案培训和教育的个人、法人团体组成的国际协会。

3. C 类成员（企业成员）

C 类成员主要是面向那些负责文件与档案管理和保护或从事档案培训和教育的机构或公司。

4. D 类成员（个人成员）

D 类成员主要是面向那些曾经或现在从事文件与档案管理和保护工作、档案培训和教育工作的个人。个人成员可被授予“荣誉成员”或“优秀成员”。

（二）组织机构

ICA 的行政管理事务和科学事务主要由全体大会、执行委员会、区域分会和技术委员会、专家组负责。

1.全体大会

ICA 全体大会由 ICA 主席负责召集、主持及确定议程。ICA 全体大会每年至少举行一次会议。根据 ICA《章程》规定，所有 ICA 个人成员在全体大会均有发言权。ICA 全体大会的职能包括：讨论并决定 ICA 的战略发展方向；审议并批准 ICA 主席关于开展 ICA 相关活动的工作报告；审议并批准财务副主席（Vice-President Finance）提交的 ICA 年度财务报告，批准 ICA 审计员提交的关于 ICA 工作的年度报告；审议并批准 ICA 年度预算；根据 ICA 执行委员会的建议，批准设立区域分会；根据 ICA 执行委员会的建议，批准设立专门工作委员会或工作组等。

此外，根据 ICA《章程》，如果参会人数未达到法定人数，ICA 全体大会将以“协商会议”的形式召开。在此情况下，ICA 执行委员会将有权对相关工作做出判断及决策，直至可以安排下一次有效的 ICA 全体大会。

2.执行委员会（Executive Board）

ICA 执行委员会的成员包括：1 名主席、两名副主席、各区域分会的负责人、各技术委员会（Sections）的负责人、ICA 秘书处所在地的代表、下一届国际大会（Congress）东道国代表。

ICA 执行委员会的职能包括：负责执行 ICA 全体大会通过的政策和工作方案；设立相关工作委员会并赋予其职权范围；筹备 ICA 全体大会和年度会议、代表大会等；制定 ICA 年度预算提案；审议新加入成员资格；审议关于设立、修改或撤销相关区域分会和技术委员会的可能性，并提交至全体大会批准。ICA 执行委员会通常每年召开两次会议。ICA 执行委员会下设评估委员会（ECOM）和项目委员会（PCOM）。

3.区域分会

ICA 成员可跨地域组建区域分会（Regional Branches），以促进区域内各成员组织围绕 ICA 的总体目标强化合作。区域分会的设立需得到 ICA 全体大会的批准。ICA 地区分支机构可制定自己的规章制度，但这些规章制度必须符合 ICA《章程》并经 ICA 执行委员会批准。

ICA 目前设立了 13 个地区分会。ICA 地区分支机构可在该地区的其中一个国家注册。其中，ICA 东亚地区分会于 1993 年 7 月在北京成立，是 ICA 的第 10 个区域分会。

4.技术委员会

ICA 成员拥有共同的专业兴趣或拟开展类似的专业活动，可组建跨区域的技术委员会，以进一步实现 ICA 的总体目标并加强他们之间的合作。ICA 技术委员会至少每两年召开 1 次会议。ICA 目前设立了 13 个技术委员会，涉及建筑档案保护、教育与培训活动、档案文化建设多个议题。

5.专家组

ICA 执行委员会根据项目委员会的建议，在结合相关科学事务的基础上，可设立专家组（Group of Experts）。各专家组的主席由 ICA 执行委员会任命。

四、学术及沟通平台

1.召开学术会议

ICA 的会议包括世界性档案专业会议——国际档案大会，这是 ICA 各项活动中规模最大、带有标志性的集学术研究、业务交流和工作决策于一体的综合性会议。此外，ICA 还创立了各国最高档案机构领导人定期会晤的会议形式——国际档案圆桌会议（Forum of National Archivists），主要讨论各国档案界共同关心的重大业务问题。

2.出版学术资料

ICA 的出版物主要有 3 种，分别是《逗号》(*Comma*)、《ICA 快讯》(*Flash*)、《ICA 通讯》(*ICA e-newsletter*)。其中，《逗号》是 ICA 的官方杂志（带有一定的学术性），其余两种出版物主要为信息交流。

3.设立特别工作处

大学和研究机构档案处（SUV）是国际档案理事会（ICA）下设的一个特别工作处，1992 年成立于加拿大蒙特利尔第 12 届国际档案大会上。来自综合大学、专科学院、科学院、社会科学院、学术及研究协会的档案工作者均可申请加入 ICA/SUV。

SUV 的职能在于推进大学和研究机构档案馆及档案工作者之间的交流与合作，收集和传播相关档案管理信息，包括档案馆的创建管理、政策规章，在大学和研究机构以及整个社会中的作用。通过研讨会、出版物、咨询等方式促进档案馆的建设与发展，SUV 还与国际档案理事会其他部门开展合作。

五、资金筹措

ICA 的经费来源是各加入成员所缴纳的年度会费，举办各类会议所取得的收入，以及开展相关培训活动所取得的收入。

国际地理联合会（IGU）

作为世界各国地理学术团体联合组成的学术型组织，国际地理联合会（International Geographical Union，IGU）于 1922 年在比利时布鲁塞尔成立。IGU 目前的总部位于印度德里大学（University of Delhi）。截至 2022 年，IGU 拥有 41 个专业委员会（Commissions）和 3 个工作组（Task Forces），主要负责推动相关科研活动；同时，还拥有 111 个地区（国家）委员会（成员），负责召开区域性会议及开展相关交流。

1984 年，在巴黎召开的第 25 届国际地理大会上中国恢复会籍。这源于老一代中国地理学人对恢复我国在 IGU 的会籍付出的巨大努力。时任中国地理学会副理事长吴传均先生代表我国阐明了关于解决我国会籍问题的立场，建议修改原章程当中有关“国家委员会”相应的条目，将“国家委员会”改为“国际地理联合会的委员会”。正是由于章程得以修改，中国成为国际地理联合会的会员国。

国际地理联合会（IGU）基本信息

中文名称	国际地理联合会	英文名称	International Geographical Union
成立时间	1922 年	总部所在地	印度 新德里
组织属性	非政府、非营利性组织	官方语言	英语、法语
组织标识	IGU UGI		
官方网址	https://igu-online.org		
关注议题	促进地理学问题的研究与应用；推动地理学家参与有关国际组织的工作；促进地理资料和有关文件在成员国之间的交流；推动地理学相关研究方法、术语和符号的国际标准化		

一、历史沿革

19 世纪后半叶，随着欧洲工业化步伐的加快，地理学在欧洲许多国家的大学得到迅速发展，地理学家的人数也越来越多。正是由于共同的学术发展需求，促成了一个国际性的学术交流论坛的形成。因此，在欧洲各国地理学家的共同努力下，1871 年 8 月，在比利时的安特卫普召开了第一次国际地理大会，来自不同国家 300 名地理学家参会。这个国际集会一直延续到第一次世界大战前（共计举行了 10 次国际地理大会）。

1913 年在罗马举行的第 10 次国际地理大会上，确立了全体大会（General Assembly）是最高权力机关。但由于全球身陷战争泥潭，延缓了学术共同体的产生，IGU 于 1922 年才宣告正式成立。国际地理大会一直到 1949 年才正式恢复。

二、发展构想（《2020—2024 战略计划》）

1.重述 IGU 的组织宗旨与愿景

2022 年迎来了 IGU 成立 100 周年。IGU《2020—2024 战略计划》强调围绕其组织宗旨，系统提升其目标的达成度。根据 IGU 的章程，IGU 的组织宗旨包括 7 个方面：①促进地理学问题的研究；②倡议和协调需要国际合作的研究，并为它们提供科学讨论和出版研究成果的条件；③推动地理学研究者参与有关国际组织的工作；④促进地理资料和有关文件在成员国之间及其成员国内的交流；⑤发起组织国际地理大会、区域性会议和与联合会有关的专业学术会议；⑥参与各种适当形式的国际合作，促进地理学的研究与应用；⑦推动地理学中所使用的方法、术语和符号的国际标准化与统一性。

同时，IGU 在《2020—2024 战略计划》中再次重申了其基本愿景：①依托于创新的、科学的概念和方法推动地理学相关学科的发展；②发挥地理学作为一门主要科学的关键作用，统一全球地理学人的认识，共同解决国际社会所面临的普遍问题，如气候变化、社会公平等。事实上，IGU 作为国际科联（ISC）之下的一个国际组织，一直在联合国教科文组织（UNESCO）框架下开展相关活动，积极促成全球可持续目标（SDGs）的达成，为促进形成全球共识与理解发挥了积极作用。

2.主要战略性活动

1）IGU 会员赋权

提升发展中国家会员的话语权，特别是非洲、东南亚和拉丁美洲的话语权。

增加女性地理学家和发展中国家地理学家参加 IGU 委员会和工作组活动的机会，促进分散式领导与参与式领导方式，强化 IGU 对全球地区的包容性。

提高 IGU 各委员会、工作组和国际成员对完善 IGU 文献档案的贡献度。

2）构建外部合作网络

进一步扩大 IGU 委员会和工作组的活动范围，如鼓励他们实施在线讲座、网络研讨会，或为处于职业发展初期的地理学家和来自发展中国家的地理学家提供必要指导计划。

进一步促进 IGU 委员会和工作组推动落实全球重要倡议，这些倡议包括推动达成联合国可持续发展目标、促进海洋科学可持续发展、减少灾害风险、落实巴黎气候协定等。

增加 IGU 旗下出版物的数量并提升其质量，以便向世界所有国家传播地理知识。

通过开展“Geonight/Geonuit”和“地理意识周”等活动来进一步建构地理的公众形象。

强化公众对地理教育的理解，特别是对教科文组织的可持续发展教育（ESD）的贡献。

进一步改善 IGU 在有关国际组织，特别是 ISC、UN-GGIM 和 CIPSH 等相关国际组织中的形象，加强相关互动。

三、组织架构

（一）成员类型

IGU 的成员以主权国家为基本单位。IGU 特别强调，“国家”（Countries）应是独立组织科学事务的区域（Territory）。一国加入国际联盟不构成对其政治立场的承认，而仅是对其科学地位的承认。各国通过其科学委员会、主要的科学研究院、科学研究理事会、科学协会或其他类似机构加入 IGU。为方便各国从事地理学研究的学者参与 IGU 的相关研究活动及会议，IGU 要求所有国家成员组建一个专门委员会（Commissions）。因此，专门委员会构成了各国地理学学者开展合作的基本单元。除了国家成员具有正式成员资格以外，还包括具有非正式成员资格的非正式成员和联系成员。相关企业可作为无表决权的成员加入。

（二）组织机构

1.全体大会

全体大会（通常在国际地理学大会期间举行）是 IGU 的最高决策机构。全体大会将选举由主席、副主席、秘书长和财政官组成的执行委员会。全体大会为常设性组织，通常每四年举行一次。相关行政性事务和学术性事务将分别投票进行决策，所有拥有正式成员资格的国家成员均有一票投票权。

2.执行委员会

执行委员会由主席、前任主席，以及 8 位副主席和秘书长组成。副主席的人数可经全体大会根据执行委员会的提议进行表决决定。副主席的任期为 4 年，仅可连任 1 次。副主席从尽可能多的国家成员中选出，并且每个国家成员只有 1 名代表。同时，执行委员会应任命其中 1 名副主席为常务副主席。秘书长将兼任财政官，并维持 1 个常设行政办公室或秘书处。

3.专业委员会

各国家成员设立专业委员会以研究特定的问题或完成相关国际合作的任务。专业委员会通常聚焦相关主题任务，每个任务方向由 1 名副主席协调。委员会应由 1 名主席和 1 个指导委员会组成，通常还包括不超过 10 名的其他成员，每个成员任职约为 4 年，并有资格连任。如有需要，委员会可以从其指导委员会成员中指定 1 名副主席和 1 名秘书。通常来自任何 1 个成员国家的代表不得超过 1 个。主席通常应由全体大会任命；指导委员会成员名单应由执行委员会批准。任何人不得担任 1 个以上委员会的指导委员会成员。委员会可以选出适当数量的成员。如果全体大会之间主席职位出现空缺，则执行委员会应根据委员会指导委员会成员的建议，任命新的主席。专业委员会可以通过建立特殊问题小组委员会来组织其工作。

此外，专业委员会可向执行委员会申请拨款，以便开展相关工作。专业委员会还可签订研究合同,并可以要求所在国家或国际组织或其他组织提供经费支持。值得注意的是，专业委员会中以任何身份担任主席或指导委员会成员的最长任期为 12 年。

四、学术及沟通平台

IGU 的会议主要分为 4 种类型，包括国际地理大会（包括全体代表大会）、区域性学术会议、专业学术讨论会和执行委员会会议。其中，国际地理大会是最主要的形式，一般每 4 年举行 1 次。正常情况下，国际大会要持续 3 周时间：采取 1 周专门学术讨论，1 周包括全体代表大会和展览会、1 周的分区野外考察。自 1960 年以来，IGU 还创设了区域性学术会议，也包括由专业委员会等组织的学术讨论会。这种区域会也分为 3 个阶段进行，即专业会议、全体会议和野外考察。每次会议都有各自不同的专题。IGU 会定期出版会刊，还有不定期的工作通信等。每个专业委员会也主办自己的出版物，每次国际大会和区域会议都发行各类出版物。此外，IGU 拥有“地理促进基金”和“团结基金”，其目的是进一步促进地理学研究并支持地理学家、尤其是来自于设备相对落后的国家及地区的地理学家。相关基金均由执行委员会任命的董事会全权管理。

五、资金筹措

IGU 的资金来源主要包括 6 个方面，分别为会员的会费、其他组织的资助、出版物的销售、捐赠、会议注册费、研究经费。值得注意的是，IGU 的成员会费被划分为了 15 个等级，数额为 1 万~50 万美元不等，每个加入国在提出加入申请时，需明确指出希望归入哪一类。根据 IGU 2015—2020 年度报告显示，IGU 的资金来源主要为会费，占比高达 95%以上，资金来源相对单一。

国际公共交通联合会（UITP）

国际公共交通联合会（法文名称为 Union Internationale des Transports Publics，英文名称为 International Association of Public Transport，UITP）成立于 1885 年，总部设在比利时布鲁塞尔，是一个以世界各国公共交通企业为主要成员的国际性组织。长期以来，UITP 致力于公交优先和打造可持续发展的城市交通，活动领域涉及公共交通的各个方面，包括地铁、公共汽车、轻轨、城铁及区域铁路、郊区铁路、水路运输和出租车等，在世界范围内推广便捷、畅达、可持续的公共交通服务方面发挥着重要而积极的影响。目前，UITP 成员遍布全球 100 多个国家，约有 1 800 个成员企业。UITP 的主要办公场所位于比利时布鲁塞尔。但为了加强与成员组织的合作，近年来 UITP 在全球设立了 14 个联络和区域办事处以及两个区域培训中心。其中，UITP 在中国设有两个区域办事处，分别位于香港和深圳。中国土木工程学会城市公共交通分会是 UITP 的正式成员。

国际公共交通联合会（UITP）基本信息

中文名称	国际公共交通联合会	英文名称	International Association of Public Transport
成立时间	1885 年	总部所在地	比利时 布鲁塞尔
组织属性	非政府、非营利性组织	官方语言	法语、英语
组织标识	UITP ADVANCING PUBLIC TRANSPORT		
官方网址	https://www.uitp.org/		
关注议题	支持和促进全球城市及区域交通领域的可持续发展，在世界范围内倡导便捷、畅达、可持续的公共交通服务		

一、发展构想

UITP 的发展目标是通过支持和促进全球城市及区域的可持续交通来提高生活质量和经济福祉。UITP 倡导人们更多地选择公共交通出行。UITP 开展的主要活动有定期组织和开展国际和国家层面的峰会、展览和培训班，为公共交通利益相关者提供交流平台；收集和分析统计数据并进行研究；发布相关研究报告和论文，介绍特定主题的研究成果，阐释不同国家的经验和观点；向决策者、媒体和其他相关机构和个人发布公共交通信息；组织各类培训和讲习班，包括各种公共交通利益相关者感兴趣的科技活动；促进年轻和女性公共交通从业人员的发展；开发旨在促进公共交通和支持成员发展的各种服务。

二、组织架构

（一）成员构成

UITP 的成员主要是正式成员和准成员两类。

1.正式成员

UITP 的正式成员资格面向任何法律实体和公共（国际）机构（组织）开放，无论其是否具有法人资格。这些机构（组织）可以是积极或直接参与和公共交通相关的监管、组织、运营、服务供应、设备和系统供应、基础设施开发等活动以及与公共交通和共享出行的推广、研究或支持相关的活动。UITP 的正式成员也面向任何公共交通协会开放，无论其是否具有法人资格。

正式成员享有章程规定的所有成员权利，包括在成员大会上的投票权。隶属于同一集团公司的法人实体可各自成为 UITP 的正式成员。在这种情况下，如果控制其他法人实体的法人实体（“母公司”）也是 UITP 的正式成员，则应为自己及其控制的所有法人实体支付成员费，并享有参会投票权。作为子公司的正式成员不再支付成员费，并享有除投票权外的所有成员权利。

正式成员应任命 1 名或多名自然人为其在 UITP 的代表。每个正式成员可以任命的代表人数根据其缴纳的成员费数量确定，最多为 20 位。如果成员组织派出了 1 名以上的代表，则须任命其中 1 位为主要联系人，作为与 UITP 官方沟通的主要渠道，并代表该成员组织享有在 UITP 的投票权。

2.准成员

准成员资格面向任何法律实体或公共（国际）机构（组织）开放，无论其是否具有法人资格，主要包括还不符合成为正式成员条件的、积极或直接参与公共交通相关活动的机构（组织）。准成员没有投票权。

3.荣誉成员

根据执行委员会的提议，成员大会有权授予任何为 UITP 做出特殊贡献的自然人为荣誉成员。具有荣誉成员头衔的成员并不因此身份而享有特殊权利（包括投票权）。

（二）组织架构

UITP 的治理架构由众多机构组成，机构间相互协调，共同确保 UITP 以民主、透明和高效的方式运作。

1.成员大会

成员大会参会人员由 UITP 的各类别成员代表组成，每年至少召开 1 次会议。准成员有权参加成员大会，但无表决权和发言权。执行委员会每位委员均有权列席成员大会，但也无表决权和发言权（被任命为某一成员组织主要联系人的执行委员会委员除外）。根据执行委员会的建议，大会可决定授予 1 个或多个第三方观察员身份。观察员有权列席成员大会，但无表决权和发言权，并且成员大会可随时取消观察员的身份。成员大会行使章程规定的全部权力，主要包括：执行委员会委员的任命和撤销；任免联合会主席、副主席；内部审计委员会委员的任命和撤销；执行委员会委员、外部会计师以及审计师的任免；批准会费计算方法，并审议《内部规则》中有关会费计算方法的规定；授予和撤销荣誉成员资格；批准年度工作计划、年度决算和预算；根据执行委员会的提议，设立和解散各分部和分部委员会；根据执行委员会的提议，修改章程；决定联合会的解散以及解散时的净资产分配事宜。

2.执行委员会

执行委员会根据成员大会的决定，负责联合会的日常管理和资产管理等有关事项。执行委员会由主席、分部主席和成员代表组成。主席由成员大会从政策委员会委员中选举产生，每届任期两年，对外代表联合会，同时主持管理委员会和政策委员会工作。副主席从执行委员会委员中选出，任期两年。执行委员会的职责主要包括：联合会注册办事处的变更；联合会发展战略的确定；联合会一般的管理和行政事务；监督预算支出和分配；提名审计师人选；组织召开成员大会；提名荣誉成员候选人；根据秘书长的提议，确定联合会为其成员提供服务的内容；提名成员大会主席和副主席候选人；批准执行委员会委员候选人；秘书长的任免；向成员大会提出会费数额及会费计算方法；向成员大会提出追加会费数额及追加会费计算方法；审议由政策委员会提出的全球综合工作计划草案；内部规则的通过、修改和撤销；确定执行委员会的工作和治理规则，以及将任务委派给执行委员会的一个或多个工作组，并负责对这些工作组的监督；向成员大会提议设立和解散分部和分部委员会；审议内设部门和分部委员会的职权范围，其中包含工作和治理规则；在世界各地开设区域办事处。

3.政策委员会

政策委员会由执行委员会委员、各部门和专题委员会主席、协调委员会主席和成员代表组成。政策委员会对联合会在公共交通政策领域采取的立场以及全球性工作计划的确定拥有决策权。行使的职权主要包括：讨论和批准联合会在运输政策领域的立场文件；确定全球公共交通峰会议程；批准协调委员会提出的全球综合工作计划的科学内容；监督分部委员会和专题委员会开展的科学内容。

4.协调委员会

协调委员会是联合会各工作小组的领导机构，由各委员会的主席组成，并在政策委员会领导下运作。协调委员会负责协调联合会各委员会的活动，并为各工作组交流提供平台。同时，协调委员会负责制定并监督联合会全球综合工作计划。

5.分部委员会

联合会根据成员所属地区将其划入不同的地区分部，各地区分部经成员大会批准后设立分部委员会，以协调区域内各成员组织的活动。目前，联合会共设有非洲、亚太、欧亚大陆、拉丁美洲、欧洲、中东和北非、北美以及澳大利亚和新西兰这 8 个分部委员会。

6.专题委员会

按照成员的活动领域（包括学术、公共汽车、工业、轻轨、地铁等）将其成员划入若干个专题委员会。专题委员会由政策委员会设立，负责制定 UITP 的发展目标和战略以及制定广泛的项目和倡议，主要由 UITP 各领域的专家组成。目前，UITP 共设有商业与人力资源、联合交通、IT 与创新、非正式交通、营销、安全、可持续发展、交通经济学、交通与城市生活以及设计与文化等 9 个专题委员会。

三、学术及沟通平台

联合会每两年举办一次以道路或轨道交通运输为主题的世界性会议及国际公共交通展览会。其中，世界性会议每届将邀请近千名各国交通行业官方权威人士和行业专家参会。国际公共交通展览会是由联合会组织的全球范围内规模最大的公共交通盛会，已经有 120 多年的历史，在世界关注度最高的交通热点城市轮值举办。通过参加展览会，交通行业各界人士可以全方位了解到交通基础设施建设、交通管理、安全等行业最新发展。

多年来，联合会通过收集世界各地有关公共交通和城市交通的信息，开展特定的、有针对性的调查和专项研究，建立了一个丰富的数据库。联合会将收集的数据和开展的研究成果，以统计简报、数据集、调研报告等形式定期发布，内容涵盖了与该行业相关的各个主题。联合会已发布的代表性报告有《全球巴士调查》《公共交通趋势报告》《出租车基准研究》等。

四、经费筹措

联合会的运行经费主要来自成员会费，每位正式成员每年应缴纳会费。注册办事处位于欧盟地区的正式成员每年还需支付额外的成员费，这些额外的成员费主要用于联合会面向欧盟机构开展政策和宣传活动。

国际海洋物理科学协会（IAPSO）

国际海洋物理科学协会（International Association for the Physical Sciences of the Oceans，IAPSO）是一个国际性的非政府、非营利性科学组织。IAPSO是国际大地测量学和地球物理学联合会（IUGG）的8个从属协会之一，于1931年更名。IAPSO是负责维护和改进海洋学标准和实践的主要机构。在IUGG框架下，IAPSO建立了4个委员会，分别是气候和环境变化委员会、数学地球物理学委员会、地球物理风险和可持续性委员会、数据和信息委员会。

IAPSO还与其他国际组织建立了实质性的合作关系。其中，IAPSO广泛参加了由国际科学理事会（ISC）“海洋研究科学委员会”（SCOR）开展的系列活动，并与SOCR组建了联合工作组；IAPSO还与联合国教科文组织（UNESCO）“政府间海洋委员会”（IOC）进行了积极互动。

IUGG中国委员会成立了IAPSO中国委员会。

国际海洋物理科学协会（IAPSO）基本信息

中文名称	国际海洋物理科学协会	英文名称	International Association for the Physical Sciences of the Oceans
成立时间	1919年	总部所在地	意大利 里雅斯特（秘书处）
组织属性	非政府、非营利性组织	官方语言	英语
组织标识			
官方网址	http://iapso.iugg.org/		
关注议题	进一步促进有关地球物理学、火山与地球化学、海洋与大气物理学等问题的研究，并将所获得的知识服务于社会发展的需要；持续加强国际合作，完善国际合作网络		

一、历史沿革

1919 年 7 月 28 日，国际大地测量学和地球物理学联合会（IUGG）在比利时布鲁塞尔宣告成立。在布鲁塞尔会议上，成立了 IAPSO 的前身——物理海洋学分会（Section of Physical Oceanography，SPO），摩纳哥的阿尔伯特亲王（Prince Albert of Monaco）任 SPO 的第一任主席，英国的兰姆教授（Horace Lamb）任副主席。在 1948 年举行的 SPO 全体大会上，改名为国际物理海洋学协会（International Association of Physical Oceanography，IAPO）。于 1991 年在奥地利维也纳举行的全体大会上，国际物理海洋学协会改名为国际海洋物理科学协会（IAPSO）。

二、发展构想

IAPSO 的发展构想主要集中在 4 个方面：①强化交流合作网络，为全世界的海洋科学家之间深化学术联系提供更为全面的支持；②进一步加强 IAPSO 的内部建设，通过有效整合或增设技术委员会及工作组，鼓励和协调更为前沿的研究活动；③提供更为全面的基础性学术服务，促进物理海洋学的发展；④进一步完善专题讨论会记录等学术材料的出版，促进海洋物理领域知识的全球传播。

三、组织架构

（一）成员类型

根据 IAPSO 的《章程》，IAPSO 仅接受团体成员（国家成员），每个国家只能以一个能够广泛代表该国海洋物理科学领域学术人员的社会团体或协会加入 IAPSO。IUGG 现有的国家和地区成员也是 IAPSO 的成员。IAPSO 建议每个国家成员都成立 1 个 IAPSO 国家委员会。

（二）组织机构

IAPSO 的行政管理事务主要由理事会、执行委员会负责；科学事务则是由技术委员会和工作组负责。

1.全体大会

全体大会是 IAPSO 的最高决策机构，每 4 年举行 1 次。所有国家成员均可派出代表参加 IAPSO 全体大会。IAPSO 全体大会将讨论 IAPSO 的战略发展方向、审议 IAPSO 经费决算情况、审议 IAPSO 重点项目及研究计划、选举 IAPSO 主要官员等。

2.理事会

IAPSO 理事会由主席和前任主席、秘书长、财政官组成。理事会的职能主要包括：执行 IAPSO 代表大会做出的工作决策、制定 IAPSO 代表大会的会议议程、在 IAPSO 执行委员会的建议下筹备 IAPSO 科学计划。

3.执行委员会

IAPSO 执行委员会由 13 名人员组成。除了主席、前任主席、副主席、秘书长和财政官以外，还包括由各国家成员推选出的 8 名代表。执行委员会将设立技术委员会、工作组或支持机构等，以推进海洋物理领域特定的科学议题。

4.专业委员会和工作组

为推动特定科学议题的落实和提供高水平的学术服务，IAPSO 设立了两个科学工作组、4 个委员会、4 个技术工作组。科学工作组方面，IAPSO 设立了“职业初期科学家工作组”（EC），为青年科学家提供一个相互交流的平台，推动他们融入科学界；“最佳实践工作组”（Best Practice Study Group），该工作组将在测量数据、分析数据、处理软件或系统建模整合相关经验，以提供一个高效、综合性的解决方案。技术委员会方面，IAPSO 设立了“海水属性联合委员会”（JCS）、“平均海平面和潮汐委员会”（CMSLT）、“海啸委员会”（与 IASPEI 和 IAVCEI 联合成立）等。工作组方面，IAPSO 设立了“气候和环境变化”工作组（CCEC）、“数学地球物理学”工作组（CMG）、“地球物理风险与可持续性”工作组（GRC）、“数据及信息”工作组（UCDI）。

四、学术及沟通平台

IAPSO 主要通过举办国际学术会议、设立荣誉奖项、出版学术资料来加强学术沟通。由于 IAPSO 实际上是隶属于 IUGG 这一“伞状”国际科技组织，开展的学术活动类型相对单一。

1.召开国际会议

IAPSO 全体大会每 4 年举行 1 次（随 IUGG 一同举办），所有正式成员均可出席会议。在每次全体大会期间，IAPSO 各工作组和专业委员会还将举办各类学术会议以及与其他国际科技组织联合举办各类会议，共同设立研究议程。

2.设立荣誉奖项

IAPSO 设立了 3 大奖项，分别是“阿尔伯特亲王勋章”“尤金·拉方德奖章”“青年职业科学家奖章”。

3.出版学术资料

与其他国际科技组织不同，IAPSO 并没有创办自己的官方学术期刊，而只是就不同的学科方向零零散散出版了一些学术文章。

五、资金筹措

IAPSO 的经费来源是各加入成员所缴纳的年度会费、IUGG 提供的经费支持，以及在 ISC 框架下开展的相关项目所支持的经费。

国际航标协会（IALA）

国际航标协会（International Association of Marine Aids to Navigation and Lighthouse Authorities，IALA）是一个国际性的非政府、非营利性科学组织，于 1957 年创立。自成立以来，IALA 鼓励其各国成员共同努力使海上航标协调统一，推动全球助航系统的标准化，促进船舶的安全高效航行，同时推进海洋环境保护。IALA 也与其他政府间和非政府间国际组织保持了交流合作关系，包括国际海事组织（IMO）、国际海道测量组织（IHO）、国际照明委员会（CIE）、国际电信联盟（ITU）等。截至 2022 年，IALA 拥有 91 个国家成员、73 个准成员和 155 个企业成员。

国际航标协会（IALA）基本信息

中文名称	国际航标协会	英文名称	International Tribology Council
成立时间	1957 年	总部所在地	法国 巴黎
组织属性	非政府、非营利性组织	官方语言	英语
组织标识	IALA		
官方网址	https://www.iala-aism.org/		
关注议题	进一步促进成员之间深化工作关系及建立协作机制；加强与相关的政府间、国际组织合作，包括国际海事组织（IMO）、国际海道测量组织（IHO）等；促进航行新技术、水道测量事务和船舶交通管理等事务的发展；解决与航标建设和航标使用相关的工作组织协调及环境保护等相关事宜，包括保护具有历史意义的灯塔等；进一步探索如何利用航标为相关政府组织服务并促进商业服务的转化		

1984 年 1 月，中国作为国际海事组织 A 类成员恢复在国际航标协会的活动，并自 1994 年起连续 7 次当选为 IALA 理事会成员国。中国于 2006 年承办

了第 16 届 IALA 全体大会，这是中国首次承办此大会。此外，中国积极参加国际航运标准制定方面的工作，于2019年推出了《IALA〈VTS用户指南模板〉》。这是我国主导的首个 IALA 国际标准，标志着我国在国际海事领域标准化方面取得的新突破。

一、历史沿革

19 世纪末，许多关于海上导航管理的政府机构开始认识到，他们需要不断地提高工作效率和加强研发工作，并经常性地相互分享新知识和新经验，即建立一个常态化的交流机制。20 世纪 50 年代，虽然那个时期已经每隔 4~5 年会举行一次国际会议，但随着技术变革步伐的明显加快，世界各国意识到，需要设立一个常设秘书处来确保各国航海管理当局之间保持信息的持续畅通。因此在 1957 年 7 月，来自 20 个国家的航海管理当局一致同意设立 IALA。鉴于航海员的个人发展需求、现代技术的发展以及对航海当局应用相关辅助设备的要求和限制，IALA 成立了各类科学委员会，以汇集来自世界各地的专家联合开展工作。在 60 多年的发展历程中，IALA 在致力于保护海洋环境的同时，还为维护海上安全做出了重大贡献。

二、发展构想

根据《IALA 2026 发展愿景》，IALA 提出了两项发展目标：一是通过持续性的国际合作和面向各国提供行业标准，进一步优化及协调海上航行援助；二是倡导所有沿海国家都能通过能力建设和专业知识共享，为建立可持续、高效的全球航海援助网络作出贡献。此外，IALA 还倡导其国家成员和其他负责向航海事务提供设施的航海主管部门大力支持联合国可持续发展目标（SDG）。IALA 根据其专业范围和资源结构，制定了 17 项可持续发展目标，涉及海上航行保护、海山物流链保护、航海领域教育培训活动的高质量发展等议题。

三、组织架构

（一）成员类型

IALA 的成员分为 4 种类型，分别是国家成员、联系成员、附属成员和准成员。

1.国家成员

国家成员主要是指负责在一个国家提供、维护和执行海上航行辅助工具的国家官方主管部门。

2.联系成员

联系成员主要是指负责提供与航海辅助有关的行政部门、各类组织、科学机构等。

3.附属成员

附属成员主要是指能够提供海上航标商用设备、海上航标服务及技术指导的制造商、经销商及其他相关组织。

4.荣誉成员

对于为 IALA 做出重大贡献的个人，IALA 理事会将授予荣誉成员。

（二）组织机构

IALA 的行政管理工作主要由全体大会、理事会、秘书处负责；科学事务则是由科学委员会及其相关下设机构负责。

1.全体大会

全体大会是 IALA 最主要的决策机构，每 3 年举行 1 次。除非 IALA《章程》另有规定，全体大会则拥有所有权力。每个国家成员可指定 1 名代表作为其参加全体大会的首席代表，并拥有表决权。联系成员和附属成员仅可列席全体大会。全体大会的职能包括：选举 IALA 主席、副主席、秘书长等官员；讨论并决定 IALA 的总体政策及发展战略；审议并批准 IALA 的《章程》《财务管理细则》等指导性文件；从理事会主席国或副主席国以外的成员国当中选举产生理事会；设立和终止各委员会及下设机构；审核并批准其职权范围；审核并批准 IALA 的财务安排；审议由国家成员、理事会或秘书长提交的工作报告或工作提议。

2.理事会

理事会是 IALA 的执行机构，每年召开 1 次例会，负责指导 IALA 组织的各项活动。理事会由主席、副主席和其他 23 个国家成员组成。IALA 特别强调，理事会成员应来自全球不同地区，以期实现全球范围的代表性。理事会下设“财务和审计委员会”（FAC）、“政策咨询小组”（PAP）、“法律咨询小组”（LAP）。理事会的职能包括：行使大会授予的职责；在大会决议的总体政策、战略愿景和预算纲要范围内，协调本组织的活动；审核并批准财务报告，特别是年度预算；决定附属成员资格；任命委员会和下设机构的主席和副主席，审核并批准其工作计划等。

3.秘书处

IALA 秘书处由秘书长及相关工作人员组成。秘书长负责本组织的日常管理，但须服从大会或理事会的指导。秘书处的职能包括：保存有效开展 IALA 相关工作所需的所有记录，并起草、收集和流转任何可能需要的文件；在理事会的指导下管理本组织的财务工作；向国家成员、联系成员、附属成员和其他组织随时通报 IALA 相关活动的开展情况；组织和支持全体大会、理事会及其下设机构举办的会议。

4.科学委员会和工作组

科学委员会和工作组是 IALA 的核心，是 IALA 理事会在特定目标框架下，依据相关学科范围或为解决某项技术问题而设立。IALA 目前设有 4 个科学委员会，分别是“航标需求与管理委员会”（ARM）、“工程与可持续性委员会”（ENG）、“电子导航信息服务与通信委员会”（ENAV）、“船舶交通服务委员会”（VTS）。每个科学委员会均下设了至少 3 个工作组，负责不同方向的研究及业务工作。

四、学术及沟通平台

IALA开展的活动主要包括举办国际会议、建立数据库、开展教育培训活动等。

1.举办国际会议

IALA全体大会是IALA框架下最重要的会议，每3年举行1次。除此之外，各科学委员会及工作组将根据实际工作需求举办研讨会。

2.建立数据库

IALA创建了“航标国际词典”（International Dictionary of Marine Aids to Navigation），按照不同的领域设置了相应的词条，以促进国际标准的持续设定。

3.开展教育培训活动

IALA历来重视教育培训工作，并因此设立了“IALA世界学院”（World-Wide Academy）。“IALA世界学院”致力于通过开展课程教育、培训活动以促进航海从业人员的能力建设，同时促进沿海国有效实施IALA标准、建议、工作指南等。

五、资金筹措

IALA经费主要来源于各成员所缴纳的年度会费、联系成员和附属成员所缴纳的费用（类似会费），以及经秘书长建议由理事会批准的捐赠、遗赠、赠款和其他来源。

国际继续工程教育协会（IACEE）

国际继续工程教育协会（International Association for Continuing Engineering Education，IACEE）是一个国际性的非政府、非营利性科技组织，于1989年创立。作为继续工程教育的全球倡导者，IACEE通过一系列的计划和服务产品，促进各成员组织支持和加强全世界的终身工程教育和培训，特别强调满足发展中国家的需求。IACEE目前拥有各类成员300多个，分布在全球70多个国家及地区。

国际继续工程教育协会（IACEE）基本信息

中文名称	国际继续工程教育协会	英文名称	International Association for Continuing Engineering Education
成立时间	1989年	总部所在地	美国 佐治亚理工学院
组织属性	非政府、非营利性组织	官方语言	英语
组织标识			
官方网址	http://iacee.org/		
关注议题	加强对继续教育过程的理解以促进工程技术的国际传播；通过国际合作提高工程师和技术人员的教育和培训质量以及技术信息的质量；进一步加强产教合作；进一步推进各国继续教育中心的建设；支持工程领域的女性平等进程		

1989年5月在北京召开的第四次世界继续工程教育大会期间，中国继续工程教育协会联合苏联教委、非洲科技联络网、美国工程教育协会、欧洲工程教育协会等10个国家或区域组织，发起成立IACEE。中国先后有7位专家在IACEE担任副主席一职，包括路甬祥院士（1989—1992年）、张寿荣院士（1992—1998年）、冯长根（1998—2006年）、胡东成（2008—2010年）、张国庆（2010

—2016 年）、吴秀君（2016—2021 年）、王成（2021—2024 年）。

一、历史沿革

全球范围内的继续工程教育广泛兴起于 20 世纪 60 年代。第二次世界大战后，全球经济的复苏需要大批科技人才。各工业企业为提升其产品竞争力，十分重视对工程技术人员的培训活动；同时，工程技术人员为谋求更好的职业发展，积极利用业余时间参加继续教育活动，这为继续工程教育的大发展提供了必要的社会条件。1973 年，为推动和指导世界范围内的继续教育活动，联合国教科文组织设立了工程师和技术人员继续教育工作组（WGCEET），并于 1979 年在墨西哥城举行了第一届世界继续工程教育会议。1987 年，教科文组织工程师和技术人员继续教育工作组（WGCEET）向教科文组织提交了一项关于成立一个国际组织的计划。这一想法得到了教科文组织的大力支持。在第四届世界继续工程教育大会期间，中国继续工程教育协会、苏联教委、欧洲工程教育协会等 10 个国家和区域组织联合发起成立 IACEE。

二、发展构想

IACEE 的发展构想主要体现在 4 个方面：①持续向 IACEE 成员组织提供世界一流的教育培训产品和服务，推动全球工程专业的发展；②通过进一步促进 IACEE 各成员组织的交流与联系，形成继续工程教育领域的专业网络和协作活动；③通过认证、信息共享和创造更多的职业和商业机遇，促进继续工程教育的发展，以及基于教育研究和教育战略制定方面的优势，进一步促进继续工程教育专业的发展；④面向 IACEE 的发展愿景，持续加强 IACEE 的内部治理，提高相关项目的效能，为 IACEE 各成员组织提供高质量的产品供给和理念支撑。

三、组织架构

（一）成员类型

IACEE 的成员分为 5 种类型，分别是创始成员、专业组织成员、商业组织成员、学术机构成员、个人成员。

1.创始成员

创始成员主要是指在 1989 年联合创设 IACEE 的各国家及地区组织，包括美国工程教育协会（ASEE）、欧洲工程教育协会（SEFI）和中国继续工程教育协会（CACEE）。

2.专业组织成员

IACEE 专业组织成员资格面向那些积极致力于开展工程教育活动并积极推动继续工程教育的专业性学会或组织开放。

3.商业组织成员

IACEE 的商业组织成员资格面向那些希望通过开展继续工程教育培训活动而提升其员工综合能力的商业组织或公司开放。

4.学术机构成员

提供继续工程教育和培训的学术机构或协调机构也可申请成为 IACEE 的成员。

5.个人成员

积极参与或促进继续工程教育的个人也可申请加入 IACEE。

（二）组织机构

IACEE 的主要行政机构包括全体大会、理事会、执行委员会。

1.全体大会

IACEE 全体大会是 IACEE 的最高决策机构，每两年至少举行 1 次会议。IACEE 全体大会将选举 IACEE 主席和 IACEE 理事会成员、审议 IACEE 的总体政策、审议 IACEE 主席提交的工作报告、讨论继续工程教育的发展前景等。

2.理事会

IACEE 理事会是最高行政管理机构，负责制定 IACEE 的总体工作方针，并对协会的运行和管理进行全面指导和监督。

IACEE 理事会的职责包括：为 IACEE 执行委员会选举 4 名副主席、任命 IACEE 秘书长、确定不同成员的年费、审议 IACEE 预算及确定两年一度的战略行动计划、选定两名非理事会成员为 IACEE 审计员等。

3.执行委员会

IACEE 执行委员会由 IACEE 主席、前任主席、4 名副主席、下一届世界继续工程教育会议（WCCEE）的主席、IACEE 秘书长组成。IACEE 执行委员会是 IACEE 行政事务的执行机构。IACEE 执行委员会将根据由 IACEE 理事会制定的一般性原则设立特别工作组（SIG），以针对性地开展某项工作。

4.特别工作组

IACEE 目前设立了 3 个特别工作组，分别是“继续工程教育在线学习”工作组、“继续工程教育创新”工作组、“继续工程教育全球领导人和经理人”工作组。“继续工程教育在线学习”工作组负责推进继续工程教育在线学习方式的发展；“继续工程教育创新”工作组侧重于向工程师提供专业的继续教育创新服务和产品的案例研究；“继续工程教育全球领导人和经理人”工作组侧重于提升从事继续工程教育管理和领导的管理人员的综合能力。

四、学术及沟通平台

IACEE 开展的相关活动主要包括召开国际会议、推广继续教育评价标准、开展培训项目。

1.召开国际会议

IACEE 的品牌会议是世界继续工程教育大会（WCCEE），每两年举行 1 次。

2.推广继续教育评价标准

IACEE 正在推进“继续教育质量计划”（Quality Program for Continuing Education）。该计划是基于欧洲质量管理基金会（EFQM）“卓越模型”开发的，受到了美国教育部和欧盟的联合资助。IACEE 鼓励其所有成员参与该项计划，以不断扩大相关数据库规模，旨在工程继续教育领域形成必要的标准化培训模式、课程框架等。

3.开展培训项目

“持续工程教育经理培训计划”（CEE Manager Training Program）是 IACEE 开展的最主要的培训项目之一。该计划面向来自大学、政府、企业的行政管理人员，培训主题包括市场营销策略、需求分析、管理品牌、技术应用等。参加培训的人员将在相关课程后获得相应证书。

五、资金筹措

IACEE 的经费来源主要是各成员组织缴纳的会费、总部所在地当局的财政支持、公共和私人的赠款和捐款、由 IACEE 组织的会议、研讨会、讲习班和其他活动的注册收入等。

国际建筑师协会（UIA）

国际建筑师协会（The International Union of Architects，UIA）于 1948 年在瑞士成立，目前其总部设于法国巴黎。UIA 致力于作为知识共享的平台，促进建筑行业的发展，是联合国教科文组织认可的国际非政府组织，也是唯一在国际层面运作的建筑联盟，堪称最具影响力的国际建筑师组织。UIA 目前成员组织分布在全球 124 个国家和地区。

1955 年，中国建筑学会以国家成员身份加入 UIA。1999 年 6 月，由中国建筑学会承办的 UIA 第 20 届世界建筑师大会在北京召开。中国有多位建筑界专家，如吴良镛、杨廷宝、周干峙、叶如棠等曾担任 UIA 的副主席或理事。

国际建筑师协会（UIA）基本信息

中文名称	国际建筑师协会	英文名称	International Union of Architects
成立时间	1948 年	总部所在地	法国 巴黎
组织属性	非政府、非营利性组织	官方语言	英语 法语
组织标识	uia		
官方网址	https://www.uia-architectes.org		
关注议题	促进建筑行业、城市规划和建筑教育领域的发展，支持各国建筑师组织维护建筑师的权益，促进建筑师及有关从业人员的国际交流		

一、历史沿革

在联合国教科文组织的协调下，UIA 于 1948 年 6 月在瑞士洛桑成立。当时来自 27 个国家的建筑师组织代表参加了 UIA 创始大会。创立之初，UIA 致力于通过建筑师国际组织将世界范围的建筑师联合起来。随着时间的推移，

UIA 的成员组织已涵盖全球 114 个国家和地区的主要行业组织和建筑师，成为最具影响力的国际建筑师组织。

二、发展构想

UIA 致力于促进建筑行业的发展，并提升全球建筑质量，开展的主要活动有①搭建建筑行业学术思想和观点交流的平台，促进建筑和城市规划不断发展；②促进建筑领域教育的发展，支持各国建筑师组织维护建筑师的权益；③促进建筑师及有关从业人员的国际交流；④促进建筑在可持续发展、文化和社会价值等领域的作用；⑤与其他国际组织合作建立建筑师行业标准等。

三、组织架构

（一）成员构成

UIA 的成员资格面向致力于维护一个国家或地区大多数建筑师利益的专业组织开放。UIA 按地理区域将其国家成员划分为 5 个地区，分别是 I 区——西欧、II 区——东欧和中东、III区——美洲、IV区——亚洲及大洋洲、V 区——非洲。

（二）组织架构

UIA 的组织架构主要包括代表大会、理事会、主席团、专业委员会和各工作组。

1.代表大会

成员代表大会是 UIA 的最高权力机构，每 3 年举办 1 次（与世界建筑师大会同期举办）。

2.理事会

五大区各选出 4 位来自不同国家的代表组成 UIA 理事会。理事会每年至少召开两次会议。

3.主席团

UIA 主席团包括主席、前任主席、秘书长、财政官和 5 位地区副主席。主席团成员在 UIA 理事会闭会期间定期举行会议，他们也是理事会成员。

4.专业委员会

UIA 设有若干专业委员会，包括国际建筑竞赛委员会（主要发挥咨询功能，以确保 UIA 在国际竞赛领域的声望），建筑教育委员会（提供建筑教育的相关政策建议），职业实践委员会（指导并促进建筑师的全球流动）以及可持续发展委员会（提升建筑师在应对建筑环境复杂挑战方面的作用以及通过对城市的有效规划、建设和管理，提升城市化水平）。

5.工作计划组

UIA 设有建筑与社会、栖息地、公共设施 3 大工作计划组。每个工作计划组在相关专家的领导下，承担不同的项目运营，致力于从建筑、城市规划的角度，帮助缓解和解决遗产保护、城市规划、公共卫生、贫困人口等问题。

四、学术及沟通平台

UIA 开展的主要活动是每 3 年召开 1 次成员代表大会，并同期举行世界建筑师大会。世界建筑师大会是世界各地建筑师进行专业和文化交流的重要平台，每次都能聚集来自世界各地的数千名参与者。每届大会都会聚焦一个建筑学术交流主题，由国际建筑、规划和建设领域的专家研讨。

UIA 还通过专业工作组组织各国建筑师之间的交流与合作，组织和支持举办建筑、城市规划和建设展览会，每 3 年评审和颁发 1 次 UIA 杰出贡献建筑金奖和专业奖。其中，UIA 杰出贡献建筑金奖是 UIA 设立的最高奖项，由 UIA 理事会在 1984 年设立，用以鼓励在世界建筑界做出杰出贡献的建筑师或建筑师团体。为促进建筑技术的发展，UIA 还设立了 4 项专业奖，分别为城市规划奖（为纪念 UIA 第一任主席阿伯克隆比，于 1961 年设立）、建筑技术奖（为纪念 UIA 前名誉主席佩瑞特，于 1961 年设立）、建筑教育奖（为纪念 UIA 前主席楚米，于 1967 年设立）和改善人居质量奖（为纪念 UIA 前主席罗伯特·马修，于 1978 年设立）。

UIA 的出版物主要有会讯（月刊）、主办大会和学术会议文集，以及建筑和城市建设相关文献。

五、经费筹措

UIA 的运行经费主要来自其成员缴纳的会费，举办各类大会、展览、教育培训以及出版学术出版物的收益，同时也接收外部社会捐赠。

国际科学教育协会理事会（ICASE）

国际科学教育协会理事会（International Council of Associations for Science Education，ICASE）由联合国教科文组织在1972年成立，是由科学教师协会、科学教育相关机构、基金会和企业组成的庞大网络，共同致力于在全球范围内促进科学技术教育的发展。目前，ICASE 成员组织已超过 200 个，遍布全球70多个国家和地区。

国际科学教育协会理事会（ICASE）基本信息

中文名称	国际科学教育协会理事会	英文名称	International Council of Associations for Science Education
成立时间	1972年	总部所在地	—
组织属性	非政府、非营利性组织	官方语言	英语
组织标识			
官方网址	https://www.icaseonline.net/		
关注议题	提升全球范围内科学技术教育质量		

一、历史沿革

1972年6月，由联合国教科文组织主办的战略会议在新加坡举行。这次会议由新加坡科学教师协会和新加坡国家科学院主办，旨在建立一个将整个亚洲的国家科学教师协会联系在一起，以促进信息交流并增进科学家、教师和学生之间的研究合作和交流的国际组织。来自中国香港、印度、印度尼西亚、韩国、马来西亚、菲律宾、新加坡和泰国的科学教师协会代表参加了会议。此次会议促成了国际科学教育协会理事会（ICASE）的成立。1973年4月，在美国马里兰大学举行的ICASE第二次会议上批准了其组织架构，并成立了ICASE

临时执行委员会。如今，ICASE 的成员组织已遍布全球 70 多个国家和地区，联合国教科文组织也一直在支持和参与 ICASE 的相关活动。

二、发展构想

ICASE 的发展使命可以概况为以下 5 个方面。

（1）提升世界各地人群，特别是儿童和青年的正式和非正式科学技术教育质量。

（2）支持世界范围内提升正式和非正式科学技术教育质量的相关活动。

（3）协助和支持世界各地参与科学与技术教育的相关组织开展活动。

（4）为参与正式和非正式科学与技术教育的成员组织及其成员建立和维护国际交流平台。

（5）鼓励和支持建立并发展专业科学技术组织，尤其是教师组织。

三、组织架构

（一）成员构成

ICASE 的成员资格对所有支持 ICASE 发展目标的组织开放。会员类别分为两类：正式成员和准成员。

1.正式成员

以非营利性为目的并且能够支付年度会费的国家或国际科学技术教育组织。正式会员拥有表决权，并参与 ICASE 理事会的治理。

2.准成员

地方性的科学技术教育组织或其他支付相应订阅费的机构、基金会或企业。准成员没有表决权。

（二）组织架构

1.执行委员会

由主席、前任主席、当选主席、秘书、司库以及区域代表和常设委员会的主席共同构成，现届执行委员会人数为 17 人。执行委员会负责 ICASE 理事会的管理工作，主要涉及制定政策、监督政策实施、批准预算和监督理事会的财务状况。

2.管理委员会

由主席、当选主席或离任主席、秘书和司库组成，负责 ICASE 的日常管理。作为执行委员会的从属机构，管理委员会负责理事会的日常管理和运作。

3.常设委员会

为实现理事会的发展目标或协助实施和实现理事会的政策、优先事项和活动而设立。常设委员会的主席也为执行委员会的成员。

四、学术及沟通平台

《国际科学教育》(*Science Education International*）是 ICASE 创办的官方杂志，主要为其会员组织和科学教育领域的个人或组织提供前沿信息。ICASE 的新闻通讯自 1973 年 11 月出版以来，一直延续至今，并于 2009 年开始在线出版，以获得更多受众。除期刊和新闻通讯外，ICASE 还出版了系列出版物，包括会议和研讨会报告、研究论文和年鉴等。从 1977 年至今，ICASE 在世界范围内成功组织开展了系列区域会议，并从 2003 年以来，每 3~4 年召开一次世界科学技术教育大会，以期为来自各个国家和地区科学教师协会和其他相关团体的从业人员提供交流经验、技能和知识的机会。ICASE 还与全球许多国际组织保持合作关系。联合国教科文组织一直支持和参与 ICASE 活动，支持 ICASE 开展了众多研究项目和活动，并经常邀请 ICASE 执行委员会成员和 ICASE 成员组织的代表参加联合国咨询会议。

五、经费筹措

ICASE 执行委员会每 3 年确定一次会员的年度会费标准，并在 3 年内保持稳定。ICASE 的经费来源除会员缴纳的年度会费外，还依赖于政府、国际机构、工商企业、相关组织和私人捐赠。

国际林业研究组织联盟（IUFRO）

国际林业研究组织联盟（International Union of Forestry Research Organization，IUFRO）是一个国际性的非政府、非营利性科学组织，于 1892 年创建于奥地利维也纳。作为国际科学理事会（ISC）的成员组织，IUFRO 联合了来自全球 120 多个国家及地区的 700 多个成员单位的两万多名森林科学领域的科学家，每年开展的相关国际学术活动近 80 场。IUFRO 的核心价值观为持续向全球社会输出森林科学领域最高质量的工作和专业标准；尊重并拥护多样性原则，包括性别平等、文化多样性、社会公平等；在森林领域建立广泛的国际合作网络，促进成员之间和科学家之间的信息交流及促进森林领域的服务共享。

国际林业研究组织联盟（IUFRO）基本信息

中文名称	国际林业研究组织联盟	英文名称	International Union of Forestry Research Organization
成立时间	1892 年	总部所在地	奥地利 维也纳
组织属性	非政府、非营利性组织	官方语言	英语
组织标识			
官方网址	https://www.iufro.org/		
关注议题	相关议题均基于《2030 可持续发展议程》设置，包括进一步改善人类与森林的关系；加强对森林保护与气候变化之间的研究；促进一个更为绿色的人类未来；促进生物多样性发展；促进森林、土壤和水资源的综合研究		

一、历史沿革

森林一直是经济发展和环境保护的重要组成部分。1890 年，在奥地利维也纳举行的国际农业和林业大会上，与会人员提议建立一个“中央机构”，以促进欧洲国家对森林研究的应用。因此，1892 年“国际森林试验组织联盟”在德国埃伯斯瓦尔德成立了。最初仅有奥地利、德国和瑞士同意其森林试验站加入该联盟。第一次世界大战前，全球共有来自 22 个国家（包括美国、加拿大、日本等）的森林研究站加入了该组织。第一次世界大战期间，国际合作终止，参战国的森林研究终止。直到 1929 年采用新名称“国际林业研究组织联盟”（IUFRO）时，相关活动才得以完全恢复。随着更多来自非洲、亚洲和美洲国家代表的加入，该组织表现出更多的全球性特点。1949 年，新成立的联合国粮食及农业组织（FAO）宣布愿意向 IUFRO 提供一个位于粮农组织罗马总部的秘书处。20 世纪 50 年代和 60 年代是 IUFRO 发展的稳定时期。进入 20 世纪 80 年代，IUFRO 开始更多地解决与森林有关的、具有全球意义的社会和经济发展及生态保护问题。20 世纪 90 年代以后，IUFRO 通过调整其科学结构、扩大战略伙伴关系以及更多地参与科学及政策互动来应对全球共同面临的各种挑战。在过去的十几年，IUFRO 致力于突破“传统”的工作和学科界限。

二、发展构想

（一）组织使命

IUFRO 积极促进研究的卓越性，追求高质量、高度相关性的、高度协同的研究活动。为解决当今世界面临的多种生物物理、社会和经济问题提供了一个全面的框架，从而促进知识水平和促进研究卓越；构建一个全球性的合作网络，改善沟通与提高社会互动的多样性；通过构建全球性的网络，在学科界内和学科之间加强信息共享，促进信息交流，提高科学知识的利用率；通过拓展视野、加强外部合作和教育活动，持续提升 IUFRO 的影响力；定期为有关森林和社会的全球活动提供科学投入和政策支持，确保 IUFRO 的合作伙伴和利益相关者获得科学解决方案，解决世界森林面临的复杂挑战和问题。

（二）主要活动

IUFRO 主要活动包括每 5 年召开 1 次的会员大会和每年开展的 70 多场国际会议，由 50 多个研究小组设立的、IUFRO 资助的各种研究项目和研究计划，出版学术刊物和年度报告，以及成立特别工作组推动森林科学领域的教育和培训活动，特别是利用网络资源开展相关在线教育。

三、组织架构

（一）成员类型

IUFRO 的成员分为组织成员和个人成员两种类型。

1.组织成员

组织成员主要是指从事森林科学研究的组织或从事与森林科学研究相关的组织。截至 2022 年 6 月，IUFRO 在全球拥有 650 个组织成员。IUFRO 不对相关国家及地区的加入组织成员数量作限制，但每个国家及地区只能有 1 个代表参加 IUFRO 的最高决策机构——国际理事会，并行使投票权。

2.个人成员

个人成员分为 3 种类型，分别是正式成员、非正式成员和荣誉成员。其中，正式成员是指已加入 IUFRO 组织，并从事森林学研究或森林学相关的研究的个人；非正式成员则是从事森林学研究或森林学相关研究并得到董事会同意加入的个人；荣誉成员则是指在森林学研究领域作出重大贡献的个人。

（二）组织机构

IUFRO 的组织机构由全体大会、国际理事会、董事会组成。在管理学术方面，IUFRO 还设立了 9 大学部和 10 个跨学科工作组。

1.全体大会

全体大会每 5 年举行 1 次，负责决策涉及科学技术、政策设置、商业事务等内容，以及选举 IUFRO 的相关官员。IUFRO 主席将向全体参会人员报告由国际理事会提出的相关发展建议或需决策的工作事项。正如前文所述，每个国家成员及地区成员将派出 1 名代表行使投票权，个人成员有参会权和讨论权，但无投票权。

2.国际理事会

国际理事会是 IUFRO 的最高决策机构，由每个国家成员及地区成员的代表组成。国际理事会将选举联盟主席、副主席（同时兼任联盟董事会的主席、副主席）、董事会中“具有投票权”的成员。国际理事会还将讨论 IUFRO 的政策设置和发展战略制定等重大问题。值得注意的是，各国及地区在国际理事会中的代表不能同时成为董事会中“具有投票权”的成员。

3.董事会

董事会是 IUFRO 的执行机关，负责记录由国际理事会提出的相关意见和建议，以及推动相关活动的开展以实现 IUFRO 的总体愿景。此外，董事会还将负责制定 IUFRO 的年度预算和监督经费的收入及开支情况（任命 1 名独立的审计官员），以及负责 IUFRO 的对外联系。董事会中“具有投票权”的成员由 1 名主席、2 名副主席、前任主席、各学部的联络员、总部所在地的代表（目前为奥地利）、7 名主席候选人组成。为确保相关行政工作的顺利开展，董事会还下设了 1 个永久性的“管理委员会”，由主席和副主席、前任主席、执行主任等人员组成。

4.学部及工作组

IUFRO 按照学科方向设立了不同的学部，以确保相关研究工作的开展，同时设立了跨学科的特别工作组，以加强工作网络建设和信息分享。9 大学部分别是第 1 学部——造林、第 2 学部——生理学和遗传学、第 3 学部——森林作业工程与管理、第 4 学部——森林评估建模和管理、第 5 学部——林产品、第 6 学部——森林与林业的社会方面、第 7 学部——森林健康、第 8 学部——森林环境、第 9 学部——森林政策与经济学。特别工作组所涉及的议题包括促进森林教育、监测全球树木死亡率模式和趋势、观察在不断变化的环境中森林与水的相互作用、加强林业性别平等、生产生物经济和非木材林产品、为未来气候和人类福祉而改造森林景观等。

四、学术及沟通平台

构建全球性的网络,在学科界内和学科之间加强信息共享,促进信息交流,提高科学知识的利用率,从而提升人类福祉,是 IUFRO 的三大发展愿景之一。为此,IUFRO 每 5 年举行 1 次全体大会,每年召开约 70 场国际会议,各学部则是根据工作需求召开线上工作研讨会,及时形成工作共识,推动特定议题的落实。同时,IUFRO 还与 IFA(国际森林学学生会)联合成立了“森林教育”联合工作组,通过召开线上学术研讨会等形式,促进森林教育的研究与创新,并为学生和青年科学家提供能力建设的各种机会。在平台建设方面,IUFRO 设立了“全球森林专家小组计划”(GFEP),旨在通过这样一种以学术信息交流为导向的交流机制,在 IUFRO 与当地政府之间建立一种沟通渠道,提高政府机构获取足够多的对森林和树木方面的专业知识。当然,与其他国际组织一样,IUFRO 还关注促进发展中国家保护森林体系的各种能力建设。在学术出版物方面,IUFRO 没有发展传统的学术刊物,但有针对特定议题的各种研究报告及各学部的年度工作报告。值得注意的是,IUFRO 搭建了在线图书馆平台,为世界各地的森林学研究人员提供必要的学术信息。

五、资金筹措

IUFRO 的经费主要来源于会员费和外部机构的赞助。其中,每个国家及地区的会员费数量不同,按所属的经济体范围(按国际银行的规则)和当地研究员的数量进行划分。IUFRO 的赞助机构包括政府机构、国家研究院和其他国际组织,如奥地利联邦农业与地区发展及旅游部、德国环境与自然保护及核安全部、德国经济合作与发展部、德国粮食和农业部、芬兰外交部、韩国森林科学研究院、全球环境基金等。正是在这些外部机构的经费支持下,IUFRO 实施了一系列项目和研究计划。

国际桥梁与结构工程协会（IABSE）

国际桥梁与结构工程协会（International Association for Bridge and Structural Engineering，IABSE）成立于1929年，总部位于瑞士苏黎世，是国际上最大的桥梁与结构工程专业协会，在桥梁工程行业具有广泛影响。IABSE的宗旨是促进结构工程及相关领域人员的合作和理解，服务范围涉及结构工程的所有领域，包括规划、设计、施工、运营、监测和检查、维护、修复和保护、拆除等各方面。截至2022年6月，IABSE成员遍布100个国家，拥有58个国家团组。

中国自1956年开始参与IABSE的活动，并在1957年成立中国团组。中国桥梁结构专家葛耀君为IABSE现任主席（任期为2019—2022年），也是首位当选IABSE主席的中国学者。李国豪教授在1987年荣膺IABSE最高学术荣誉奖——国际结构工程终身成就奖（International Award of Merit in Structural Engineering），这是中国学者首次获此殊荣。

国际桥梁与结构工程协会（IABSE）基本信息

中文名称	国际桥梁与结构工程协会	英文名称	International Association for Bridge and Structural Engineering
成立时间	1929年	总部所在地	瑞士 苏黎世
组织属性	非政府、非营利性组织	官方语言	英语
组织标识	IABSE		
官方网址	https://iabse.org/		
关注议题	促进结构工程及相关领域人员的合作和理解，为结构工程涉及的相关领域提供专业服务		

一、历史沿革

IABSE 的历史可以追溯到 1922 年 9 月瑞士桥梁和钢结构承包商技术委员会协会（TKVSB）召开的一次与桥梁和结构工程有关的会议。会议在瑞士的苏黎世联邦理工大学（ETH Zürich）举办。此次会议的两位发起者后来成为 IABSE 的领军人物：一位是 TKVSB 秘书 Mirko Rŏs，另一位是 ETH Zürich 的 Arthur Rohn 教授，两人的研究领域都是桥梁。1926 年 9 月，TKVSB 在瑞士 ETH Zürich 召开了围绕桥梁和结构的国际会议，旨在为行业人士提供探讨桥梁及结构工程话题的机会。Mirko Rŏs 在 1929 年 10 月向 14 个国家的代表以及各国政府人员、研究人员和行业人士发出邀请，呼吁他们齐聚瑞士苏黎世，成立一个永久性的行业协会。10 月 29 日，IABSE 的创会典礼在 ETH Zürich 礼堂举行。IABSE 在 1931 年将瑞士苏黎世选为总部所在地，一方面是因为 IABSE 的发起者来自瑞士，另一方面则看重瑞士作为中立国的政治优势。作为 IABSE 成立的主要推动者，Arthur Rohn 教授被推选为 IABSE 首任主席。IABSE 的首个国家团组是 1929 年成立的丹麦国家团组。目前，已在全球各地设立了 58 个国家团组，各国家团组在自己所在国家或地区内为 IABSE 招募成员，在其影响范围内支持 IABSE 的发展目标，并提名合格的成员参加 IABSE 各大委员会的选举。

二、发展构想

IABSE 致力于通过促进世界范围内知识和经验交流，增进结构工程及相关领域人员的合作和理解，鼓励并采取必要的行动促进结构工程领域的发展，改善和促进与 IABSE 具有相同发展目标的组织之间的合作和理解。开展的活动主要有在世界范围内组织国际会议，出版高质量的学术期刊和由其技术小组开发的各类专业书籍；根据发展需求和技术进步创建各类技术小组，为青年工程师提供课程培训，以及设立并颁发各类专业奖项。

三、组织架构

（一）成员构成

IABSE 的成员分为个人成员和团体成员两类。

1.个人成员

面向拥有相关专业知识并支持 IABSE 发展目标的个人开放。

2.团体成员

面向具有相关专业背景的公共机构、大学、研究院、图书馆和企业等开放。

IABSE 所有成员均需缴纳会费，会费标准按照成员所在国的经济发展水平和年龄享有一定折扣。学生及 34 岁以下的青年工程师可享受会费优惠。除学生外，个人成员年费价格按照年龄分级，分别为 34 岁及以下、35~65 岁、65 岁以上。

此外，IABSE 从 1949 年起还设立了荣誉成员，以表彰成员长期对 IABSE 的贡献。2001 年，IABSE 设立资深成员（IABSE Fellow）类别，当选者须为个人成员超过 8 年且年龄在 45 岁以上，或担任 IABSE 委员会成员或在 IABSE 刊物发表过文章，并在其国家或国际上担任或曾担任过行业要职。

（二）组织架构

1.常设委员会

由代表一个国家所有类型成员的国家团组选举的代表组成。IABSE 规定，来自同一国家的成员人数超过 6 人应成立国家团组。一个国家团组可以派出的代表数量由其成员人数确定。常设委员会是 IABSE 的最高决策机构。每年至少召开 1 次会议，负责选举主席、副主席和技术委员会主席，任命审计员，修订组织章程，并根据执行委员会的提议审议 IABSE 的经费预算和会费标准等事项。

2.执行委员会

成员包括主席、当选主席、5~11 位副主席、技术委员会主席。执行委员会每年至少召开 1 次会议，负责制定和审查内部组织的运行规则，向常设委员会提名技术委员会主席并根据技术委员会主席推荐任命技术委员会副主席，评估技术委员会的活动，任命各委员会副主席，审议 IABSE 出版事项以及确定 IABSE 代表大会的日期和地点等。

IABSE 主席每届任期 3 年，不得连任。在 3 年任期开始的前 1 年，IABSE 主席还将作为当选主席任期 1 年。执行委员会其他成员每届任期 4 年，可以连任 1 届。

3.管理委员会

成员包括主席、技术委员会主席、当选主席和最多两名其他成员，负责按照执行委员会的指示管理 IABSE 内部事务。管理委员会可以根据需要随时召集会议。除主席外，管理委员会其他成员每届任期 4 年，可以连任 1 届。管理委员会成员由 IABSE 当选主席提名并由执行委员会任命。

4.技术委员会

负责 IABSE 的科技活动，包括推动和协调科技小组的活动，审核出版物中的科技部分和 IABSE 大会科技活动，通常 1 年召集两次会议。技术委员会主席每届任期 4 年，不可连任。

四、学术及沟通平台

IABSE 的学术会议始于 1932 年，曾是加强组织内部联系的国际活动。目前，IABSE 共设 3 种学术会议，分别是学术大会（IABSE Congress）、学术研讨会（IABSE Symposium）以及学术会议（IABSE Conference）。

IABSE 的评奖机制创始于 1938 年，目前共设有 6 种官方奖项，大多在 IABSE 的年度学术研讨会或每 4 年 1 次的学术大会上颁发，分别是始于 1949 年的荣誉成员奖（Honorary Members Awards）、始于 1976 年的国际结构工程终身成就奖（International Award of Merit in Structural Engineering）、始于 1983 年的国际桥协青年奖（IABSE Early Career Prize）、始于 1991 年的杰出论文奖

（Outstanding Paper Award）、始于 2000 年的杰出结构奖（Outstanding Structure Award），以及始于 2002 年的青年工程师杰出贡献奖（YEP Awards）。

IABSE 目前设有 50 个结构工程专业技术小组，就结构工程各专业领域开展专题研究；出版的学术出版物主要有《国际结构工程》（*Structural Engineering International*）季刊、《结构工程文献集》（*Structural Engineering Documents*）、案例研究和会议论文集。此外，为鼓励年轻工程师积极参与 IABSE 活动，推动机构创新和进步，IABSE 还创立了青年工程师计划（YEP）。同时，IABSE 还设有基金会，通过募集资金，用以推动土木工程领域发展和 IABSE 使命的实现。

五、经费筹措

IABSE 的运行经费主要来自成员年度会费、出版收益和会议活动收入以及利息和赞助人捐助、遗赠、捐赠等。

国际人类学与民族学联合会（IUAES）

国际人类学与民族学联合会（International Union of Anthropological and Ethnological Sciences，IUAES）成立于 1948 年，是一个由人类学领域的科学家和机构组成、在人类学和民族学领域最具影响力的世界性组织。IUAES 致力于通过汇集不同领域的知识，以更好地促进自然与人类的和谐与可持续发展。IUAES 还是国际科学理事会（ISC）和国际哲学与人文科学理事会（ICPHS）的成员组织。

1993 年，中国都市人类学会成为 IUAES 的团体会员。2009 年，中国人类学民族学研究会在云南昆明成功承办了 IUAES 第 16 届世界大会。中国著名学者费孝通和吴汝康曾是 IUAES 的荣誉会员。

国际人类学与民族学联合会（IUAES）基本信息

中文名称	国际人类学与民族学联合会	英文名称	International Union of Anthropological and Ethnological Sciences
成立时间	1948 年	总部所在地	日本（秘书处所在地）
组织属性	非政府、非营利性组织	官方语言	英语
组织标识	IUAES International UNION of ANTHROPOLOGICAL and ETHNOLOGICAL sciences		
官方网址	https://www.waunet.org/iuaes		
关注议题	促进人类学领域国际对话和相关组织的国际交流与合作		

一、历史沿革

IUAES 成立于 1948 年，在 1968 年同国际人类学与民族学世界大会完成法律上的合并。IUAES 源自各种重要的人类学和民族学会议，其中最早的可以追溯到 1865 年。第二次世界大战后，为了满足人类构建一个较战前更为和平和宽容的世界的需求，加强社会科学特别是人类学的研究成为共识。自成立以来，IUAES 一直致力于拓宽人类学领域的知识视野，吸收全球多元观点，成为汇集不同国家和地区著名学者的国际学术交流平台。2017 年，IUAES 与世界人类学会理事会（The World Council of Anthropological Associations，WCAA），合并成立了一个新的组织——世界人类学联盟（World Anthropological Union，WAU）。

二、发展构想

自 2017 年 IUAES 与 WCAA 合并成立 WAU 以来，WAU 的发展使命定位为

（1）促进世界各地人类学家的对话与合作；

（2）将对人类学思想的认识带入国际科学和政策讨论范畴；

（3）塑造针对世界问题及解决方案的更具包容性的方法。

三、组织架构

（一）成员构成

1.个人会员

个人会员主要包括：①专业会员：积极从事与广泛意义的人类学和民族学有关的研究、教学、行政或服务行业，并致力于促进人类学和民族学发展的学者或从业者；②学生会员：由国家或国际协会、大学或研究机构认可的人类学或民族学专业的学生；③荣誉会员：为人类学和民族学发展做出杰出贡献的人类学家和民族学家。

2.协会会员

协会会员为世界各地、各国和国际社会的人类学或民族学专业协会。

3.团体会员

团体会员为支持人类学或民族学发展的团体、机构或公司。

（二）组织架构

1.WAU 管理委员会

由 IUAES 和 WCAA 各自的执行委员会派出相等人数的代表组成，共同负责 WAU 的日常管理。其组织结构使得 IUAES 和 WCAA 双方既团结统一，又相互独立。由双方执行委员会成员共同组成的 WAU 领导层，不仅可以让双方就一些重要问题共同做出决定，同时可以让双方以一个强大的全球组织的方式进行合作。WAU 管理委员会还负责任命财务管理员，以处理 WAU 的财务事务。但目前仍由 IUAES 和 WCAA 的司库分别管理各自财务事宜。

2.IUAES 专业委员会

IUAES 设立了众多专业委员会，各自代表了人类学众多分支学科或研究领域。目前，IUAES 共设立了以下专业委员会：老龄化委员会，人类学与教育委员会，人类学与环境委员会，人类学、公共政策与发展实践委员会，流行人类学委员会，青年和儿童人类学委员会，食物与营养人类学委员会，中东人类学委员会，声乐和表演人类学委员会，风险与灾难人类学委员会，体育人类学委员会，旅游人类学委员会，妇女人类学委员会，和平与人权人类学委员会，文献资料委员会，企业人类学委员会，民族关系委员会，全球女性主义与同性恋委员会，全球转型与马克思主义人类学委员会，人权委员会，土著与可持续发展委员会，非物质文化遗产委员会，法律多元化委员会，语言人类学委员会，边缘化与全球种族隔离委员会，医学人类学和流行病学委员会，移民委员会，博物馆与文化遗产委员会，游牧民族委员会，理论人类学委员会，城市人类学委员会，视觉人类学委员会。

3.IUAES 专业委员会理事会

委员会理事会由 IUAES 主席和副主席组成，是讨论和协调 IUAES 各专业委员会事务的机构，负责在 WAU 管理委员会中选派 IUAES 执行委员会代表。

四、学术及沟通平台

IUAES 各专业委员会负责开展人类学领域众多分支学科的研究工作，同时负责组织各自领域的学术会议。部分专业委员会拥有自己的网站和期刊。多数专业委员会在 IUAES 世界大会和中期会议上组织开展各自的专题会议或国际会议。IUAES、WCAA 和 WAU 的各项活动，会通过其半年期简报、公共媒介和电子邮件通知其成员。

五、经费筹措

WAU 的所有个人和团体会员需缴纳会费。个人会费将根据其申报的收入而有所不同，并根据各自的收入按比例进行浮动。缴纳比例由 WAU 管理委员会确定。

国际社会学协会（ISA）

国际社会学协会（International Sociological Association，ISA）是一个国际性的非政府、非营利性科学组织，于 1949 年在联合国教科文组织（UNESCO）的主持下成立。ISA 于 1952 年成为国际科学理事会（ISC）的成员组织，并获得了由联合国教科文组织经社理事会授予的咨商地位。ISA 目前拥有 126 个正式成员（国家成员），其宗旨是在全球范围内促进社会学知识的自由流动，形成面向社会学的国际学术合作网络。

国际社会学协会（ISA）基本信息

中文名称	国际社会学协会	英文名称	International Sociological Association
成立时间	1949 年	总部所在地	奥地利 维也纳
组织属性	非政府、非营利性组织	官方语言	英语、法语、西班牙语
组织标识			
官方网址	https://www.isa-sociology.org/en		
关注议题	通过在全球范围内拓展社会学家之间的合作关系，鼓励开展社会学知识和信息的交流，促进国际社会学的研究和发展		

一、历史沿革

ISA 于 1949 年 9 月 11 日在联合国教科文组织的倡议和主持下，于挪威奥斯陆召开的第一次国际社会学代表会议上宣告成立。关于建立 ISA 的动议，由联合国社会科学部（SSD）（1948—1974 年）于 1948 年提出。当时不仅希望在社会学领域建立这样一种国际性组织，还希望在经济领域、法律领域、政治领域分别建立国际组织（后来基本都加入国际科学理事会）。ISA 的创立与当时的政治环境紧密相关，第二次世界大战的胜利者希望构建一种战后国际秩序，这种国际秩序将彻底清除法西斯主义，以构建一个和平稳定的国际政治环境。而社会科学则被给予厚望，希望通过开展社会学研究能够解决各种社会公共问题。教科文组织当时给 ISA 作出如下定位：通过 ISA 以团结全世界社会学领域的学者，从而广泛推动国际理解的落地生根；加强社会科学研究，以造福全人类，尤其是在构建一个和平的世界秩序方面发挥作用。联合国教科文组织希望 ISA 能够与其保持积极的合作关系，能够最大限度地聚合全世界社会科学领域的学者和学术资源，推动社会科学研究。在联合国社会科学部（1974 年以前）和国际科学理事会的资助下，ISA 已发展为当今社会科学领域最大的国际科技组织，拥有来自 126 个国家的 6 000 多名学者和 68 个团体成员。

二、发展构想

ISA 希望通过构建一个全球性的国际科技交流合作网络，推动社会科学领域的知识产出和人才培养，持续支持和加强社会学的自由发展。ISA 强调，全球的社会学家们应专注于拓展研究的基础，不断优化可靠而有效的科学知识体系，为落实全球可持续发展目标提供资源支持，为持续改善人类社会状况作出贡献。

三、组织架构

（一）成员类型

ISA 的成员类型主要分为团体成员和个人成员。这两类成员均可以正式成员和附属成员的身份加入 ISA。

1.团体成员（国家成员）

一国（地区）可以其国家（地区）科学协会加入 ISA，成为 ISA 的正式组织。相关研究机构、高等教育机构、社会科学领域的社会团体组织，也可以附属成员的身份加入 ISA。

2.个人成员

个人会员资格定期向活跃于社会学教学、研究和实践的学者或专业人士开放。要成为个人会员并保持会员资格，申请人须加入 ISA 至少一个研究委员会或工作组。定期参加 ISA 相关科学活动的个人都应为其个人成员。无论是团体成员还是个人成员，均须缴纳会费。

（二）组织机构

ISA 的行政管理事务由国家协会理事会、理事会、执行委员会负责，而科学事务则由研究委员会、工作组负责。总体上看，ISA 的权力配置方式和结构较其他国际科技组织更为复杂。

1.国家协会理事会

ISA 国家协会理事会由 1 名 ISA 副主席任主席，而 ISA 主席属于理事会成员，无投票权。每个国家成员均可指派 1 名代表作为理事会成员参加相关会议，每个附属成员可指派 1 名代表作为观察员参加国家协会理事会会议，但无表决权。国家协会理事会会议随世界大会举行，并在每两届世界大会期间举行至少 1 次会议。国家协会理事会为 ISA 的总体政策制定相关提案，并提交至理事会，同时就是否接纳正式成员做出决定。在每届世界大会上，国家协会理事会将选举执行委员会成员。

2.理事会

出席理事会大会的人员包括国家协会理事会和研究理事会的所有成员，大会由 ISA 主席主持。理事会大会将选举主席和 5 位副主席，并对 ISA 的总体政策做出相关决策，确定 ISA 的会费数额，就国家协会理事会、研究理事会、执行委员会对相关政策或活动所提出的异议进行听证。

3.执行委员会

执行委员会（以下简称为“执委会”）由 1 名 ISA 主席、4 名 ISA 副主席，以及由国家协会理事会和研究理事会选举出的 16 名代表组成。执委会负责向理事会提出制定相关政策的建议并执行由理事会制定的相关政策，向国家协会理事会、研究理事会或理事会大会提出关于制定会员数额标准的方案，定期向国家协会理事、研究理事会和理事会大会报告开展相关活动的进展。执委会下设 3 个常务委员会，分别是国家协会委员会、出版委员会、财务和会员委员会。这 3 个常务委员会分别由 3 名 ISA 副主席负责分管。

4.研究委员会

设立研究委员会的目的是促进和加强社会学领域理论研究和实证研究方面的国际合作，并在 ISA 内外部代表社会学领域的某个学术方向。研究委员会的设立应首先由研究协调委员会（RCC）提出倡议，并经由至少 50 名具有良好信誉的 ISA 正式成员一致同意后才能设立。工作组（WG）和特定工作组（TG）的运作方式与研究委员会相同，但专题工作组（TG）只需要 10 名具有良好信誉的 ISA 正式成员同意即可设立。截至目前，ISA 拥有 57 个专业委员会、4 个工作组和 6 个专题工作组。

5.研究理事会

研究理事会由研究委员会、工作组和特定工作组的代表组成，并对 ISA 的总体政策提出相关建议，以及就 ISA 的研究职能定位、研究委员会和工作组的运行向执行委员会提出建议。研究理事会包括来自每个研究委员会的 1 名代表，工作组和专题工作组可指派 1 名代表参加研究理事会的会议，但无表决权。值得注意的是，在每届世界大会上，研究理事会应选举 ISA 执行委员会的 8 名成员。由此可见，为保证科研的话语权，ISA 为研究理事会配置了必要的行政权力。

四、学术及沟通平台

为构建一个全球性的学术合作网络，ISA 开展了以下学术活动：

1.召开国际会议

每两年组织一次世界社会学大会和论坛，以及协调研究委员会、工作组和专题工作组举行的各种国际会议；为各国社会学协会开展研究活动或召开会议提供经费支持；为青年学者开展研究提供支持。

2.建设多元的学术资源库

ISA 的官方学术刊物是《现代社会学》和《国际社会学》，还出版了由 SAGE 公司出版的有关社会学研究的系列丛书。此外，ISA 还开发了在线出版物并开展了相关活动：①举行常态化的在线研讨会，促进成员之间的信息交流与成果分享；②打造在线数据库，覆盖社会学领域的最新评论性文章；③开发面向协会内部的通信刊物，促进全球对话；④开发面向全球的社会学实验课程，介绍最前沿的研究成果和研究方向。

五、资金筹措

ISA 的经费来源渠道相对较为广泛。由于其与联合国教科文组织的合作关系，ISA 得到教科文组织的一定经费支持。其他经费来源则与其他国际科技组织类似，包括会员费收入、各类会议的注册费、学术期刊的版权费用等。

国际摄影测量与遥感学会（ISPRS）

国际摄影测量与遥感学会（International Society for Photogrammetry and Remote Sensing，ISPRS）是一个国际性的非政府、非营利性科学组织，一直致力于“从图像中获取信息”。ISPRS 成立于 1910 年，截至 2022 年 6 月，拥有 92 个国家成员、13 个准成员、14 个地区成员和 58 个赞助成员。

ISPRS 的主要活动包括促进摄影测量、遥感和空间信息科学的国家和地区学会的形成；发起和协调摄影测量学、遥感和空间信息科学领域的研究；定期举行国际大会、专题讨论会和讲习班；通过出版《摄影测量、遥感和空间信息科学国际年鉴》，确保研究成果在世界范围内的有效传播；鼓励出版和交流涉及 ISPRS 感兴趣领域的科学论文和期刊。

国际摄影测量与遥感学会（ISPRS）基本信息

中文名称	国际摄影测量与遥感学会	英文名称	International Society for Photogrammetry and Remote Sensing
成立时间	1910 年	总部所在地	德国 柏林
组织属性	非政府、非营利性组织	官方语言	英语、法语、德语
组织标识			
官方网址	https://www.isprs.org/		
关注议题	通过国际合作，推动摄影测量、遥感和空间信息科学的研究、发展和教育，为社会和环境的可持续发展服务		

一、历史沿革

1910 年，国际摄影测量学会（ISP）在第一任主席、来自奥地利的爱德华·杜勒萨尔（Eduard Dolezal）的领导下成立。运作 70 年后，该学会于 1980 年更名为国际摄影测量与遥感学会（ISPRS）。

“摄影测量学”这个术语最早在 1867 年出版的相关学术专著中使用，当时摄影艺术和科学本身还处于起步阶段。在过去的 80 年中，摄影测量学的主要应用是从航空照片中绘制地图。在最近的 10 年中，摄影测量和遥感为地理信息系统提供了主要的源数据。此外，摄影测量近距离技术在许多其他领域的应用也不断发展，这些领域包括工程、建筑、考古、医学、工业质量控制、机器人技术等。

除了因第一次世界大战和第二次世界大战被迫中断相关工作以外，学会自成立以来一直持续性地开展相关活动。这些活动最后都汇聚在每 4 年举行 1 次的国际摄影测量与遥感大会上，该全球性的盛会成为摄影测量与遥感领域研究者分享研究成果与经验的重要平台。

二、发展构想

（一）组织使命

ISPRS 的学科方向包括摄影测量学、遥感、空间信息系统和其他相关学科，探索这些基础性学科方向在制图学、大地测量学、测量学、自然、地球和工程科学以及环境监测和保护中的应用，以及在工业设计和制造、建筑和古迹保护、医药研发等方面的应用。ISPRS 的组织使命是通过鼓励和支持研究与开发、科学合作交流、跨学科活动，推进 ISPRS 领域的知识发展；促进教育和培训，着重支持欠发达国家；推进公众对摄影测量、遥感和空间信息对人类福祉和环境可持续发展的贡献的认知。

（二）主要活动

ISPRS 的活动主要为 4 个方面，分别为召开 ISPRS 大会（与全体大会同时召开）、5 个技术委员会（分为不同研究方向）举办的专题研讨会、出版学术刊物、开展教育及培训活动。尤其值得注意的是，由于 ISPRS 的秘书处设立在德国汉诺威莱布尼茨大学的摄影测量与地理信息研究所（IPI），因此 ISPRS 除了参与联合国实施的关于空间科学的培训项目以外，还整合了欧洲地区在摄影测量和遥感领域的高等教育资源，开展了面向国际学生的硕士层次的学位项目，共计覆盖了 13 个方向，如与德国慕尼黑工业大学、奥地利维也纳工业大学联合实施的制图学学位项目。此外，ISPRS 还开设了为期 5 周（每周 6 个小时）的免费在线课程。

三、组织架构

（一）成员类型

截至目前，ISPRS 拥有 92 个正式成员、13 个准成员、14 个区域成员和 58 个赞助成员。而成员类型包括普通成员、非正式成员、区域成员、赞助成员、荣誉成员、会士、个人成员 7 大类。

1.正式成员（普通成员）

正式成员是指一个国家或拥有独立预算的一个地区的唯一代表组织，该组织代表本国或本地区的全体摄影测量工作者、遥感和空间信息系统专家。特别要履行以下职责：积极参加 ISPRS 的各项工作、按时缴纳会费、积极参加国际大会的讨论、向其所属国家的成员发布学会信息等。

2.准成员（非正式成员）

准成员是代表摄影测量工作者、遥感和空间信息系统专家群体的组织，该组织对参与学会事务有强烈兴趣，并且不属于该国普通会员所代表的范围。值得注意的是，与其他国际科技组织不同，ISPRS 准成员需按时缴纳会费。

3.区域成员

区域成员是指为维护区域共同利益，促进区域合作，召开区域大会等目的而形成的摄影测量学、遥感、空间信息科学等领域的跨国协会。

4.赞助成员

赞助成员是指在摄影测量学、遥感、空间信息科学等领域，为学会提供资金支持的个人、组织、单位或机构，包括为学会提供硬件、软件、系统、服务或者参与学会研究、教育和培训。

5.荣誉成员

对于向学会提供大力支持和服务的个人，学会将选拔为荣誉成员，以示认可和表彰。

6.会 士

为表彰对推动 ISPRS 发展及实现其目标而付出持续性卓越努力的个人，学会可以将他（她）选为会士。

7.个人成员

个人成员是指在摄影测量学、遥感、空间信息科学等领域有资格证书或者正在为获得资格证书而学习，且想要参与学会的各项活动和支持学会宗旨的个人。

（二）组织机构

ISPRS 主要由全体大会、理事会、财务委员会、技术委员会和学会委员会等机构开展工作。

1.全体大会

全体大会是 ISPRS 的最高决策机构，负责制定学会的总政策。大会与会者包括普通成员组织的代表，每一个普通成员组织仅能派出 1 名代表。大会与会者包括代表团、理事会成员、财务委员会成员、荣誉成员、区域代表、准成员组织、区域成员组织及赞助成员组织代表。

2.理事会

ISPRS 理事会由以下成员组成：主席、副主席、前任主席、秘书长、财务主管、代表大会主任。在两届大会召开间隔期间，理事会将根据 ISPRS《章程》和《管理细则》，遵守大会和代表大会的决议和指示，对学会事务进行管理。理事会需要在学会事务管理方面对大会负责，同时对大会起指导作用。理事会需帮助学会主席协调指导技术委员会的各项活动。

3.技术委员会

ISPRS技术委员会负责学会的科学工作，由大会通过的《决议》进行指导。连续两届代表大会间隔期间，大会将每个技术委员会的工作责任委托给一个或多个愿意配合的普通成员组织。每个技术委员会的工作由该委员会的主席团负责，主席团成员包括委员会主席（1名）、委员会副主席（1名）、委员会秘书（1名或多名）、工作组主席（多名）、任命的官员（多名）。

目前，ISPRS已设立5个技术委员会，分别为传感器系统技术委员会、摄影测量委员会、遥感委员会、空间信息科学委员会、教育和推广委员会。在这5个技术委员会下还设立了约60个工作组，分别负责技术委员会领域内的相关特定主题。

四、学术及沟通平台

ISPRS主要通过举办国际会议、出版学术刊物、开展学术培训等方式促进成员组织之间的联系与沟通。国际会议主要包括每4年1次的国际摄影测量与遥感大会和各技术委员会举行的专题研讨会。特别地是，ISPRS于2004年成立了学生协会，代表对摄影测量学、遥感和空间信息科学拥有相同兴趣的学生和年轻的专业人员。ISPRS学生协会是学生与ISPRS专业活动之间的重要纽带，为来自全球的学生增进交流提供了平台（例如举办暑期学校）。

学术刊物方面，包括《ISPRS摄影测量、遥感和空间信息科学年鉴》（*ISPRS Annals of the Photogrammetry, Remote Sensing and Spatial Information Sciences*）刊登来自ISPRS大会、专题研讨会以及各类研讨会和其他会议收录的经同行评审的论文（创建于2012年，已被Web of Science和其他相关索引收录）；《国际摄影测量、遥感和空间信息科学档案》（*The International Archives of the Photogrammetry, Remote Sensing and Spatial Information Sciences*），刊登所有ISPRS大会、专题研讨会和选定的会议及研讨会的会议论文和科技报告（已被Web of Science和其他相关索引收录）；《ISPRS摄影测量和遥感杂志》（*ISPRS*

Journal of Photogrammetry and Remote Sensing），是学会在摄影测量和遥感方向的官方出版物，论文同行评审，每年出版 12 期，刊登科学、技术及综述论文；《ISPRS 国际地理信息杂志》（*ISPRS International Journal of Geo-Information*），是学会在地理信息科学方向的官方出版物（开源期刊），论文同行评审，每 3 个月在线出版 1 期；ISPRS 电子公报，作为学会官方公报，每两个月发布 1 期；ISPRS 丛书，旨在向更广泛的国际读者提供信息，收集来自 ISPRS 大会、专题研讨会以及其他研讨会的高质量、经同行评审的论文。

五、资金筹措

ISPRS 日常经费主要来源于每个加入成员组织缴纳的会费。其中，正式成员、准成员、区域成员均需按年度缴纳会费，赞助成员则根据 4 个类别支付相应的会费。大会和各技术委员会所举办的会议均由相关成员承担。此外，ISPRS 还设立了基金会，旨在通过运作和管理广泛的国际筹资计划，为从事或应用知识来推进 ISPRS 科学与技术学科的个人和组织提供资助，从而提高 ISPRS 实现其目标和宗旨的能力。ISPRS 基金会在支持来自欠发达地区的学术和青年专业人员开展研究方面做出了巨大贡献。

国际生理科学联合会（IUPS）

国际生理科学联合会（International Union of Physiological Sciences，IUPS）成立于 1953 年，致力于促进世界各国生理科学事业的发展，鼓励生理科学研究和教育事业，推动生理科学及相关领域知识的交流与传播。目前，IUPS 拥有来自 60 多个国家和地区的团体成员、13 个准成员以及 5 个地区生理学联合会（非洲、欧洲、亚洲、大洋洲、拉丁美洲和斯堪的纳维亚半岛）。

1980 年，中国生理学会正式成为 IUPS 团体成员。在 2009 年 IUPS 第 36 届学术大会上，中国生理学会副理事长兼秘书长、北京大学医学部副主任王宪教授当选为第 37 届 IUPS 理事会副主席，任期 4 年（2009—2013 年）。这是中国生理学家第一次在 IUPS 担任理事会核心成员职务。同时，在第 37 届 IUPS 大会上，中国生理学会成功获得了第 39 届 IUPS 大会主办权。

国际生理科学联合会（IUPS）基本信息

中文名称	国际生理科学联合会	英文名称	International Union of Physiological Sciences
成立时间	1953 年	总部所在地	美国 华盛顿特区
组织属性	非政府、非营利性组织	官方语言	英语
组织标识			
官方网址	https://www.iups.org		
关注议题	促进生理学在研究和教学领域的发展，并使生理学成为具有全球影响力的学科		

一、历史沿革

为促进生理学发展，为生理学家提供交流的机会，1889 年在瑞士巴塞尔组织了第一届国际生理科学大会，此后每三年举行一次。1950 年，国际生理科学大会在哥本哈根举办，大会提议建立一个国际联盟组织，并在 1953 年蒙特利尔会议上正式成立了国际生理科学联合会。创始成员国（地区）包括阿根廷、澳大利亚、比利时、加拿大、智利、法国、德国、意大利、日本、荷兰、斯堪的纳维亚半岛、西班牙、瑞士、英国、美国、乌拉圭和苏联。最初，国际生理学大会由生物化学家和药理学家参与，从 1949 年开始，生物化学家和药理学家们相继成立了专门的国际组织。1959 年，IUPS 成为国际科学理事会成员，并于 1969 年在美国哥伦比亚特区作为非营利性组织注册。

二、发展构想

（一）组织使命

IUPS 致力于促进生理科学的进步；促进生理科学领域的知识传播；促进和鼓励生理科学领域的相关研究；组织召开国际生理科学大会，推动生理科学相关会议召开；促进有助于生理科学发展的相关活动。

（二）主要活动

1.辅助计划

通过支持在区域和全球范围内开展生理科学方面的相关研究，培育和支持全球下一代生理学家发展。

2.Physiome 项目

旨在通过开发建模框架，从整体上对生物体的生理动力学和功能行为进行定量描述，以增进对复杂系统的生理功能的理解。

3.教学工作坊

IUPS 赞助国家和地区成员开办教学讲习班，以提高生理学教师的知识和技能。每 4 年召开 1 次国际研讨会，作为 IUPS 大会的组成部分。

4.科学会议

召开或资助其他组织召开科学会议，为科学家开展前沿成果交流提供平台。

三、组织架构

（一）成员构成

IUPS 的成员主要包括团体成员、附属学会、区域成员、准成员和特殊成员。

1.团体成员

代表一个国家或地区生理学家的官方组织（国家科学院、生理学研究理事会、皇家学会等）。

2.附属学会

代表一个国家或地区生理学家官方组织的下属学会。

3.区域成员

来自一个大陆或其他地理实体的全国性生理学家联合会或协会。

4.准成员

生理学发展水平尚不足以入选正式成员的国家或地区的生理学组织。

5.特殊成员

对 IUPS 发展目标感兴趣的任何研究与开发机构、实验室、工业组织、生产单位或个人。

（二）组织架构

1.IUPS 代表大会

IUPS 代表大会由成员及其附属组织提名的代表参加，每 4 年召开 1 次。

大会选举产生 IUPS 负责人，并决定组织的发展目标和行动计划。它还选举产生 IUPS 理事会成员以及主席、两名副主席、财政官和秘书长。

2.理事会

理事会由 IUPS 大会选举产生，由 20 人组成。在这 20 人当中，有 5 位是 IUPS 的现任官员。理事会是 IUPS 的法定代表，并在 IUPS 大会休会期间行使 IUPS 行政权力。理事会每半年召开一次电话会议，与执行委员会成员共同研讨相关议题。

3.执行委员会

IUPS 主席、两位副主席、财政官和秘书长共同构成执行委员会，负责 IUPS 的日常业务。执行委员会每月召开电话会议，处理相关事务。

4.科学委员会

IUPS 建立了 8 个科学委员会，负责制定 IUPS 大会的科学发展计划，在其他科学会议上代表 IUPS 组织专题讨论会，以及就与其专业领域相关事项制定共识性文件和行动规范。8 个科学委员会分别是运动、循环与呼吸、内分泌、生殖与发育、神经生物学、分泌与吸收、分子和细胞生理学，以及比较生理学委员会：进化，适应和环境，基因组学与生物多样性。

5.秘书处

IUPS 设有秘书处，负责协调内部定期会议和 4 年 1 次的 IUPS 大会，保持成员生理学会联系。

四、学术及沟通平台

IUPS 与美国生理学会合作，自 1986 年开始出版《生理科学新闻》。该杂志主要发表生理学相关短讯，以帮助生理学家保持对最新领域的关注。该期刊在 2004 年更名为《生理学》。多年来，为支持发展中国家生理学家的发展，IUPS 向发展中国家的许多图书馆提供免费订阅其出版物。

五、资金筹措

IUPS 的经费来源主要是各成员缴纳的会费。每个团体成员应按 IUPS 大会每 4 年确定 1 次的缴纳比例缴纳年度会费。区域成员和附属协会应支付的费用由理事会视具体情况而定。

国际生态学协会（INTECOL）

国际生态学协会（International Association for Ecology，INTECOL）是一个国际性的非政府、非营利性科学组织，于 1967 年创立，在国际生物科学联合会（IUBS）中代表生态学领域。INTECOL 的宗旨是通过协调全球 70 多个国家的国家生态学会之间的交流与合作，促进生态学的发展，并将生态学的研究成果应用于解决人类所面临的重大挑战。在其成立 50 周年庆祝大会上，INTECOL 强调生态学发展的落脚点在于为地球生态系统的持续性改善提供学术指导，为人类社会的延续作出贡献。截至 2022 年 6 月，INTECOL 拥有 22 个国家成员、9 个国际生态学协会成员和 1 个支持成员，覆盖的生态学家数量超过 20 000 人，是生态学领域最有话语权的国际科技组织之一。

国际生态学协会（INTECOL）基本信息

中文名称	国际生态学协会	英文名称	International Association for Ecology
成立时间	1967 年	总部所在地	新西兰 奥克兰
组织属性	非政府、非营利性组织	官方语言	英语
组织标识	INTECOL INTERNATIONAL ASSOCIATION FOR ECOLOGY		
官方网址	http：//www.intecol.net/		
关注议题	促进生态学的协调发展，并依靠成熟的国际交流合作机制，在生态学理论体系下深化研究成果在全球范围的应用；建立生态学学术信息共享机制，促进生态评价理论和实践体系的优化；促进各国及地区开展合作，尤其是加强针对人员培训的合作；在全球范围内统筹推进生态学实践计划，并鼓励推动生态学经济体系的发展，进一步唤醒全社会重视生态学经济发展的集体意识		

中国于 1984 年依托中国生态学学会加入 INTECOL。通过这一国际平台，中国生态学领域的学者与国际同行开展了积极互动。在英国伦敦举办的第 11 届国际生态学大会上，中国生态学学会副理事长、中国科学院院士傅伯杰当选为 INTECOL 副主席。2017 年 8 月，第 12 届国际生态学大会在北京召开，这是国际生态学大会首次在中国举办。

一、历史沿革

20 世纪 60 年代末，各国开始关注生态问题，不断把生态建设和经济发展联系起来。同时，随着各种国际性生物计划（倡议）的不断实施，各国的生态学家们愈加认为有必要建立一种常态的国际交流与合作机制。建立一个国际性的组织将有助于改变各国在生态学领域研究能力差别较大的问题，特别是有助于扶持一些在生态学研究相对滞后的国家，加快建设其生态学领域的国家学会。正是在这一大背景下，INTECOL 于 1967 年正式宣告成立，并根据生态学不同的研究方向成立了专家小组，以更为专业的方式推进 INTECOL 的工作业务。第一届生态学国际大会于 1974 年在荷兰海牙举行，从此 INTECOL 建立的国家合作机制得到了大多数生态学家的认可。

二、发展构想

INTECOL 未来一段时间的重点工作主要围绕 5 个方面展开：①在全球范围内进一步拓展与国际组织、研究院所和赞助商的合作关系，建立由多边实质性参与的常设秘书处，并对秘书处进行管理；②解决个人成员、国家生态学会的诉求与 INTECOL 所能提供的服务所存在的不平衡情况；③进一步依托 INTECOL 网站的中心辐射效应，为生态学领域的科学家、决策者和公众可以在全球范围内畅通地交流想法、共享信息，最终为人类社会的可持续发展做出贡献；④进一步加强与湿地组织（Wetlands Group）等国际科技组织的合作；⑤持续加强 INTECOL 治理体系的建设，包括优化选举程序和进一步建立以产出为导向的管理机制。

三、组织架构

（一）成员类型

INTECOL 设置了团体成员、国际组织成员和荣誉成员。所有加入申请均需提交至 INTECOL 秘书处，并最终由 INTECOL 执行局决定是否通过申请。INTECOL 要求各类型成员须遵守 INTECOL 行为准则，并支付年费。

1.团体成员

一国或地区可以生态学科学学会、研究机构或其他与生态学相关的公共组织加入 INTECOL。这个组织须能够代表该国或地区主要生态学家群体。INTECOL 鼓励生态学家加入其所属国家或地区的生态学组织，以更好地参与 INTECOL 相关活动。

2.国际组织成员

INTECOL 欢迎生态学领域的科学学会或类似机构的加入，以持续拓展 INTECOL 的多元性和国际化属性。INTECOL 目前的国际组织成员包括：水生态系统健康与管理协会、东亚生态学会联合会、欧洲生态联合会、国际景观生态学协会、国际长期生态研究、国际生态经济学家学会、国际生态建模学会、环境毒理化学学会和人类生态学会。

3.荣誉成员

荣誉成员是 INTECOL 可授予的最高荣誉，是对生态学领域学者重要贡献的肯定，由 INTECOL 执行局负责授予。目前，INTECOL 共授予了 6 位学者荣誉成员（5 名美国籍、1 名韩国籍）。

（二）组织机构

INTECOL 的行政管理事务主要由全体大会和执行局负责。科学事务则是由各专业委员会负责。

1.全体大会

INTECOL 全体大会（General Assembly）与 INTECOL 国际大会（Congress）同时举行，通常每 4 年举行 1 次。全体大会所讨论的事项包括：选举执行局的官员、审议由秘书长代表执行局提交的年度工作报告、审议由财政官提交的工作报告、修订 INTECOL《章程》、讨论战略计划的进展。主席、执行局的官员和团体成员指定的代表可参加全体大会。

2.执行局

执行局由 18 名执行官员组成，包括主席、副主席、前任主席、秘书长、财政官。其中，主席和秘书长将直接负责 INTECOL 的日常管理事务。INTECOL 主席负责召集执行局会议，组织执行局官员就相关议题进行讨论，并须将每次会议的主要内容进行记录。

3.工作组

INTECOL 下设多个工作组，如植物生态组、浮游植物生态组、鸟类组、农业生态组等，但影响最大的是湿地工作组（INTECOL-Wetlands Working Group，WWG）。WWG 于 1978 年在耶路撒冷召开的 INTECOL 国际大会上宣告成立，目的是鼓励关于湿地的研究，促进湿地研究的资源共享及鼓励湿地科学家之间的交流。WWG 与湿地公约组织进行合作，每 4 年组织 1 次国际湿地会议，迄今为止已召开了 6 次。

四、学术及沟通平台

INTECOL 的主要学术活动包括举办各类国际会议和出版学术期刊。其中，INTECOL 国际大会每 4 年举行 1 次，到会的生态学专家将以此为交流平台，分享在生态学领域所取得的最新进展、讨论生态学中的热点问题，以及讨论生态学发展的重点方向和潜在的学术发展机遇等。在学术刊物方面，INTECOL 的学术刊物有两种，分别是《生态学》（*Oikologia*）和《生态学和进化进展》（*Trends in Ecology and Evolution*），每年各出版 4 期。《生态学》主要关注的是生态学方面的学术论文，《生态学和进化进展》则主要报道生态学和进化方面的最新动态热点，属于通信型刊物。此外，INTECOL 秘书处还不定期向各成员发送《协会通讯》（*Bulletin*）和《协会会刊》（*Newsletters*）。

五、资金筹措

INTECOL 的经费主要来源于各团体成员缴纳的会费、召开国际大会所收取的注册费。INTECOL 还与国际生物科学联盟（IUBS）建立了合作关系，联合开展相关项目研究。

国际生物化学与分子生物联盟（IUBMB）

国际生物化学与分子生物学联盟（International Union of Biochemistry and Molecular Biology，IUBMB）是一个国际性的非政府、非营利性科学组织，致力于关注生物化学与分子生物学的发展。IUBMB 成立于 1955 年，截至 2022 年 6 月拥有 79 个国家及地区的生物化学家和分子生物学家。作为国际科学理事会（ISC）的成员，IUBMB 每 3 年举办 1 次生物化学和分子生物学大会，同时赞助其他相关会议、专题讨论会、教育活动和讲座。

国际生物化学与分子生物联盟（IUBMB）基本信息

中文名称	国际生物化学与分子生物学联盟	英文名称	International Union of Biochemistry and Molecular Biology
成立时间	1955 年	总部所在地	荷兰 阿姆斯特丹
组织属性	非政府、非营利性组织	官方语言	英语
组织标识	IUBMB INTERNATIONAL UNION OF BIOCHEMISTRY AND MOLECULAR BIOLOGY		
官网网址	https://iubmb.org/		
关注议题	促进分子生命科学发展；建立超越种族、文化、性别和经济地位障碍的联系；促进年轻科学家发展；提供公共政策建议；促进科学的价值观、标准和道德规范的确立以及科学家的自由流动		

一、历史沿革

IUBMB 生化大会于 1949 年在英国剑桥举行。德国籍英国生化学家克雷布斯爵士（Sir Hans Adolf Krebs）为汇集因第二次世界大战而脱离合作的生化学家，激发人类社会对应用生化研究服务人类社会发展的志趣，举办了此次全球生化学家联合会。当时，生物化学作为一门正在蓬勃发展的学科，在国际科学理事会（ISC）的框架下寻求对生物化学的全球认可。国际生物化学委员会在该届大会上成立，包括了来自 14 个国家的 20 名成员。1955 年，在比利时布鲁塞尔举行的第三届生化大会上，IUBMB（当时还未改名为 IUBMB）作为组织形态的联盟正式宣告成立，并作为正式成员加入了国际科理事会（ISC）。1991 年，国际生物化学与分子生物学联盟正式改名为 IUBMB。

二、发展构想

（一）组织使命

IUBMB 从促进学科专业发展和服务公共事业两个方面对其组织使命进行了描述。

促进生化学科（分子生命科学）专业发展方面，包括促进各方努力以共同推动分子生命科学的发展、构建超越种族文化性别和经济基础等障碍的全球合作网络、为年轻科学家拓宽职业发展道路提供必要途径、为完善公共政策提供基于科学依据的建议，以及促进科学的价值观、标准和道德规范的形塑和促进全球生化学家在全球的自由流动。

服务公共事业方面，IUBMB 强调在其框架下开展的所有研究活动均应遵循高尚的道德、专业和科学的标准。生化学家将本着增进公共利益和提高人类共同福祉的目的，以真诚的科学态度，促进相关生化研究的发展。IUBMB 将提供适当的经费支持以开展相关科学研究。

IUBMB 还强调，其名下资助或促进的所有研究活动均将遵循政府和相关机构的对于规范国际组织活动的要求，如确保聚焦发展人类当前和未来福祉，以及非人类项目的未来利益。IUBMB 承诺不会从事生物恐怖主义的相关研究活动。

（二）主要活动

IUBMB 的主要活动包括 4 大方面，分别为组织召开全球生化大会和其他系列国际学术会议；开展生化领域和分子生物学领域的教育及培训活动（包括开设高级和中级研修课程）；通过举办学术讲座和设立特别奖项促进全球生化和分子生物学家的国际交流与合作；就生物领域和分子生物学领域的某项研究议题和支持青年研究者而设立国际研究基金（目前共计有 9 类）。值得注意的是，IUBMB 还设立 8 个专门委员会，负责推进相关活动，以及协同相关行政工作。

三、组织架构

（一）成员类型

IUBMB 的成员主要以一国或地区的科学社团（组织）为主，还包括一些国际组织成员。而成员类型仍分为正式成员与非正式成员。两种类型的加入成员均需设立“联系委员会”，以推动在生物化学和分子生物学领域的国际交流与合作。

1.正式成员

一个主权国家或一个具有地缘行政性质的区域（拥有独立的经费计划促进生化和分子生物学研究）可由当地的一个代表生化学家和分子生物学家的科学学会、组织作为代表，以正式成员的身份，选择加入 IUBMB。正式成员需按年度缴纳一定的会费，并在全体大会决议中拥有投票权（仅有 1 票投票权）。

2.非正式成员

一个主权国家或一个具有地缘行政性质的区域（拥有独立的经费计划促进生化和分子生物学研究）可由当地的一个代表生化学家和分子生物学家的科学学会、组织作为代表，以非正式成员的身份，选择加入 IUBMB。非正式成员无需缴纳年度会费，带有观察员的性质，在全体大会决议中无投票权。

3.附属国际组织成员

IUBMB 拥有 7 个国际科技组织成员，分别为亚洲和大洋洲生物化学家和分子生物学家联合会（FAOBMB）、欧洲生物化学学会联合会（FEBS）、非洲生物化学与分子生物学学会联合会（FASBMB）、泛美生物化学与分子生物学协会（PABMB）、国际临床化学与检验医学联合会（IFCC）、国际神经化学学会（ISN）、国际自由基研究学会（SFRRI）。

（二）组织机构

全体大会是 IUBMB 最高决策机构；执行委员会是 IUBMB 的行政中枢，负责相关日常事务；9 个专门委员会负责推动学术领域的相关专业事务；各加入成员设立的联系委员会负责促进国际交流与合作。

1.全体大会

根据章程，全体大会的参加范围包括由正式加入组织或非正式加入组织指定的代表，以及全体执行委员会的成员。例行的全体大会每 3 年举行 1 次，通常与国际生物化学和分子生物学大会联合举行。执行委员会可根据工作需要召开临时全体大会。

全体大会的职责包括选举提名委员会、选举相关行政官员（包括填补执行委员会的空位）、选举两名代表担任联盟的财务审计官、审议由秘书长代表执行委员会提交的关于联盟工作情况的报告、审议联盟每两届大会期间的预算支出报告等相关涉及经费使用情况的报告。

2.执行委员会

执行委员会是 IUBMB 最高行政管理机构，由不超过 11 名官员组成，包括 1 名现任主席、1 名准主席、1 名前任主席、1 名秘书长、1 名财政官和至多不超过 6 名来自成员组织的代表。提名委员会将向全体大会报告相关官员提名人选。执行委员会每年举行至少 1 次会议，会议地点在全球不同区域轮换。

执行委员会的职责包括：贯彻落实 IUBMB 在章程中所列明的各项宗旨和目标；审议 IUBMB 年度运作情况，制定工作计划并审查成员组织的年度报告；审议相关组织的加入和退出申请；建立 IUBMB 的专门委员会和编辑委员会；审议 IUBMB 相关财务计划等。

3.专门委员会及联合委员会

专门委员会是指 IUBMB 为推动其愿景目标的实现，针对不同活动领域或项目类型而设定的管理性机构；而联合委员会则是 IUBMB 与其他国际组织协同推进相关合作而设立的联合行政机构，实现信息共享与资源互通。各专门委员会的主席和成员均由执行委员会根据 IUBMB 章程进行任命（任期通常不超过 6 年，到期可连任 3 年）。所有专门委员会须向执行委员会负责，但有较大自主权以决定其相关规则和程序。

截至目前，IUBMB 共计拥有 7 个专门委员会，分别为“教育和培训委员会”(与其他国际组织联合成立的委员会)、“术语规范委员”“提名委员会”“出版委员会”“特殊成员委员会”“奖学金委员会”“‘爱德华·乔·伍德’委员会”(负责 IUBMB 对外商业筹款工作)。

四、学术及沟通平台

（一）举办国际生化大会（全体大会）、其他系列国际学术会议

IUBMB 通过举办国际生化大会（全体大会）和其他系列国际学术会议，促进生化领域和分子生物学领域的前沿科学研究，促进学者之间的国际交流与合作。每项会议的资助额度最高不超过 3 万美元，主要考虑有 100~300 人参加的中大型国际学术会议。IUBMB 旨在通过国际会议资助以拓展 IUBMB 的多样性需求，如重点支持女性研究人员、青年研究人员，以及来自于生化领域和分子生物学领域研究较为落后的区域。

（二）开展生化领域和分子生物学领域的教育及培训活动

IUBMB、FAOBMB、FEBS、PABMB 联合设立了委员会，协同推进在生化领域和分子生物学领域的教育及培训活动。IUBMB 希望通过不断加强国际交流与合作，促进生化领域和分子生物学领域各级教育的发展和对知识的延揽。首先，IUBMB 设立了形式多样、高覆盖度的奖学金项目（目前已达 9 种），以资助各种类型的学术活动，包括短期的学术培训、参加课程培训、赴知名国际实验室参加联合科研项目等。

（三）设立生化学界和分子生物学界的各类奖项

IUBMB 为在全球范围内感谢相关生化学家和分子生物学家所作出的重大贡献，设立了“年度卓越服务奖”和“终身成就奖”，为表彰青年研究人员的卓越成绩设立了“惠兰青年研究奖”（Whelan Young Investigator Award）。

（四）提供灵活丰富的学术产品

IUBMB 提供了灵活丰富的学术产品，包括学术讲座和学术期刊。IUBMB 目前开设了两类学术讲座，分别是常设的系列学术讲座和专题学术讲座，后者主要是邀请在生化学界和分子生物学界拥有较高造诣的卓越科学家。此外，IUBMB 拥有 6 种学术刊物，分别是《IUBMB 生物》《生物科技与应用生物化学》《生物因子》《生化科学趋势》《医学分子学》《生物化学与分子生物学教育》。

五、资金筹措

IUBMB 日常经费的主要来源是每个加入成员组织缴纳的会费。IUBMB 的加入组织类型分为 3 大类，3 个类别又分别规定了加入组织的具体数量，其中第三类的细分类型最多，共计分为 11 个等级，每个等级又拥有不同的加入组织数量。但在全体大会的席位则是根据类别来进行划分，比如第一大类为 1 个席位，第二大类为两个席位，第三大类为 3 个席位。

国际生物科学联合会（IUBS）

国际生物科学联合会（International Union of Biological Science，IUBS），于 1919 年成立于比利时布鲁塞尔。作为非政府、非营利性学术团体，IUBS 的主要任务为促进生物科学的研究、协调需要在国际进行合作的有关研究及其他科学活动；对合作研究的结果进行讨论和传播，促进举办国际学术会议和协助出版论文集等。

IUBS 在生物多样性公约（CBD）、气候变化教育、开放式生物多样性和健康大数据（BDHD）等方面起着主导作用。作为国际科学理事会（ISC）的 26 个科学联合会成员之一，IUBS 前任主席、现任副主席均是国际科学理事会（ISC）执行委员会的成员，并作为 ISC 的主要成员实质性参与其发起的相关科学项目。

国际生物科学联合会（IUBS）基本信息

中文名称	国际生物科学联合会	英文名称	International Union of Biological Science
成立时间	1919 年	总部所在地	法国 巴黎
组织属性	非政府、非营利性组织	官方语言	英语、法语
组织标识			
官网网址	http://www.iubs.org/		
关注议题	促进生物科学的研究；促进并协调国际合作研究和其他学术活动；对合作研究的结果进行讨论和传播；促进举办国际学术会议并协助出版论文集		

一、历史沿革

IUBS 成立于 1919 年。当时的生物学还是单独的一门学科，没有像现在如此之多的学科方向分化。IUBS 的前身是国际生物命名委员会，并与国际动物命名委员会（ICZN）保持多年合作（主要是赞助该组织开展相关研究），但最后由于研究方向的分化，IUBS 与 ICZN 分道扬镳。IUBS 其实是生物学领域的“伞状”国际科技组织，涉及的研究主题起源于 IUBS 下属专业委员会或相关国际学术大会的研究方向，包括国际真菌分类学委员会、国际命名委员会等。

作为 21 世纪整合生物科学的全球领导者，IUBS 见证了生物学作为一门集成学科，并随着其他基础学科的发展而发生系统性改变，而且，对基因-环境相互作用的更深入理解，以及对来自基因组学、蛋白质组学、代谢组学、表观学的大量数据的有效处理，21 世纪生物科学正形成一种系统性方法，其研究中心跨越了化学、生物化学、生理学、种群系统和生态系统。最重要的是，IUBS 在推进实施联合国生物多样性会议暨《生物多样性公约》方面发挥着积极的领导者的角色，致力于推动形成以科学为基础的政策和指南以推进生物多样性保护，并增强信息和知识的获取与分享。

二、发展构想

虽然 IUBS 的主要工作范畴在于促进生物科学中所有研究主题的系统性发展，但 IUBS 同时关注如何通过拓展生物学领域的研究，以及加强与其他学科的交流和合作，以便更好地服务人类社会，为解决诸如气候变化等全球性问题及挑战提供建议。

（一）愿景与目标

IUBS 的愿景与目标包括 8 个方面：①促进生物学领域的基础性、应用性、理论性研究，促进观察工作、实验和计算工作的协调发展；②开展并促进需要国际和跨学科合作的各类研究活动、教育培训活动和能力建设活动；③促进关于进化、分类学、生态学、生物多样性以及代表统一生物学的其他主题的跨学科和合作研究与讨论；④率先开展与生物命名科学方法和准则有关的努力；⑤促进相关领域的对话，以帮助制定有关保护和可持续利用生物多样性的各种政策，以及促进知识分享与利益共享；⑥通过利用 IUBS 内的专门知识并与其他国际科技组织开展合作，研究气候变化对生物系统的影响；⑦在气候变化的背景下评估生态系统功能和服务动态，以确保在 IUBS 支持的科学计划的背景下传播合作研究的结果；⑧支持组织有关 IUBS 感兴趣主题的国际会议，并协助发布会议报告。

（二）主要活动

IUBS 开展生物学领域的研究项目，包括“植物分类学项目”（涉及植物学、动物学和真菌学等）、“可持续发展项目”（涉及生态学、环境科学、社科）、“开放式生物多样性与健康大数据计划项目”（涉及健康发展、生物多样性与大数据）、“非洲地区古生物学项目”（涉及保护生物学）。

正如前文所述，IUBS 还与世界卫生组织（WHO）、联合国粮食及农业组织（FAO）、联合国环境规划署（UNEP）、联合国教科文组织（UNESCO）等与生物科学研究与发展有关的其他国际组织、机构和基金会建立了有效的合作关系。IUBS 还开展了面向发展中国家农村地区的生物学实验教学模块的构建工作，通过实施成本较低的配置，为教育经费不足的发展中国家提供必要资源支持和知识支撑。

三、组织架构

（一）成员类型

IUBS 的成员包括：普通成员、科学成员、非正式成员（附属成员）。

1.普通成员

IUBS 的普通成员可以是生物科学研究独立发展的任何国家或地区。加入的组织可以是其主要的科学研究院、研究理事会或类似机构。所有普通会员在全体大会上都有 1 票表决权。普通成员拥有最为广泛的表决权，从 IUBS 的科学事务、任命临时工作委员会，到参与 IUBS 的行政事务管理，普通成员均能通过投票的形式表达其意见。

2.科学成员

科学成员包括代表生物学学科或与生物学科学研究相关学科的国际协会或机构。每个科学成员在全体大会中拥有 1 票表决权。

3.非正式成员

IUBS 非正式成员是生物科学基础设施尚未达到普通成员发展水平的国家或地区。非正式成员无表决权。同时，IUBS 将定期评估非正式成员的资格。

（二）组织机构

IUBS 的行政管理机构为全体大会、执行委员会、秘书处 3 个层级，而有关学术事务管理则由各学部、专业委员会和跨专业工作组负责。

1.全体大会

全体大会是 IUBS 的主要理事机构之一，每 3 年举行 1 次例会。全体大会的职责包括制定一般政策和科学计划；接纳普通会员，例如国家或科学会员；审议非正式成员加入联盟的可行性；选举执行委员会成员；在两届全体大会之间成立提名委员会，推选相关代表作为执行委员会的候选人；设置年度会费的比例。

2.执行委员会

执行委员会将根据 IUBS 的总体目标,依据全体大会的相关决议开展工作。执行委员会由全体大会选举产生，组成成员包括主席、副主席、秘书长、财政官和其他成员（4~6 名）。执行委员会的职责包括执行全体大会的决议、审议 IUBS 的相关活动、建立工作组或实施新的工作举措、决定是否吸纳科学成员加入组织。IUBS 秘书长和 IUBS 执行委员会主任将协助执行委员会开展相关工作。

3.秘书处

秘书处的职能是负责 IUBS 的日常业务和运行管理以及包括全体大会和执行委员会议在内的各类会议的协调和组织。

四、学术及沟通平台

IUBS 主要通过组织国际大会、制定并发展科学项目、开展生物学领域的教育与培训活动、运营学术期刊等方式开展学术沟通与搭建学术交流平台。尤其是在制定并发展科学项目，IUBS 以每 3 年为一个项目周期，综合考虑这些项目所覆盖的学科的广度和涉及的国别及区域，为在国际大会上确定的项目提供经费支持以启动相关科学研究。此外，正如前文所述，IUBS 开展了面向发展中国家农村地区的教育和培训项目，旨在解决发展中国家在教育经费方面所面临的难题。学术期刊方面，IUBS 创办了《生物国际》《生物学国际特刊》《国际生物学专著》等期刊。

五、资金筹措

IUBS 的资金来源主要为会员费，还包括社会捐赠。此外，IUBS 还受到国际第四纪研究联合会（INQUA）、国际科学理事会（ISC）的经费支持。

国际食品科学技术联盟（IUFoST）

国际食品科学技术联盟（International Union of Food Science and Technology，IUFoST）是一个国际性的非政府、非营利性科学组织，1970 年创建于美国华盛顿。作为国际科学理事会（ISC）的成员组织，IUFoST 代表着全球 100 多个国家及地区的超过 30 万多名食品科学家和技术人员。IUFoST 的宗旨是促进成员组织之间的国际合作与交流，促进食品科学技术的发展，并支持食品科学在理论及应用领域实现系统性突破，促进食品科学技术的教育及培训活动。此外，IUFoST 还代表食品科学技术界与世界卫生组织（WHO）、世界粮农组织（FAO）、联合国开发计划署（UNDP）等政府间及非政府间国际组织开展了一系列富有成效的交流与合作。

国际食品科学技术联盟（IUFoST）基本信息

中文名称	国际食品科学技术联盟	英文名称	International Union of Food Science and Technology
成立时间	1970 年	总部所在地	加拿大 安大略省圭尔夫市
组织属性	非政府、非营利性组织	官方语言	英语
组织标识	IUFoST		
官方网址	https://iufost.org/		
关注议题	在全球范围内促进食品安全保障与质量提升；如何在食品营养链中减少成分和营养损失；改进传统食品的制作工艺；发展和传播关于食品成分的基础性知识；促进地区和国际食品贸易及服务		

一、历史沿革

在 1962 年举行的第一届国际食品科学技术大会上，与会代表非正式地讨论了关于组建一个由食品科学家和技术人员组成的国际组织的建议，并描绘出了该组织的宗旨，即该组织将致力于满足全世界人民的营养需求，助力改善人类健康。IUFoST 的第一任主席兰克（Lord Rank）在其主席致辞中说："如果要真正发挥食品科学和技术的最大潜力，并最终能够满足世界各国人民需求，使他们收到令人垂涎及营养充足的丰富的食物，那么就必须开展广泛的国际合作。"这次大会选举出了食品科学与技术国际委员会。该委员会在 1970 年第三届国际食品科学与技术大会上宣布就职。中国食品科学技术学会于 1980 年 11 月成立，作为中国食品科技界在国际食品科学技术联盟中的唯一代表于 1984 年 9 月加入 IUFoST，成为其正式成员。

二、发展构想

（一）组织使命

IUFoST 将致力于进一步促进与其他国际组织的交流与合作，尤其是与其他可能对食品科学和食品生产技术产生影响的国际组织开展合作，如涉及水资源、土壤、化学的国际组织；在全球范围内促进食品科学领域的科学家分享科学和技术知识；进一步发展和支持食品科学技术研究；促进食品理论和应用科学领域研究，以改善食品的加工、制造、保存、分配的全工程优化；拓宽筹资渠道以加强食品科学领域科学家和技术人员的教育和培训活动；在科学家和技术人员之间形塑共同的专业精神，形成专业共同体。

（二）主要活动

IUFoST 主要通过召开国际学术会议、区域性会议、各种形式的学术研讨会等，加强与其他国际组织的合作；持续资助开展食品科学领域的教育及培训活动、持续实施技术援助项目；通过适当的途径加强学术产出成果的出版，在更大的范围内传播科学和技术信息；加强"国际食品科学技术学会"（IAFoST）建设，使其成为促进食品科学与技术发展的中坚力量；鼓励成员组织之间加强双边合作，并构建有效的区域性组织，整合相关研究力量和资源。

三、组织架构

（一）成员类型

IUFoST 目前主要有 4 类成员，分别为正式成员、理事会成员、区域成员、非正式成员。

1.正式成员

正式成员的遴选条件和加入资格与其他国际组织一样，主要是国家（地区）的一个有代表性的食品科学家和工艺学家的学术团体，包括国家食品科学或食品技术学会、国家研究院或能够代表当地政府的领导小组。正式成员具有投票权，票数范围为 1~3 票。

2.理事会成员

理事会成员将代表国际社会最广泛的利益开展相关工作并行使投票权，并不代表其所属国家及地区的利益。

3.区域成员

IUFoST 根据其章程，组建了覆盖全球四大洲的区域性联合体，包括欧洲食品科技联合会（EFFoST）、亚洲食品科技联合会（FIFSTA）、东非及中非和南非食品科技联合会（ECSAFOST）、拉丁美洲及加勒比食品科技联合会（ALACCTA）。IUFoST 希望通过组建区域性联合体的形式，进一步实现全球食品科学、技术领域的人力资源和研究资源的集合，为推动食品科学和技术的发展提供持续助力。

4.非正式成员

经理事会批准，相关公共及私营企业可以非正式成员的身份加入 IUFoST，无需缴纳会费，但也无投票权。

（二）组织机构

IUFoST 由全体大会、理事会（执委会）、科学理事会、国际食品科学技术学会（IAFoST）、各种专业委员会和工作组组成。

1.全体大会

全体大会是 IUFoST 的最高决策机构，负责对执行委员会提出的相关议题进行决策。正式成员具有投票权（1~3 票），将在全体大会上就相关议题进行投票表决。全体大会与食品科学国际大会同期举行。

2.理事会（执委会）

理事会执行全体大会的相关决策，由全体大会选举产生。理事会由执委会、6 名常任理事、国际食品科学技术学会（IAFoST）主席组成。

3.科学理事会

科学理事会负责监督 IUFoST 相关活动的科学性、向公众公开相关科学问题，以及向 IUFoST 秘书长汇报由 IAFoST 主席、委员会或工作组负责人所提出的意见或建议。

4.国际食品科学技术学会（IAFoST）

IAFoST 是由杰出的食品科学家和技术人员所组成的工作小组，并以研究员的身份参与国际食品科学技术学会相关工作。“国际食品科学技术学会”由 IUFoST 的主席、前任主席、秘书长和前任秘书长组成。值得注意的是，“国际食品科学技术学会”还在其内部设立了执行委员会负责开展学会相关工作。

5.各种专业委员会和工作组

IUFoST 拥有 5 个专业委员会和 1 个工作组，分别是教育委员会、食品化学委员会、食品质量安全委员会、食品供应安全委员会、青年科学家和学生委员会，目前在教育委员会下设立了远程援助训练项目工作组。

四、学术及沟通平台

IUFoST 主要以科学理事会和国际食品科学技术学会为两大组织逻辑，开展相关学术活动及平台建设工作。在科学理事会框架下，其主要活动是对外发布有关全球食品科学技术发展状况的专著、评论文章、学术期刊和电子杂志，以促进国际食品科学技术界对知识的交流与分享。国际食品科学技术学会主要负责提名“会士”（Fellows）的人选，评选食品科学领域的各类奖项，以及不定期召开圆桌会议。此外，IUFoST 的教育委员会还通过开展教育培训活动、资助青年科学家开展研究项目等途径促进食品科学技术领域的专业化发展。以远程协助培训计划（DATP）为例，该计划主要面向那些从事食品种植、制造、处理和销售的未受到过食品科学技术专业训练的职业人员。值得注意的是，IUFoST 还开设了 13 种食品科学技术领域的专业课程，涉及食品安全、食品卫生、食品法律、人类营养等。

五、资金筹措

IUFoST 的经费主要来源于会员费、外部机构的赞助、举办国际会议的收入。其中，会费收入是主要经费来源。根据 IUFoST2019 内部工作报告，会员费占比 65%、外部机构赞助占比 20%、举办国际会议收入占比 15%。由于赞助 IUFoST 的外部机构主要为私人跨国公司、国际科技组织，因此其外部赞助经费的数量并不多。

国际数学联盟（IMU）

国际数学联盟（International Mathematical Union，IMU）是一个国际性的非政府、非营利性科学组织，其宗旨是促进数学方面的国际合作。作为国际科学理事会（ISC）的成员，IMU 认可 ISC 的科学自由原则、责任原则和普遍性原则。截至 2022 年 6 月，IMU 拥有 85 个成员，主要工作包括促进数学领域的国际交流与合作、策划并组织开展四年一度的国际数学大会（伴随举办 IMU 的全体大会）和其他一些数学专门领域的国际会议，以及评定数学界的各大奖项，包括菲尔兹奖（Fields Medal）（数学界界定学术水平的最高奖）、陈省身奖（Chern Medal）、高斯奖（Gauss Prize）和奈望林纳奖（Rolf Nevanlinna Prize）。作为数学界的共同体，IMU 早已成为世界数学家及数学研究者共同的精神家园和交流平台，为数学科学的全面发展发挥了不可替代的作用。

国际数学联盟（IMU）基本信息

中文名称	国际数学联盟	英文名称	International Mathematical Union
成立时间	1952 年	总部所在地	德国 柏林（常设秘书处）
组织属性	非政府、非营利性组织	官方语言	英语
组织标识			
官方网址	https://www.mathunion.org/		
关注议题	促进数学方面的国际交流；组织召开国际数学家大会；通过颁发各类数学界奖项，促进数学领域研究与教育工作		

一、历史沿革

国际数学联盟的历史，交织着数学家们促进国际数学合作的强烈意愿与错综复杂的国际政治。19 世纪后期，高度发展的数学已不是少数天才能够通盘把握，也不是一两个国家可以独立推进的学科，当时的数学家们已经开始传播国际数学合作的理念。首届国际数学家大会于 1897 年在瑞士苏黎世举行，自此全世界的数学家定期集会，共同探讨当下及未来的数学问题。这为 IMU 的成立奠定了关键基础。

1919 年在布鲁塞尔举行的国际研究理事会（IRC）全体大会上，通过了关于建立 IMU 的提议。根据布鲁塞尔设定的计划，IMU 于 1920 年 9 月在斯特拉斯堡举行的国际数学家大会期间成立。由于当时面临全球不确定的政治因素，IMU 在 1931~1936 年停止了相关活动。第二次世界大战后 IMU 再次启动相关活动，并于 1950 年通过 IMU 的章程、管理细则等文件草案，筑牢了 IMU 的法律基础。IMU 于 1952 年在意大利罗马举行了第一届全体大会，选举了 IMU 主席并通过了章程，同时重新加入了 ISC，这正式宣告了 IMU 的再次成立。值得注意的是，IMU 极为重视非正式的社会活动，每次都安排大量的时间并精心组织，为全球的数学家们交换思想和增进了解提供了不可替代的途径和平台。

二、发展构想

（一）组织使命

IMU 的发展愿景包括促进数学领域的国际合作、支持和协助“国际数学家大会”及其他国际科学会议，鼓励和支持其他能够促进数学科学发展的国际活动，支持数学领域的科学材料的出版与发行，为具有国际性的数学活动或为其他类似国际组织提供建议，促进数学家和数学学习者之间的国际交流等。

（二）主要活动

IMU 的主要活动包括 7 个方面：①促进发展中国家的数学研究活动；②促进女性数学科学家的职业发展；③建立商业化公司和设立研究基金会促进数学科学活动；④促进数学教育及学习活动；⑤促进数学领域的信息交流；⑥促进数学科学史研究；⑦促进多样性。

三、组织架构

（一）成员类型

IMU 没有个人会员，每个成员国均由一个组织作为在 IMU 的代表。该组织可以是所在国的主要学会、数学学会、研究理事会或其他机构、组织，也可以是能够代表其政府的机构。

1.正式成员

加入组织（国家）均应成立数学委员会，并且在其委员会的组成情况报告给联盟并得到认可之前，其成员资格不会生效。数学委员会在联盟事务中担任顾问。如果加入组织愿意，IMU 可将部分权力下放给数学委员会。数学委员会将与秘书长沟通，提出其主席或秘书的人选。

2.非正式成员

一个国家可根据 IMU 章程，通过一个学术组织成为联盟的非正式成员。非正式成员资格有效期 4 年，在到期之后可向联盟的总秘书长请求延长一个 4 年周期。通常，非正式成员应在其成员资格生效后的 8 年内申请成为正式成员。

（二）组织机构

全体大会是 IMU 最高的决策机构，通常与国际数学家大会同步举行。执行委员会是 IMU 最高的行政管理机构，负责日常事务的管理。此外，IMU 还设立了 5 个专门委员会，负责开展相关专门性事务，在全球范围内推动数学科学的发展。IMU 还设立了“提名委员会”，负责执行委员会、发展中国家委员会（CDC）、数学史国际委员会（ICHM），以及 IMU 主席的提名人选汇总工作。

1.全体大会

全体大会每 4 年举行 1 次，由加入成员组织任命的代表、执行委员会成员、非正式成员代表组成。加入成员将在每届全体大会上派出 1 个代表团，就相关议题投票。但每个代表团的票数不同。票数被分为 5 个等级，与加入成员所缴纳的会费保持一致（目前中国、美国、法国等均为第 5 等级成员国，分别拥有

5 票投票权）。非正式成员可出席全体大会，但无投票权。执行委员会成员也无投票权。IMU 的主要官员包括主席（1 名）、副主席（两名）、秘书长（1 名）（通常兼任财政官），均由全体大会投票表决，任期均为 4 年。值得注意的是，全体大会还选出数名“常委”。

2.执行委员会

执行委员会是 IMU 最高行政管理机构，由 10 名官员组成，分别为主席（1 名）、副主席（两名）、秘书长（1 名），以及由全体大会选出的 6 名“常委”。同时，前任主席也将作为列席人员出席执行委员会的相关会议（任期 4 年）。执行委员会将有权决定主席是否能够在全体大会期间邀请相关“观察员”组织列席全体大会，为相关议题提供咨询，既然是列席就一般无投票权。同时，执行委员会还将向全体成员适时通报其活动开展的相关情况，并在全体大会期间就相关活动作专题报告。

3.专门委员会

IMU 设立了 5 个专门委员会，分别是“发展中国家委员会”（CDC）、“数学史国际委员会”（ICHM）、“数学教育国际委员会”（ICMI）、“电子信息与沟通委员会”（CEIC）、“女性数学家委员会”（CWM），分别负责推进发展中国家数学发展、促进数学史研究、促进数学教育发展、促进数学信息的全球传播和促进女性数学家的职业发展等。

4.提名委员会

提名委员会由主席（由 IMU 现任主席指定）、IMU 现任主席、3 名加入成员组织的代表（随机选择）、两名积极参与 IMU 相关活动的代表组成。

四、学术及沟通平台

IMU 主要通过开展奖项评选、设立研究基金、召开高端国际学术会议、鼓励加入成员组织开展学术及教育推广活动等形式，促进数学科学在全球的发展，以及数学家们、学者们的国际交流与合作。其中，数学界的奖项评选包括菲尔兹奖（Fields Medal）、陈省身奖（Chern Medal）、高斯奖（Gauss Prize）和奈望林纳奖（Rolf Nevanlinna Prize），均在数学界拥有极高的声望，是对研究者的研究成果高度肯定。IMU 的高端国际学术会议包括汇集全球数学界和计算机科学领域顶级专家的海德堡论坛（HLF），以及以加强数学领域科研成果普及化的菲尔兹奖章座谈会。此外，与其他知名国际科技组织一样，IMU 专门将每年的 3 月 14 日设立为“国际数学日”。作为一项全球性活动，“国际数学日”旨在向公众推广数学领域的研究成果。关于 IMU 的出版物，主要是 IMU 的专门委员会不定期对外发布的工作报告及研究动态。

（一）促进发展中国家的数学研究活动

IMU 成立了“发展中国家委员会”，负责通过设立各种资助计划和向发展中国家派出志愿者等方式，促进发展中国家在数学领域的系统发展，涉及促进数学科学研究、支持当地研究计划、支持有关教学发展和本地化能力提升的各类项目、拓展各类研究支持项目等。

（二）促进女性数学家的职业发展

IMU 向来重视世界各地女性数学家的职业发展，并于 2015 年成立了“女性数学家委员会”，以促进女性数学家构建全球交流网络（尤其在亚洲、拉丁美洲和非洲），为女性数学家打开职业发展道路提供必要的政策支持和信息支持。

（三）建立商业化公司和设立研究基金会促进数学科学活动

国际数学联盟之友（FIMU）是一个支持国际数学联盟（IMU）活动的组织。作为一家非营利性公司，FIMU 于 2008 年 7 月 17 日成立，其主要资源来源于美国公民的捐款。FIMU 的主要职能为促进全球数学科学研究提供必要的经费资助，是加强数学家共同体的基础。

（四）促进数学教育及学习活动

“国际数学教学委员会”早在 1908 年便宣告成立，主要致力于在全球范围内提高数学教学的质量，并通过系列国际活动和出版物来履行其使命。这些国际活动和出版物旨在促进数学领域的思想和相关信息的相互协作、交流和传播。“国际数学教学委员会”自 IMU 重新成立以来一直是其常设委员会。

（五）促进数学科学史研究

“数学史国际委员会”是一个跨国际组织的委员会，覆盖了 IMU 和国际科学技术史和哲学联盟（IUHPST）的科学史部门。“数学史国际委员会”的主要职能包括促进数学史研究、促进在数学领域和历史领域均有较高建树的研究活动。

（六）促进多样性

为增强对世界多样性和包容性问题的关注，IMU 成立了一个名为“多样性委员会”的特设委员会，以提供有关多样性和包容性方面的建议。“多样性委员会”的主要任务包括及时评估 IMU 在促进多样性和包容性方面的工作、为 IMU 提高工作质量提供必要建议、为 IMU 成员如何提高其在本地的工作提供建议。

五、资金筹措

IMU 日常经费的主要来源为每个加入成员组织缴纳的会费。正如前文所述，IMU 会费的额度分为 5 个等级。为促进数学科学的研究，IMU 与其他非营利性组织合作，通过吸纳社会捐款，设立专门的研究基金项目，以支持研究的广泛开展，尤其是针对发展中国家。

国际水利与环境工程学会（IAHR）

国际水利与环境工程学会（International Association for Hydro-Environment Engineering and Research，IAHR）是一个国际性的非政府和非营利性科学组织，于 1935 年创建于比利时布鲁塞尔。直到 2009 年才正式更名为“国际水利与环境工程学会”（之前名称为“国际水利工程与研究协会”，简称为 IAHER）。作为国际科学理事会（ISC）和联合国水资源组织（UN-Water）的成员组织，IAHR 构建了一个面向全球的，由工程师、学术人员、研究机构和企业所组成的全球合作网络，致力于推进水环境科学研究及其相关应用。截至 2022 年 6 月，IAHR 在全球范围内成立了 6 个区域委员会，拥有来自全球 191 个国家的 4 789 名个人成员和 118 家团体成员。此外，IAHR 还与“全球水资源合作伙伴网络”（GWP）、“世界工程师联合会”（WCCE）等国际组织建立了合作关系。

国际水利与环境工程学会（IAHR）基本信息

中文名称	国际水利与环境工程学会	英文名称	International Association for Hydro- Environment Engineering and Research
成立时间	1935 年	总部所在地	中国北京 西班牙马德里（秘书处所在地）
组织属性	非政府、非营利性组织	官方语言	英语、法语
组织标识			
官方网址	https://www.iahr.org/		
关注议题	汇集全球范围在工程、创新和研究方面的前沿知识及先进技术，应对在水资源保护和应用领域的全球性挑战，推动实现联合国可持续发展目标		

一、历史沿革

1898 年，世界上第一个与水力学相关的实验室在德国德累斯顿成立，随后在欧洲和美国成立了许多类似的实验室。但当时在使用水力模型研究流体动力现象方面，学术理论与工程实践之间存在明显的鸿沟。进入 20 世纪，为弥补理论与实践之间的差距，1935 年 9 月，在 66 位水力学科学家推动下，IAHR 在比利时布鲁塞尔成立，旨在促进国际合作以发展水力工程。IAHR 第一届全体大会于 1938 年在德国柏林召开。自 20 世纪 70 年代以来，随着其他基础性研究成果不断为水力研究注入新的研究方法和研究资源，尤其是随着计算机技术和信息通信技术的出现，推动了水力研究的大发展，IAHR 也迎来了新发展。

二、发展构想

根据 IAHR《2020—2023 发展战略》，IAHR 希望为全球范围内的水环境领域的学术带头人提供一个平台，以协同相关力量应对当今水工程和环境方面的巨大挑战；加强与青年学者的互动交流；进一步增强在拉丁美洲、亚太地区和欧洲地区的影响力，尤其是增强在非洲地区和中东地区的学术影响力；进一步优化 IAHR 的学术成果产出方式和传播体系（主要是指出版物发行和宣传方面）；进一步构建 IAHR 的全球会议体系，加强对相关议程的落实，更好地利用和拓展水工程领域的复合知识；通过组织富有影响力和成果产出的学术研讨会，以及参与全球主流的发展计划或倡议，全面提升 IAHR 的知名度。

三、组织架构

（一）成员类型

IAHR 的成员分为个人成员、团体成员、（团体）个人成员、支持成员、学生成员。

1.个人成员

IAHR 的个人成员主要是面向从事水力学及其应用或认同 IAHR 目标愿景的个人。个人成员被细分为“初级个人成员”“高级个人成员”“普通个人成员”。

其中，“初级个人成员”是指不超过 28 岁的个人；“高级个人成员”是指年满 60 岁且已经不再从事高强度研究工作的个人；“普通个人成员”是指除以上两类之外的个人。

2.团体成员

团体成员主要面向水力学实验室和其他参与水力学和水动力学研究与开发的各类组织，从事水力学和流体力学及其实际应用的教育机构，从事水利工程管理、进行勘测或开展工业项目的机构或公司。

3.（团体）个人成员

（团体）个人成员主要面向具有个人成员申请资格并受雇于团体成员的个人。

4.支持成员

支持成员主要面向除“个人成员”和“团体成员”以外的其他个人或团体开放。这些个人或团体每年需向 IAHR 提供经费支持，且不得少于 IAHR 团体成员每年向 IAHR 所缴纳的会费数量。

5.学生成员

学生成员主要面向 IAHR 学生分会的成员开放。

（二）组织机构

IAHR 的行政管理事务主要由理事会、全体大会、各区域委员会负责；科学事务则由学部负责。

1.理事会

理事会由 12 人组成，分别是 1 名主席、3 名副主席以及 8 名理事。理事会执行《章程》中所规定的各类政策，处理所有行政和财务事项，并向全体大会报告涉及共同利益的财务或行政事项。此外，IAHR 主席、3 名副主席和 1~2 名秘书长成立执行委员会，负责 IAHR 的日常工作。理事会下设秘书处，并任命 1 名理事会成员担任执行主任兼财政官。

2.全体大会

全体大会于每年 6 月底举行。理事会负责向全体大会报告 IAHR 在过去一年的工作执行情况和财务管理情况。所有个人成员、（团体）个人成员、支持成员均在全体大会上拥有 1 票表决权，而团体成员则在全体大会上拥有 6 票表决权。

3.区域委员会

区域委员会负责促进特定区域的协调性发展，重点推进与该区域相关的科学活动。区域委员会是 IAHR 世界大会的组织者之一。IAHR 目前设立了 6 个区域委员会，分别是非洲区域委员会、亚太区域委员会、欧洲区域委员会、拉美区域委员会、中东和北非区域委员会、北美区域委员会。根据 IAHR 的《管理细则》，各区域委员会需自行筹集经费以开展相关活动。

4.学部

IAHR 理事会可设立由多个专业委员会组成的学部，以开展针对某个学术方向的科学活动。每个学部由其执行委员会负责管理，执行委员会包括 1 名学部主席、1 名学部秘书长和每个专业委员会主席。其中，学部主席由 IAHR 理事会委任。IAHR 目前有 3 个学部和 19 个专业委员会。

四、学术及沟通平台

IAHR 开展的学术活动包括定期组织全体大会；出版学术期刊、协会通信和专题会议的记录等；组织和进行与水力学和水动力学领域有关的继续教育活动；持续加强与其他国际组织的交流与联系，构建一个全面性的国际合作网络。

五、资金筹措

IAHR 的经费来源包括个人成员和团体成员的会费、各类国际会议的注册费、社会组织的捐赠、货币资产利息等。

国际水文地质学家协会（IAH）

国际水文地质学家协会（International Association of Hydrogeologists，IAH）成立于 1956 年，是一个非营利性科学和教育组织，致力于为从事地下水资源规划、管理和保护领域的科学家、工程师、管理人员和其他专业人员提供专业服务。截至 2020 年年底，IAH 已拥有成员近 4 000 多名，分布在 130 多个国家，并在 40 多个国家建立了分会。

中国自 1985 年开始派出代表出席 IAH 主办的国际水文地质大会。此后，越来越多的中国水文地质学家开始参与 IAH 组织活动。1988 年初，应 IAH 邀请并经中国地质学会批准，IAH 中国国家委员会成立。

国际水文地质学家协会（IAH）基本信息

中文名称	国际水文地质学家协会	英文名称	International Association of Hydrogeologists
成立时间	1956 年	总部所在地	英国 雷丁
组织属性	非政府、非营利性组织	工作语言	英语
组织标识	iah aih International Association of Hydrogeologists the World-wide Groundwater Organisation		
官方网址	https://iah.org/		
关注议题	促进地下水相关领域的科技进步和信息传播		

一、历史沿革

1948 年，在伦敦召开的第 18 届国际地质大会上，与会水文地质学家提议建立水文地质协会。1956 年，在墨西哥召开的第 20 届国际地质大会上，IAH 正式宣告成立。1957 年，IAH 在法国巴黎召开了第一次代表大会。1964 年，

IAH 加入国际地质科学联合会（IUGS）。20 世纪 80 年代，IAH 的管理机构位于荷兰，随后转入英国。成员数量自 20 世纪 80 年代开始快速增长，目前已有各类成员 4 000 多名。

二、发展构想

IAH 的发展使命是增进全世界对地下水资源的理解、科学使用和保护，发展目标是成为水文地质科学和实践领域的领先组织，并成为全球公认的地下水资源信息和知识的传播者。开展的主要业务：通过各种方式，提高人们对地下水资源的认识；与相关国家或国际机构开展合作，促进地下水资源的使用和保护；改善地下水资源的储存和管理，确保生态系统的可持续发展。

三、组织架构

（一）成员构成

IAH 的成员可分为 7 类。

1.个人成员

直接或间接从事水文地质或相关领域研究和管理的人员。

2.企业成员

成员资格面向从事水和环境研究或管理的任何组织开放，包括咨询公司、设备制造商、钻井公司和其他服务提供商。

3.荣誉成员

授予对 IAH 做出长期和特殊贡献的成员。

4.终身成员

单笔支付个人成员年度会费 20 倍的成员。终身成员此后无需再支付成员费。

5.退休成员

不再专业从事水文地质学研究或管理工作的 IAH 成员。

6.准成员

具有 IAH 成员资格，但未按照正式成员标准缴纳会费的人员。

7.学生成员

成员资格面向在公认的大学或教育机构中接受与水资源有关专业全日制教育的学生开放。

（二）组织架构

1.成员大会

IAH 每年召开一次成员大会。所有成员均有权参加会议并参加讨论。成员大会主要讨论的事项有审议和修订组织章程；选举主要官员、理事会成员和荣誉成员等；任命 IAH 顾问和工作人员；根据理事会的提议确定成员会费标准；开展其他业务，包括拟定 IAH 发展计划等。

2.理事会

由主席、8 位区域副主席（北美、拉丁美洲和加勒比、西欧、东欧和中亚、亚洲、洋洲和太平洋、撒哈拉以南非洲、中东和北非）、秘书长以及分管财务与成员事务的副主席和分管科学规划事务的副主席组成。

3.执行委员会

负责协调各委员会、国家和地区分会的工作，审查提交理事会审议的相关报告，审查和批准预算，向理事会提交有关未来活动建议，开展理事会委托的其他业务。

四、学术及沟通平台

IAH 通过信息沟通、在线访问、开发专业出版物和社交媒体论坛等方式，积极为国际社会提供水文地质领域专业服务，并结合水文地质学科发展趋势，建立了众多专业委员会，聚焦水文地质科学和实践领域的前沿发展方向。IAH 的主要出版物为《水文地质杂志》(*Hydrogeology Journal*)。IAH 还出版了其他专业出版物，包括历届国际水文地质大会论文集、国际水文地质学家论文选系列图书等。IAH 还设立了荣誉成员、主席奖、杰出贡献奖和应用水文地质奖等荣誉称号和奖项，以表彰和奖励世界范围内在水文地质领域作出杰出贡献的地下水专家。

五、经费筹措

IAH 的运行经费主要来自成员会费、出版物收入、主办或组织的国际会议注册费以及各类捐赠收入。在 IAH 各类别成员中，个人成员、企业成员和学生成员须每年缴纳会费。

国际水文科学协会（IAHS）

国际水文科学协会（International Association of Hydrological Sciences，IAHS）是一个国际性的非政府、非营利性科学组织，于 1922 年创立。IAHS 是国际大地测量学和地球物理学联合会（IUGG）的 8 个国际科技组织成员（Constituent Association）之一。IAHS 旨在通过实施一系列的学术活动，鼓励全球范围内的水文科学家们自由讨论、交流学术思想和相互分享研究成果，依托国际合作研究来促进水文学领域的系统发展。IAHS 的研究范围涉及地球及各大洲水域的水文循环、地表水和地下水、雪和冰等，包括它们的物理、化学和生物过程，它们与气候以及其他物理和地理因素的关系以及它们之间的相互关系；侵蚀和沉积及其与水文循环的关系；水资源利用与管理，水资源变化及其与人类活动的相互作用。目前，IAHS 覆盖了来自全球 150 多个国家及地区的超过 9 000 名水文学家，是水文学领域最有影响力的国际科技组织。

国际水文科学协会（IAHS）基本信息

中文名称	国际水文科学协会	英文名称	International Association of Hydrological Sciences
成立时间	1922 年	总部所在地	法国 巴黎
组织属性	非政府、非营利性组织	官方语言	英语
组织标识			
官方网址	https://iahs.info/		
关注议题	IAHS 于 2019 提出了水文科学领域及其相关领域的“待解决的 23 项议题”，共涉及 7 个主题，如“在气候和环境变化下水文循环是否在区域加速或减速，是否有临界点”（时间可变性和变化）、“是什么导致径流、蒸发、地下水、物质通量及其对控制的敏感性”（空间可变性和缩放）、“洪水多发和干旱多发情况的产生机制”（极端变量）等		

中国于 1977 年正式加入 IAHS，并于 1981 年成立中国国家委员会（中国委员会）。原水利电力部水文局局长、中国水利水电科学研究院咨询委员陈家琦曾于 1987—1991 年当选 IAHS 第三副主席（为中国首次进入 IAHS 执委会）；城市水循环与海绵城市技术北京市重点实验室主任、IAHS 中国国家委员会副主席徐宗学教授为现任 IAHS 第三副主席（任期 2019—2023 年）。

一、历史沿革

1922 年，在意大利罗马举行的首届国际大地测量学和地球物理学联合会（IUGG）全体大会上，一位来自意大利的代表提出了一项动议，希望在 IUGG 内部设立一个委员会，专门负责处理水文学方面的科学问题。1930 年，在第四届 IUGG 全体大会上，IAHS 的前身“国际水文科学协会”（International Association of Scientific Hydrology，IASH）宣告成立。从那时起，IAHS 开始涉及越来越多的水文学科，并不断在旗下成立新的专委会，负责研究水文学、林雪、仪器与测量、地下水域等议题，并不断创办学术出版物*。随着“二战”结束后全球进入战后和平时期，尤其是在 20 世纪 60~80 年代，水文学得到越来越多的认可，成为公认的科学，IAHS 实现快速发展，并于 IUGG 第 15 届全体大会上，更名为现在的“国际水文科学协会”（IAHS）。进入 21 世纪以来，水文科学作为一门学科领域跨度较大、覆盖面较广的学科，对解决人类共同面临的生存问题，实现可持续发展，发挥着愈加重要的作用。毫无疑问，IAHS 在基础科学和工程应用领域，将创设更富有意义的世界议题，拥有更强的话语能力。

二、发展构想

IAHS 希望基于其提出的“待解决的 23 项议题”，促进水文学领域科学家对水文学研究成果的讨论和比较，对需要开展国际协作的水文问题进行动议与

* 至 1939 年华盛顿会议召开时，IAHS 的《红皮书》（*Red Books*）系列已出版了 27 种刊物。

推动，并协调和开展相关研究及调研活动，以提供更有价值、更有代表性的学术产出（如“红皮书”）。IAHS 还将进一步促进与教科文组织（UNESCO）国际水文计划（International Hydrological Program）、国际科学理事会（ISC）、世界气象组织（WMO）的水文和水资源计划（Hydrology and Water Resources Program）的交流与合作，共同致力于推动水文学的发展。

三、组织架构

（一）成员类型

与其他国际科技组织不同，IAHS 不单独接纳成员国，凡是国际大地测量学和地球物理学联合会（IUGG）的成员国，即为 IAHS 的成员国。成员国须设立相应的国家委员会及国家代表，负责与 IAHS 的日常联系工作。

IAHS《章程》规定，即使 IAHS 的成员管理是以国家为单位，但个人也可被允许注册为个人成员。但前提是个人在一个或多个水文学相关领域工作，并积极参加 IAHS 的学术活动。个人成员无表决权。

（二）组织机构

IAHS 的行政管理事务主要由行政全体会议、执行局、IAHS 有限责任公司负责；科学事务则由科学委员会负责。

1.行政全体会议

行政全体会议是 IAHS 所有行政事务和财务事务的最高决策形式。参加行政全体会议的人员包括 IAHS 主席、准主席、前主席、副主席、秘书长、财政官、IAHS 旗下相关学术期刊的编辑、每个科学委员会的主席、IAHS 有限责任公司的主席、每个成员国指定的投票代表。行政全体会议还将选举 IAHS 主席、3 位副主席、秘书长和科学委员会的相关官员*。此外，行政全体会议还有权设立或解散科学委员会以及设立或解散区域委员会（Regional Committees）。

* 行政全体会议还有权选举名誉主席（Honorary President），名誉主席可作为无表决权的成员参加 IAHS 的会议。

2.执行局

执行局由 IAHS 主席、准主席、前任主席、3 名副主席、秘书长、财政官、IAHS 旗下相关学术期刊的编辑、每个科学委员会的主席、IAHS 有限公司的主席组成。执行局将负责任命 IAHS 财政官，并有权设立工作组。

3.IAHS 有限责任公司

IAHS 有限责任公司的成员资格仅面向 IAHS 的个人成员，并将代表 IAHS 管理财务账目、办公室内务、合同签署和学术期刊的出版和发行等。IAHS 有限责任公司将设立自己的理事会及任命相关官员，但其主席和财政官则是由 IAHS 任命，并对 IAHS 主席负责。

4.科学委员会

科学委员会主要关注学术事务，开拓水文学研究的前沿阵地，并确定世界大多数国家共同关心的最迫切的水文学问题范畴，确定研究的具体方向。科学委员会可自行设立分部，或设立工作组，以精细化开展相关工作。目前设有地表水、地下水、陆地侵蚀、冰雪、水质、水资源系统、遥感、大气-土壤-植被、示踪水文、水文统计 10 个科学委员会。

5.初期职业发展委员会

2017 年，IAHS 设立“初期职业发展委员会”，IAHS 对“初期职业”的定义为“取得博士学位未满 5 年的青年科学家”。IAHS 的关键职能在于代表水文学领域的青年科学家在 IAHS 执行局和各科学委员会中发声，在 IAHS 框架下创建并维护青年科学家网络，并与其他国际科技组织的类似委员会建立合作关系。

四、学术及沟通平台

IAHS 主要通过举办国际会议和发行学术产品来拓展其成员之间的学术联系。

1.召开国际会议

自 1982 年起，IAHS 每四年举行一次国际水文科学大会，以讨论水文科学领域最为关切的学术话题。IAHS 各科学委员会也根据工作需要召开学术研讨会。

2.发行学术产品

IAHS 的学术产品包括 1 种学术期刊和 3 个系列的丛书。其中，学术期刊是《水文科学杂志》（*Hydrological Sciences Journal*），3 个系列的丛书分别是《水文科学高质量论文集刊》（*Benchmark Papers in Hydrology*）、“红皮书”（收录学术报告）和“蓝皮书”（按不同学术主题出版的专著）。

五、资金筹措

IAHS 的经费来源主要是各成员缴纳的年度会费、发行学术产品的收入以及举办国际会议的注册费收入等，同时还接受社会捐赠。

国际太阳能学会（ISES）

国际太阳能学会（International Solar Energy Society，ISES）是一个国际性的非政府和非营利性科技组织，于 1954 年创立。作为世界上可再生能源领域最早和最具有权威性的国际科技组织，ISES 旨在不断增强各国决策者和社会公众对太阳能研究与应用的关注程度，以强化对这种绿色资源在日常生活中的使用，为全球可持续发展提供重要保障。目前，IESE 的成员来自于全球 110 多个国家及地区（其中有近 100 个公司及机构），覆盖了全球 30 000 多名太阳能及清洁能源领域的专家及工作人员，并在全球 50 多个国家建立了合作关系。

中国可再生能源学会于 1980 年 7 月加入国际太阳能学会。2008 年 9 月，中国可再生能源学会副理事长黄鸣当选为 ISES 副主席。次年 11 月，由 ISES 主办的“国际太阳能技术科学院落户中国太阳谷暨太阳能 3G 技术全球发布会”在中国“太阳谷”举行。ISES 时任主席莫妮卡·奥丽芬特为全球首个顶级太阳能科研机构——国际太阳能技术科学院揭牌，这标志着我国在太阳能研究领域新征程的开始。

国际太阳能学会（ISES）基本信息

中文名称	国际太阳能学会	英文名称	International Solar Energy Society
成立时间	1954 年	总部所在地	德国 弗莱堡
组织属性	非政府、非营利性组织	官方语言	英语
组织标识	ISES International Solar Energy Society		
官方网址	https://www.ises.org/		
关注议题	推动人类社会加速迈向可再生能源的世界；为全球可再生能源方面的科学家、教育家、从业者、政策决策者以及社会公众提供有关可再生能源及如何提升能源效能的最新、最可靠的科学信息，并构建必要的信息分享网络		

一、历史沿革

1954 年，一群工业领域、金融领域和农业领域的领军人物齐聚于美国亚利桑那州的凤凰城(Phoenix),成立了 ISES 的前身“太阳能应用协会”(AFASE)。至 1955 年，AFASE 的前两次重要会议分别在美国图尔胜（Tucson）和凤凰城举行，吸引了来自 36 个国家及地区的 1 000 多名科学家、工程师和政府官员。AFASE 的国际属性得到拓展。1963 年，来自太阳能领域的专家们一致决定，需要拓展学会的运作方式和目标范围，AFASE 完成了其第一次更名（太阳能协会），并获得了联合国经社理事会（ECOSOC）的认可。AFASE 于 1971 年正式更名为 ISES。ISES 于 1992 年获得联合国经社理事会的“咨商”地位，并于 1995 年将其总部所在地从澳大利亚墨尔本搬往德国弗赖堡。在其成立之初，ISES 更多地聚焦于如何直接利用太阳能，但随着可再生能源技术的不断发展，ISES 不断拓展其所关注的领域，不管是在科研方面还是在提高可再生能源市场接受率等方面，IESE 都发挥了极其重要的作用。

二、发展构想

ISES 的发展构想主要体现在 5 个方面：①进一步促进太阳能科学和技术的发展，以实现太阳能更为广泛的应用；②鼓励针对太阳能的基础性及应用型研究，促进太阳能设备部署在更为广泛的区域，完善针对太阳能产业发展的政策，拓宽促进太阳能研究和产业发展的经费来源渠道；③促进太阳能的利用效率和所有可再生能源的普及；通过开展系列教育及培训活动，为太阳能领域的学术人员和从业人员拓宽职业发展路径；④进一步推动有关太阳能产品和服务的商业性组织的发展；⑤进一步收集并分享有关太阳能的学术信息和行业信息，为太阳能领域的学术人员和从业人员持续提供有价值的信息。

三、组织架构

（一）成员类型

ISES 的成员类型有两种，分别是个人成员和企业成员。

1.个人成员

专业人士和学生可申请注册为 ISES 个人成员。个人成员又细分为“金牌成员”（终身制）、“银牌成员”（5 年）、“准专业成员”（1~4 年）。

2.企业成员

公司和机构可注册为 ISES 企业成员。公司类型不限，通常分为普通公司（拥有 20 名以上员工）和小型公司（少于 20 名员工）；机构则包括高校和非政府组织等。

（二）组织机构

ISES 的行政管理工作主要由董事会、执行委员会、国际总部、各区域委员会负责。

1.董事会

董事会是 ISES 的最高管理和决策机构。董事会由 5 名“ISES 官员”（包括 1 名主席、1 名前任主席、1 名副主席、1 名秘书长和 1 名财政官）、13 名由具有正式成员资格的成员选举出的董事会成员（包括 1 名由 ISES 青年委员会选举的代表、1 名由 ISES 企业成员选举的代表、11 名由 ISES 成员普选的代表）。ISES 董事会每年都会在其总部所在地德国弗赖堡召开会议，以讨论 ISES 未来几年的战略发展计划、年度预决算，以及选举协会领导等，ISES 可根据工作需要设立相关管理委员会，如提名委员会、评奖委员会等，以及按照相关科学议题设立的专题委员会。

2.执行委员会

ISES 执行委员会由包括 ISES 主席、副主席、财政官等 ISES 主要官员，以及国际总部的负责人和两名由执行委员会提名并得到董事会批准的代表组成。ISES 有权代表董事会作出决策草案，并在得到董事会批准以后，为 ISES 的运营提供总体指导。

3.国际总部

董事会将聘请一名高管负责管理 ISES 国际总部。该国际总部的职责将由 ISES 董事会制定，并将在董事会的指导下执行并推进 ISES 相关工作。国际总部的运作经费预算将由董事会决定。

4.区域委员会

ISES 区域委员会将在国家层面或区域层面开展工作，并拥有较高的自治权。ISES 鼓励其成员广泛参与各区域委员会的事务。根据《章程》，ISES 有权提名积极参与 ISES 事务的国际成员作为 ISES 董事会成员。区域委员会成立的前提条件是拥有至少 20 名国际个人成员。ISES 目前设立了 6 个区域委员会，分别是大洋洲委员会（澳大利亚和太平洋地区）、北美委员会（加拿大、墨西哥和美国）、南美委员会（阿根廷、巴西、秘鲁、其他拉丁美洲和加勒比地区）、亚洲委员会（中国、印度、日本、韩国）、非洲及中东委员会（南部非洲、埃及、以色列、伊朗和黎巴嫩）、欧洲委员会（奥地利、保加利亚、比利时、克罗地亚、塞浦路斯等）。

四、学术及沟通平台

ISES 学术活动主要包括召开国际会议、出版学术出版物等。ISES 还特别关注青年科研人员的职业发展。

1.召开国际会议

ISES 通过在世界各地面向不同的参与者召开不同规格的会议，以促进对太阳能的研究和分享最新的信息、行业趋势和政策等。会议包括两年一度的“世界太阳能大会”和各区域委员会组织的会议，以及在当下疫情环境下的在线会议。

2.出版学术出版物

ISES 的旗舰学术期刊是《太阳能》（*Solar Energy*）和《太阳能前沿》（*Solar Energy Advances*），涉及太阳能研究、开发、应用、测量或政策等多个研究议题。两种期刊均由爱思唯尔集团（Elsevier）出版,《太阳能前沿》是开源期刊。和其他主流国际科技组织一样，ISES 还设立了在线图书馆，根据不同议题组织了各类专业书籍。

3.关注青年科研人员的职业发展

ISES 还特别关注青年学术人员的职业发展，为青年学术人员提供了必要的专业学习网络（Young ISES）。该专业学习网络主要面向来自世界各地的太阳能领域和其他可再生能源领域的学生和青年学术人员。

五、资金筹措

ISES 的经费主要来源于各成员缴纳的年度会费、召开各类国际会议所取得的收入以及社会捐赠等。

国际天文学联合会（IAU）

国际天文学联合会（International Astronomical Union，IAU）成立于1919年，总部位于法国巴黎（成立地点为比利时布鲁塞尔）。IAU 致力于从多个方面促进天文学的发展。截至 2022 年 6 月，IAU 得到了 93 个国家的国家科学院和同等组织的支持，以及超过 12 000 名个人成员的支持，这些成员均是来自世界各地的博士及资深的天文学家。IAU 由学部（Divisions）、专业委员会（Commissions）、工作组（Working Groups）组成。IAU 的一项重要活动是在全球范围内组织各种层次的科学会议和出版专业性出版物。其他职能还包括定义基本天文常数和物理常数、天文术语，以及通过一些非正式方式讨论未来大型天文设备的设置。此外，国际天文学联合会大力支持国际科学理事会（ISC）制定的关于不歧视和科学普遍性的行动。

国际天文学联合会（IAU）基本信息

中文名称	国际天文学联合会	英文名称	International Astronomical Union
成立时间	1919 年	总部所在地	法国 巴黎
组织属性	非政府、非营利性组织	官方语言	英语、法语
组织标识	IAU		
官方网址	https://www.iau.org/		
关注议题	促进天文学协调性、包容性发展，推动天文学家间的交流与天文学知识的传播		

一、历史沿革

1919 年 7 月 18—28 日，当年的 11 个协约国 200 多名代表在比利时布鲁塞尔举行国际科学会议，正式成立国际研究理事会（IRC），取代了原先的国际组织——1899 年在德国威斯巴登成立的国际科学院协会（The Association International des Academies）。1919 年 7 月 28 日，通过了 IRC 的第一个章程。章程规定，联合会宗旨之一是“发起组建对科学有益的国际协会或联合会”。根据这一条款，国际天文学联合会与国际大地测量和地球物理学联合会（IUGG）、国际纯化学和应用化学联合会（IUPAC）同时成为世界上最早成立的三个国际科学合作组织。

早在 IAU 成立前，天文学家已经成立了许多类似的合作组织进行合作观测与研究。其中最主要的是国际太阳研究合作联合会，简称国际太阳联合会（International Solar Union，ISU）。ISU 成立于 1904 年，终止于第一次世界大战。通常将 ISU 视作 IAU 的前身。IAU 现今的章程更是简明规定，它是一个“非政府性国际组织，其宗旨是促进天文学各领域的发展”。

二、发展构想

《IAU2020—2030 战略计划》对 IAU 的发展愿景与战略目标进行了全面阐述，描绘了 IAU 的各项项目或计划是如何相辅相成实施的。该战略计划于 2019 年正式发布。

（一）主要工作领域

（1）促进天文学家之间分享天文学知识；

（2）协调专业性工作任务并与专业领域的其他领域进行互动；

（3）奖励、表彰在天文学领域的重大突破与卓越发展；

（4）在天文学发展中促进相互包容性；

（5）促进下一代天文学家和科学家取得进步；

（6）通过使用天文学促进全球发展；

（7）推动公众更多地接触天文学（天文学知识的普及化）；

（8）在学校层面利用天文学推动教学与教育发展。

（二）主要目标

（1）在全球范围内引领天文学的协调性发展，并促进天文学家之间交流与传播天文学知识；

（2）在每个国家促进天文学领域的包容性发展；

（3）促进将天文学用作每个国家发展的工具；

（4）通过获取天文信息和传播天文学科学，使公众参与天文学；

（5）鼓励在学校一级将天文学应用于教学与教育。

（三）各类型内设机构的主要工作职责

（1）IAU 执行委员会和各学部聚焦推动传播天文学知识，在培养下一代天文学家的同时，确保天文学发展。

（2）IAU 新兴的天文学家办公室（OYA）致力于在大学一级培训年轻天文学家。

（3）国际天文学联合会天文学促进发展办公室（OAD）致力于利用天文学促进全球发展。它力求充分利用天文学的科学、技术和文化联系以及对社会的影响，进一步将天文学用作发展的工具。

（4）国际天文学联合会天文学外展办公室（OAO）致力于与公众互动，提供获取天文学信息的渠道，并广泛传播天文学科学（天文学通信）。

（5）国际天文学联合会天文学教育办公室（OAE）重点提供培训和资源，以利用天文学促进从小学到高中的教学与教育（天文学和科学教育）。

三、组织架构

（一）成员类型

IAU 的成员包括国家成员（加入组织）、个人成员、初级成员（临时成员）、名誉成员。

1.国家成员

国家成员是能够代表主权国家专业天文学界的组织，旨在促进参与国际天文学发展，并支持 IAU 的发展目标，包括相应国家或地区的科学家加入 ISC（国际科学理事会）的组织，或国家级天文学会、天文学委员会、相关高等教育机构。国家成员以永久性、临时性或观察员身份加入联盟，成员资格最终由全体大会决定。根据章程，如果国家成员连续五年未缴纳会费，则自动暂停其成员资格。

2.个人成员和初级成员

个人成员是指活跃于天文学某些分支的专业科学家，可经执行委员会批准，以个人身份加入的成员。初级成员是取得了博士学位，并且在天文学的某些学科方向上的专业人员。处在职业初期的研究人员可经由执行委员会批准，以初级成员身份加入，但成员资格不超过 6 年。

（二）组织机构

IAU 的行政管理机构为全体大会和执行委员会，而有关学术事务管理则由各学部、专业委员会和跨专业工作组负责。

1.行政管理机构

（1）全体大会。

全体大会由国家成员、个人和初级成员组成。全体大会决定 IAU 的总体政策，包括批准《章程》和《管理细则》、选举执行委员会、任命常设财务委员会，并就全体大会之间的预算事项向执行委员会提供建议，批准预算和账目。

（2）执行委员会。

IAU 执行委员会由联合会主席、准主席、6 位副主席、秘书长和副秘书长组成。此外，主席、准主席、秘书长和副秘书长负责日常工作的指导，组成联合会官员团。根据新的章程，联合会官员仅由 IAU 主席、秘书长和副秘书长组成。其中秘书长和副秘书长组成秘书处，负责 IAU 所有事务（通信联系、档案、出版会刊等）及经费的管理。IAU 执委会每年至少举行 1 次会议。执委会在作决定时由投票的简单多数确定，但规定必须有半数以上的成员出席会议才有效。在发生紧急事务时，执委会的权力顺序依次为执委会会议或通信、主席、秘书长、任意一位副主席。

2.学术事务管理机构

为了正常开展学术交流活动，IAU按学科范围以及研究的持续性设立了3个层面的学术机构——科学学部、专业委员会和工作组，在不同的天文领域开展学术交流、合作观测与研究等活动。科学学部是IAU近20来年设立的机构，学部涉及的分支学科通常较大，目前有9个科学学部，每个学部下设专业相近的若干个专业委员会和跨专业工作组，如表1~表3所示。

表1　各学部和专业委员会设置情况

序号	学部	专业委员会
1	基础天文学	A1 天体测量学
2		A2 地球自转
3		A3 基本标准
4		A4 天体力学与天文动力学
5	设施、技术和数据科学	B1 计算天体物理学
6		B2 数据与文件
7		B3 天文情报学
8		B4 射电天文学
9		B5 实验室天体物理学
10		B6 天文光度法和偏光法
11	外延与传承	C1 天文教育与发展
12		C2 天文学科普
13		C3 天文学史
14		C4 世界遗产与天文学
15	高能现象与基本物理	D1 引力波天体物理学
16		D2 超大质量黑洞、反馈和星系演化
17	太阳和日光层	E1 太阳辐射与结构

续表

序号	学部	专业委员会
18		E2 太阳活动
19		E3 整个太阳圈的太阳影响
20	行星系统与天体生物学	F1 流星、陨石和星际尘埃
21		F2 系外行星和太阳系
22		F3 天体生物学委员会
23	恒星和恒星物理	G1 双星和多星系统
24		G2 巨星
25		G3 恒星进化委员会
26		G4 脉动星
27		G5 恒星和行星大气委员会
28	星际物质与当地宇宙	H1 本地宇宙
29		H2 天体化学
30		H3 行星状星云
31	星系与宇宙学	J3 再游离时期的星系

表 2　跨专业委员会

序号	跨专业委员会	所属学部
1	天体力学与动力学天文学	A，F
2	现有和潜在的观测站保护	B，C
3	宇宙恒星群	G，H，J
4	银河光谱能量分布	D，G，H，J
5	星系间介质	B，H，J
6	超大质量黑洞，反馈和星系演化	D，J
7	太阳系星历表	A，F

表 3　专业委员会工作组

序号	工作组	所属专业委员会
1	地球自转与验证理论	A2
2	历史射电天文学	B4
3	高精度恒星光谱	B5
4	分子的光谱和辐射数据	B5
5	现场保护	B7
6	技术工作组	B7
7	天文学校教育网络（NASE）	C1
8	天文教育理论与方法	C1
9	CAP 会议	C2
10	CAP 杂志	C2
11	专业化与认证	C2
12	公众宣传信息管理	C2
13	天文学科学传播研究	C2
14	约翰尼斯·开普勒	C3
15	天文遗产	C4
16	文艺复兴时期的古典天文台	C4
17	太空遗产探索	C4
18	流星雨命名法	E1
19	星系光谱能量分布	F1

四、学术及沟通平台

由于 IAU 是典型的矩阵式管理模式，无论是从学科方向分类，还是按地缘属性分类，均建立了有效的信息沟通、协同机制与渠道。IAU 的会议主要包括学部（Division）会议、围绕研究主题的探讨会、各专业委员会的会议、区域会议（Regional meetings）等，以及最为重要的全体大会。IAU 的学术产品类型也是极其丰富，包括研究报告、专著、学术会议纪要等，也包括学部、专业委员会的工作报告，以及每个季度发布的季刊等。事实上，从会议类型也可以看出，IAU 是具有典型的分散式领导特征的国际科技组织，每个学部具有相对较强的独立自主性，学术权力与行政权力进行了有效的配置。同时，各专业委员会之间又建立了有效的沟通渠道，确保了特定学科方向和跨专业学科方向工作的有效推进。

五、资金筹措

IAU 主要经费来源除了会费与捐赠以外，还通过引入商业化的模式开展资金筹措。IAU 与南非国家研究基金会共同成立了“天文发展办公室”（OAD），开展系统、计划的资金筹措工作。OAD 筹款途径包括：发布鲜明的筹款信息，吸引潜在的捐赠人；准备相关的筹资材料，例如小册子、演讲信息、网站平台；关注准捐赠者；确定并联系潜在的捐赠者；保留捐赠者信息记录，以备将来使用；评估以前的筹款活动是否成功；为相关的 IAU 利益相关者提供有关筹款程序和实践的培训课程。

国际土力学与岩土工程学会（ISSMGE）

国际土力学与岩土工程学会（International Society for Soil Mechanics and Geotechnical Engineering，ISSMGE）是一个国际性的非政府、非营利性科学组织，由土力学的奠基人、来自美国的泰尔扎吉先生（Terzaghi K.）于 1936 年创立。ISSMGE 是国际岩土工程界最有历史传统、影响最为广泛的学术组织，同时也是代表世界各地积极参与岩土工程事业的工程师、学者和工程开发商共同利益的专业机构。ISSMGE 是国际地质科学联盟（IUGS）的附属成员，同时还与国际地质工程学会联合会（FedIGS）、国际岩石力学和岩石工程协会（ISRM）、国际工程地质与环境协会（IAEG）保持着密切的合作关系。ISSMGE 目前拥有 90 个成员组织，涵盖了超过 20 000 名个人成员。

国际土力学与岩土工程学会（ISSMGE）基本信息

中文名称	国际土力学与岩土工程学会	英文名称	International Society for Soil Mechanics and Geotechnical Engineering
成立时间	1936 年	总部所在地	英国 伦敦（秘书处位于伦敦大学）
组织属性	非政府、非营利性组织	官方语言	英语 法语
组织标识			
官方网址	https://www.issmge.org/		
关注议题	促进土力学和岩土工程领域的工程师和科学家之间的国际协作，以持续强化岩土工程及其工程应用领域的知识产生与知识分享；进一步加强岩土学领域国际学术网络和学术平台的构建及完善		

中国土木工程学会土力学及岩土工程分会作为中国岩土工程界的代表，于 1957 年加入 ISSMGE。中国岩土工程领域的学者积极参与 ISSMGE 事务，在

ISSMGE 各专业委员会中担任职务。香港科技大学霍英东研究生院院长、英国皇家工程院院士吴宏伟教授曾任第 17 届 ISSMGE 主席（2017—2021 年），是该学会自 1936 年成立以来首位中国人担任主席一职。

一、历史沿革

ISSMGE 起源于 1936 年在哈佛举行的第一届国际土壤力学和基础工程会议（ICSMFE），当时共有来自 20 个国家的 206 名代表参会。为确保 ICSMFE 能够持续下去，专门成立了一个执行委员会，由泰尔扎吉（Terzaghi K.）担任主席、亚瑟·卡萨格兰德（Casagrande A.）担任秘书。由于第二次世界大战，第二届 ICSMFE 直到 1948 年才在荷兰鹿特丹召开。当时共有 596 名代表参会，ICSMFE 的影响力再次得到肯定。到 1953 年在苏黎世举行的第三届 ICSMFE 时，ICSMFE 作为一种常设机制宣告正式成立。ICSMFE 于 1981 年成立了指导委员会，以更好地迅速扩大其影响力。ICSMFE 于 1985 年成立了董事会。1997 年，理事会一致同意将 ICSMFE 更名 ISSMGE，以更准确地反映该学会的活动。ISSMGE 在战后进入快速发展的轨道，从 1957 年的 32 个成员协会和 2 500 名个人成员增加到 1977 年的 50 个成员协会和 11 500 名个人成员，到 1998 年的 71 个成员协会和 16 500 名个人成员，再到 2012 年的 90 个成员协会和 20 800 名个人成员。

二、发展构想

ISSMGE 致力于促进土力学和岩土工程领域的国际交流与合作，支持并组织开展国际学术交流活动，尤其是制定面向青年学者的学术提升计划，为青年学者拓宽学术职业发展道路提供必要资源；持续鼓励土力学和岩土工程学界丰富对研究成果的产出形式（主要是指多发表学术文章）；持续推动土力学和岩土工程领域术语和工作方法的标准化进程；确保学术思想的自由交流。

三、组织架构

（一）成员类型

ISSMGE 只有国家成员这一种成员类型，一个国家只能有一个学会参加。但两个或多个国家可由一个学会代表。根据 ISSMGE 的《章程》，ISSMGE 成员权利及义务包括：在当地及国际层面积极参与旨在促进岩土工程领域知识分享及其工程应用的倡议、支付年度会费、及时获取 ISSMGE 的各类信息。

（二）组织机构

ISSMGE 的行政管理事务主要由理事会、执行局、各区域学会负责；科学管理事务则由各专业委员会负责。

1.理事会

理事会是 ISSMGE 的最高决策机构，所有重大决策事项均需由 ISSMGE 理事会批准。理事会由 ISSMGE 主席、副主席、秘书长以及前任主席、由董事会任命的 3 名成员和由每个国家成员指定的两名代表组成。ISSMGE 理事会会议通常在国际土力学及岩土工程大会期间召开（每 4 年举行 1 次）。

2.执行局

董事会由 ISSMGE 主席、前任主席、副主席、秘书长以及由 ISSMGE 主席任命的 3 名个人成员群体代表。执行局的主要职能在于协助 ISSMGE 主席解释并执行由 ISSMGE 理事会作出的相关决议，并高效管理 ISSMGE 相关事务。执行局层面还设立了 6 个管理委员会，分别是评奖委员会、加入企业合伙人高管小组（Corporate Associates Presidential Group）、创新发展委员会、专业图像委员会、技术监督委员会、青年成员主席团（Young Member Presidential Group）。

3.各区域学会

ISSMGE 通过以下 6 个区域学会推进相关工作：非洲区域学会、亚洲区域学会、澳大拉西亚（Australasia）区域学会、欧洲区域学会、北美区域学会、南美洲区域学会。每个国家成员只能隶属于其中的一个区域学会。

4.技术委员会

ISSMGE 按照“基础研究”“应用研究”“社会影响”3 大主题，设立了 37 个技术委员会。在促进区域性的科学研究及应用方面，ISSMGE 设立了两个“区域技术委员会”，分别是欧洲区域技术委员会（ERTC，含 3 个分委会）和亚洲区域技术委员会（AsRTC，含 8 个分委会）。为促进跨学科研究及应用，ISSMGE 设立了 1 个“联合技术委员会”（JTC1）——“天然斜坡和滑坡”技术委员会。

四、学术及沟通平台

ISSMGE 开展的学术活动主要包括召开国际会议、出版学术期刊、开展教育培训活动、设立基金会等。ISSMGE 还特别提供对青年学者的支持。

1.召开国际会议

ISSMGE 召开的国际会议主要有 3 种类型：一是 ISSMGE 的旗舰学术会议——国际土力学及岩土工程大会，每 4 年举行 1 次；二是 ISSMGE 各技术委员会举办的国际学术研讨会；三是由各区域学会组织的区域性学术研讨会。

2.出版学术期刊

ISSMGE 的旗舰学术期刊是《国际地球工程案例史杂志》（*International Journal of Geoengineering Case Histories*），该期刊专注于地球工程实践。此外，为推动土力学和岩土学领域知识的体系化进程，以及持续促进学术研究的标准化，ISSMGE 开发了在线图书馆和术语库。

3.开展教育培训活动

ISSMGE 开展了面向不同人群的形式丰富的教育及培训活动，包括“ISSMGE 虚拟大学”（Virtual University）、短期培训课程（Short Courses）、视频讲座等。

4.设立基金会

ISSMGE 设立了基金会来支持世界各地的专业人员创新在土力学和岩土

工程领域的知识，拓展实践范围。

5.设立青年成员主席团

与其他国际科技组织如出一辙，ISSMGE 特别面向青年学者提供必要的支持，以促进青年学者之间能够分享知识并建立有效的交流网络，尤其是促进与 ISSMGE 领导层之间的交流。

五、资金筹措

ISSMGE 的资金主要来源于各国家成员所缴纳的年度会费和社会各界对 ISSMGE 基金会的捐赠。

国际土壤科学联合会（IUSS）

国际土壤科学联合会（International Union of Soil Sciences，IUSS）是一个国际性的非政府、非营利性科学组织，于 1924 年创建于奥地利维也纳，IUSS 于 1993 年成为国际科学理事会（ISC）的成员组织，目前拥有 80 多个成员国家及地区的协会，覆盖约 6 万名土壤学领域的科学家。IUSS 本身也是一个“伞状”组织，在全球范围内囊括了 6 个重要的区域协会。其中，1 个在亚洲（东亚和东南亚土壤科学学会联合会），3 个在非洲（非洲土壤科学学会、东非土壤科学学会、西非和中非土壤科学学会），1 个在拉丁美洲（拉丁美洲土壤科学学会），1 个在欧洲（欧洲土壤科学学会联合会）。

1979 年 1 月，中国土壤学会正式加入 IUSS。

国际土壤科学联合会（IUSS）基本信息

中文名称	国际土壤科学联合会	英文名称	International Union of Soil Sciences
成立时间	1924 年	总部所在地	奥地利 维也纳
组织属性	非政府、非营利性组织	官方语言	英语
组织标识			
官方网址	https://www.iuss.org/		
关注议题	促进土壤科学及其应用，促进从事土壤科学研究和应用的科学家之间的联系；激发科学研究的积极性，并促进相关研究成果的应用		

一、历史沿革

IUSS 的历史可追溯至“国际土壤科学学会”（ISSS）。ISSS 成立于 1924 年，主要由欧洲农业学家组成，这些农学家均对土壤分析和土壤分类的标准化方法感兴趣。在 1998 年 IUSS 改组以前，ISSS 总共组织了 16 次国际大会，其中 8 次在欧洲举行。在其 70 多年的发展历程中，ISSS 已经成立了多个专业委员会、小组委员会、工作组和常设委员会，基本覆盖了土壤研究与管理的所有方面，为推动土壤学研究提供了重要支撑。IUSS 成员数量从第二次世界大战后的约 550 名增加到 1998 年的 7 000 多名，其中近 60%的成员来自北美和西欧。值得注意的是，IUSS 在 20 世纪 60 年代和 70 年代绘制的《世界土壤图》产生了重要影响。此外，IUSS 还通过其发行的学术期刊及相关合作期刊，积极传播和发表科学成果。

二、发展构想

IUSS 的总体发展构想是建立一个全球性的合作网络，为所有致力于推动土壤学发展的科学家及学者提供一个自由交换学术信息、分享学术成果、具有较高开放性和包容性的国际平台。为实现这一愿景，IUSS 一致致力于促进土壤科学及其所有应用分支的协调发展，并为土壤学领域的科学家及学者开展相关科学活动提供必要支持。

三、组织架构

（一）成员类型

IUSS 的成员分为正式成员、个人成员、准成员、非正式成员、荣誉成员。

1.正式成员

代表一国及地区土壤领域的科学学会可以作为正式成员的身份加入 IUSS。每个国家只有一个组织可以加入。没有土壤领域科学学会的国家，可联合成立一个区域协会，并以区域协会的名义加入 IUSS，成为正式成员。

2.个人成员

个人可通过正式成员（国家成员组织）加入 IUSS 成为个人成员。IUSS 个人成员无需支付会员费，但可参加 IUSS 的全体大会及其他会议，有权通过正式成员（国家成员组织）接收 IUSS 的出版物。个人也可直接加入 IUSS，前提是其所在国家或地区没有 IUSS 的正式成员（国家成员组织）。

3.准成员

小型国家土壤科学学会，相关学科的学会或协会均可以准成员的身份加入 IUSS。但准成员没有表决权，也无权在理事会中指派代表。

4.非正式成员

支持土壤学研究的组织或个人可以非正式成员的身份加入 IUSS。非正式成员无表决权。

5.荣誉成员

荣誉成员由理事会推选。候选人须是土壤学领域的杰出科学家，并为 IUSS 做出过巨大贡献。

（二）组织机构

IUSS 的行政管理事务主要由理事会、主席委员会、执行委员会负责，科学活动则由学部及下设的专业委员会和工作组负责。

1.理事会

理事会是 IUSS 的最高行政机构，对 IUSS 的有效运行及发展负主要责任。理事会由 1 个执行委员会、每个正式成员指定的 1 名代表、3 名荣誉成员代表组成。理事会会议在 IUSS 全体大会期间举行，每个正式成员均可派出 1 名代表参加理事会会议，并拥有 1 票表决权。理事会的职能包括：任命秘书长和财政官；确定会费额度和 IUSS 的年度预决算；设立学部和专业委员会；为主席委员会和执行委员会制定框架性政策；从“主席选举常设委员会”提交的候选人名单中选出主席候选人；建立常设委员会并划定其权利范围等。

2.主席委员会

主席委员会由 1 名主席、1 名前任主席、1 名准主席、副主席、财政官组成。主席委员会的职能包括：根据理事会制定的工作指南，管理 IUSS 相关事务；监督 IUSS 的财务工作；面向成员组织提供通信刊物；保持与 ISC 的联系。

3.执行委员会

执行委员会由主席委员会、财政官，以及 IUSS 学部和常务委员会的主席组成。经 IUSS 主席同意，部门主席可将其执行委员会的权力下放给学部副主席或专门委员会的主席。执行委员会负责 IUSS 的所有与土壤学相关的科学活动，包括对学部内部治理的指导、拓展与其他国际组织的联络与合作，以及为推动科学方面的合作而采取的其他必要行动。值得注意的是，部门主席将每两年向执行委员会报告工作组的工作开展情况，而执行委员会也将根据具体的工作情况，决定是否维系或解散这些工作组。

4.学部

IUSS 相关科学活动以学部为基本的组织单位开展，而学部则是根据土壤学的学科方向而设立。学部由学部管理委员会负责管理，学部下设专业委员会和工作组。学部管理委员会由主席、第一副主席、第二副主席等人员组成。学部管理委员会直接负责相关科学计划的实施。

学部目前下设 22 个专业委员会及工作组。每个专业委员及工作组均负责一个特定的学科方向。每个委员会均应向学部主席报告其年度科学活动的开展情况。

四、学术及沟通平台

为促进全球范围内土壤学领域科学家及学者之间的沟通与交流，IUSS 开展了以下活动：组织并实施包括土壤科学大会在内的各类别的学术会议；在全球范围建立科学合作网络以促进土壤学的发展；持续加强出版与土壤学领域有关的学术资料；持续拓展与其他国际组织的合作关系；设立必要的计划以强化对土壤学领域特定方向的研究；构建土壤学研究领域的分类标准和数据库；在全球范围内奖励相关学者对推动土壤学发展所做出的卓越成就。值得注意的是，IUSS 尤其重视开展土壤学领域的教育活动，培养新一代训练有素的土壤科学家，包括面向中小学生制订土壤课程，丰富土壤学领域的课件资源，在高等教育（大学、理工学院）开发面向全球的土壤科学课程。

五、资金筹措

IUSS 的资金来源主要是会费收入、举办国际会议的收入，以及其他国际组织及社会捐赠。

国际外科学会（ISS）

国际外科学会（International Society of Surgery，ISS）是一个国际性的非政府、非营利性科学组织，于1902年创立。ISS是世界上外科领域最杰出的、最具声望的国际科技组织之一，代表着6个科学协会和世界上100多个国家的外科医生。ISS尤其重视加强世界各地特别是欠发达地区在外科领域的研究和教育培训活动，为促进人类共同福祉提供助力。ISS还与国际内分泌外科医师协会（IAES）等其他医学细分领域的国际科技组织建立了合作关系。

中国有多名知名医学工作者加入了ISS。

国际外科学会（ISS）基本信息

中文名称	国际外科学会	英文名称	International Society of Surgery
成立时间	1902年	总部所在地	瑞士 巴塞尔
组织属性	非政府、非营利性组织	官方语言	英语
组织标识	INTERNATIONAL SOCIETY OF SURGERY (ISS/SIC)		
官方网址	http://iss-sic.com/		
关注议题	如何深度发挥其在医学领域作为“伞状组织”的组织优势与资源优势，解决所有外科专业普遍关心的问题		

一、历史沿革

1850年之后，有效的外科手术发展起来，并且在接下来的70年里，外科手术发展成为最为活跃的医学分支，在欧洲、北美、南美、澳大利亚和日本先后成立了许多国家层面的外科学会。1902年，在比利时布鲁塞尔举行的外科医生大会上，在安托万·德佩奇（Antoine Depage）和他的团队倡议下，来自法国、德国和瑞士的医师学者决定建立一个国际外科学会，ISS 正式宣告成立。ISS 第一次国际大会于 1905 年在比利时布鲁塞尔举行。ISS 总部于 1980 年 1 月 1 日迁至瑞士。

二、发展构想

ISS 致力于打造外科领域的国际合作网络，构建广泛的学术网络，促进外科及其相关学科领域的知识和技术的创新与传播；进一步加强与其他医学领域国际科技组织的合作，尤其是持续促进医学教育的发展，包括开发在线课程、在当地组织培训班等。

三、组织架构

（一）成员类型

ISS 的成员分为 4 种，分别是个人成员、协会成员、参与成员（协会）、附属成员（协会）。

1.个人成员

个人成员主要是指那些接受过系统学术训练的医生或工作在医学领域的科学家，他们正在或曾经从事过与外科、麻醉学或生命科学相关工作。医学院在校学生也可申请成为 ISS 的个人成员。

2.协会成员

在得到 ISS 理事会批准的前提下，相关协会可以签署合同的形式，以协会成员的身份加入 ISS。该协会的所有个人成员将被视为 ISS 的个人成员，并拥有与 ISS 个人成员相同的权利。每个协会成员可委任 1 名代表作为 ISS 理事会的成员并拥有表决权。该名代表在 ISS 项目委员会（Program Committee）和期刊编辑委员会（Editorial Board of the Journal）同样拥有表决权。

3.参与成员

在得到 ISS 理事会批准的前提下，相关协会可以签署合同的形式，以参与成员的身份加入 ISS。参与成员可参加 ISS 所有相关活动，但其个人成员不享有在 ISS 框架下的成员权利。

4.附属成员

在得到 ISS 理事会批准的前提下，相关协会可以签署合同的形式，以附属成员的身份加入 ISS。该协会的所有个人成员将被视为 ISS 的个人成员，并拥有与 ISS 个人成员相同的权利，但在 ISS 相关会议或内设机构上无表决权。这是与“参与成员”最大的区别。

（二）组织机构

全体大会、理事会、执行委员会以及各专题工作委员会是 ISS 主要的行政管理机构。

1.全体大会

全体大会是 ISS 的最高决策机构，所有个人成员均可出席全体大会。全体大会每两年举行 1 次，与外科国际大会（Congress）同步举行。

全体大会的职能主要包括：审议主席工作报告、审议经费开支情况、选举相关官员等。ISS 秘书长（Secretary General）负责记录会议纪要，并与主席共同签署。

2.理事会

理事会是 ISS 的执行机构，负责处理 ISS 的行政管理事务，并就未在 ISS 全体大会上进行决策的相关工作事项进行决策。ISS 理事会由主席、准主席、前任主席、秘书长、财政官、4 名常任理事、每个协会成员派出的 1 名代表组成，均在理事会会议上拥有表决权。除了执行 ISS 全体大会所指定的工作任务以外，ISS 有权自行召集会议，决定理事会内部的工作安排，并有权决定指派特定的人员代表理事会开展工作。此外，理事会委托专业的行政管理办公室，在秘书长的监督下，完成 ISS 的日常管理工作。

3.执行委员会

ISS 执行委员会有权独立处理相关紧急工作。ISS 执行委员会由主席、副主席、秘书长、财政官组成。ISS 执行委员会每年将至少举行 4 次会议。

4.专题工作委员会

ISS 全体大会和 ISS 理事会可根据具体的工作需要，设立专题工作组，以针对性地推进某项工作。ISS 目前常设的专题工作委员会有 4 个，分别是提名委员会、项目委员会、期刊编辑委员会、学术委员会。

5.国家委员会

ISS 鼓励协会成员组建国家或地区分会,以协调协会在其所在地区的活动。每个分会可有一个国家代表、国家代表或区域代表。

四、学术及沟通平台

ISS 主要通过召开会议、出版学术出版物、开展教育培训这 3 个途径促进学术工作的拓展。

1.召开会议

除了外科国际大会（Congress）以外，ISS 还召开了形式多样的国际会议、学术研讨会等，以促进世界各国的医学工作者建立交流网络，促进知识和信息的分享。

2.出版学术出版物

《世界外科杂志》(*World Journal of Surgery*）是 ISS 的官方学术期刊。《世界外科杂志》为临床和实验外科、外科教育和外科护理领域提供了最为权威的信息。

3.开展教育培训

ISS 历来重视外科领域教育培训课程的开发，尤其面向发展中国家开发了一系列以实践为导向的线上课程，并通过举办短期培训班等形式，邀请知名专家教学，提升医学工作者的实践能力。

五、资金筹措

ISS 的经费主要来自各类成员缴纳的年度会费、举办国际大会和其他科学或教育活动所取得的收入以及出版学术出版物的收入，ISS 也接受社会捐赠或经费赞助。

国际微生物学联合会（IUMS）

国际微生物学联合会（International Union of Microbiology Societies，IUMS）是一个国际性的非政府、非营利性科学组织，于 1927 年创建于比利时布鲁塞尔。IUMS 自 1967 年起隶属于国际生物科学联盟（IUBS），于 1980 年成为独立的国际科技组织，并于 2005 年加入国际科学理事会（ISC）。IUMS 汇集了全球 40 多个国际科学联盟和协会以及 140 多个国家及地区的科学组织、学术社团和研究理事会，是世界上最大的科学组织之一。IUMS 致力于促进对微生物学知识的研究及应用。特别是在生物安全领域倡导全人类开展合乎道德和公理的研究与培训活动，以防止将微生物用作生物武器，从而保护公众健康并促进世界和平。同时，IUMS 还与联合国（UN）、联合国教科文组织（UNESCO）、世界卫生组织（WHO）、国际自然保护联盟（IUCN）等国际组织保持联系。

中国微生物学会于 1980 年正式加入 IUMS。1999 年 9 月在悉尼召开的 IUMS 全体大会上，曾毅院士当选为 IUMS 执行委员。

国际微生物学联合会（IUMS）基本信息

中文名称	国际微生物学联合会	英文名称	International Union of Microbiology Societies
成立时间	1927 年	总部所在地	比利时 布鲁塞尔
组织属性	非政府、非营利性组织	官方语言	英语
组织标识			
官方网址	https://www.iums.org/index.php		
关注议题	在全球范围内促进微生物问题的交流，尤其是促进和协调发达国家与发展中国家的微生物学家之间的科学活动		

一、历史沿革

IUMS 成立于 1927 年 4 月 28 日，首任主席是诺贝尔奖获得者、比利时布鲁塞尔巴斯德研究所所长朱尔斯·博尔代教授（Jules Bordet），来自 15 个国家及地区的 34 位从事微生物学研究的专业人员成为 IUMS 的初创人员。首届国际微生物学大会于 1930 年在巴黎举行。1970 年于墨西哥举行的第 10 届国际微生物学大会上，执行委员会决定创建 3 个分支组织，分别涉及细菌学、病毒学和真菌学领域。这 3 个分支组织成为 IUMS 的主体单位，在 IUMS 组织框架下拥有较强的自治权。

二、发展构想

从总体上看，IUMS 的发展愿景是促进微生物科学的全面发展，构建微生物学领域的全球学术网络，以提高全人类的共同福祉。这个愿景可细分为 4 个方面：①在全球范围内促进微生物科学的研究；②发起、促进和协调涉及国际合作的研究和其他科学活动；③通过召开国际会议、专题研讨会等途径，促进对微生物学领域相关问题的探讨，并面向所有从事微生物学研究的个人及组织提供其报告；④持续强化与其他国际组织的联系，完善全球合作网络。

三、组织架构

（一）成员类型

IUMS 成员分为正式成员、准成员、支持组织 3 类。前两类成员对所有学会或研究机构开放，前提是这些组织至少拥有 20 名微生物学家，且致力于通过开展相关活动推动微生物学发展（每年至少召开 1 次公开的科学会议）。

1.正式成员

正式成员将派出代表出席 IUMS 的相关活动，且拥有表决权，但需按自然年度缴纳一定数额的会费。每个正式成员（学会）将组建一个国家委员会，负责与 IUMS 保持联系，及时获取相关信息。

2.准成员

国家科学学会或国际科学学会可以准成员的身份加入 IUMS。准成员将致力于推动 IUMS 相关目标的实现，不参与 IUMS 的治理活动，也无需缴纳会费。

3.支持组织

支持组织主要是指工业制造公司、基金会等。支持组织将与 IUMS，共同推动 IUMS 目标的落地。支持组织不参与 IUMS 的治理活动，但有可能享有执行局赋予的特别权利。

（二）组织机构

IUMS 的主要行政管理事务由全体大会和执行局负责，而科学专业事务则主要由 3 个学部承担。

1.全体大会

全体大会每 3 年举行 1 次，与微生物学国际大会同期举行。全体大会将选举 IUMS 的相关官员，包括 1 名主席、两名副主席、1 名秘书长、1 名财政官、两名委员。全体大会有权根据行政事务或学术事务的要求，指导执行局成立相关学部或工作组。每个国家委员会均可派出代表出席全体大会，但代表数量根据各委员会所代表的微生物学家的数量确定，例如 500 名微生物学家以内是 1 名代表、500~3 000 名是两名代表、3 000 名以上则是 3 名代表。

2.执行局

执行局将根据全体大会的决议开展相关工作，并在得到全体大会授权的前提下，在两届全体大会之间就相关工作采取必要行动。执行局原则是每年举行 1 次会议，就相关工作进展进行讨论。

3.分支组织

分支组织均具有较强的自主权，能够在 IUMS 章程框架下自行制定章程。每个分支组织都成立了理事会和执行委员会，以高效开展相关工作。其中，任何正式成员均可派出代表参与理事会事务。各学部除接受 IUMS 的经费支持以外，还可自行筹措经费以开展相关工作。此外，IUMS 还根据微生物学不同的学科方向，设立了 14 个国际委员会（含专业委员会）和两个工作联盟，推动相关科学工作的开展。这些专业委员会或联盟不单独从属于某个学部。

四、学术及沟通平台

IUMS 的相关科学活动由 3 个分支组织、6 个专业国际委员会、8 个国际委员会、两个国际联合会进行。IUMS 主要通过召开国际会议、开展教育培训、出版学术刊物、荣誉评选等方式加强微生物学领域的沟通与联系。

1.国际会议

IUMS 每 3 年举行 1 次国际大会，每个分支机构、专业委员会、工作组均可按照工作需要组织会议。

2.开展教育培训

IUMS 正在实施一项面向发展中国家的微生物学领域的博士研究生、博士后研究员和各类专业人员的课程计划。IUMS 将定期就微生物学的某个方向或重要主题设立相关课程。

3.出版学术刊物

IUMS 目前出版了 3 种学术刊物和两种通信刊物。其中，学术刊物分别是《国际食品微生物学杂志》《世界微生物学与生物技术杂志》和《支原体病理学》；通信刊物是《国际食品微生物学规范委员会》和《国际系统与进化微生物学杂志》。

4.荣誉评选

IUMS 为在全球范围内表彰生物学家所做的巨大贡献，设立了两个奖项，分别是“阿瑞玛应用微生物奖”（Arima Award for Applied Microbiology）、“斯图尔特·穆德基础微生物学研究奖”（Stuart Mudd Award for Studies in Basic Microbiology）。

五、资金筹措

IUMS 的资金主要来自两个方面：一是正式成员按自然年度所缴纳的会费，会费的数额根据每个正式成员所在国家的微生物学领域的专业人员数量而定，最少每年 100 美元；二是召开微生物学国际大会所取得的相关收入，包括每个参会者所需缴纳的注册费。

国际消防协会联盟（CFPA-I）

国际消防协会联盟（Confederation of Fire Protection Associations - International，CFPA-I）成立于1986年，旨在通过国际层面的防火和防火防损来促进消防安全，现有20个国家的消防协会为其正式成员。中国消防协会在2004年10月成为CFPA-I正式成员，中国消防协会会长陈伟明曾任CFPA-I执行委员会委员和亚洲分会副主席（任期2017—2020年）。

国际消防协会联盟（CFPA-I）基本信息

中文名称	国际消防协会联盟	英文名称	Confederation of Fire Protection Associations - International
成立时间	1986年	总部所在地	埃及 开罗
组织属性	非政府、非营利性组织	官方语言	英语
组织标识	CFPA-I		
官方网址	http://www.cfpa-i.org		
关注议题	通过国际层面的防火和防火防损来促进消防安全		

一、历史沿革

CFPA-I的前身是1981年由十几个欧洲国家的消防协会发起成立的消防协会联合组织。该组织在1986年正式更名为国际消防协会联盟（CFPA-I）。目前，CFPA-I的成员组织已遍布亚洲、欧洲、非洲和美洲等20个国家。

二、发展构想

CFPA-I 的宗旨是在国际层面通过防火和防火防损促进消防安全。为实现这一目标，CFPA-I 开展的主要活动有鼓励成员之间就消防安全和其他与生命和财产保护有关的事项进行信息交流；推动成员之间开展项目合作；开展或委托消防安全领域相关研究；担任负责处理消防安全及相关问题的国家组织的国际发言人。

三、组织架构

（一）成员构成

CFPA-I 的成员资格只授予组织实体，而不授予个人，且每个国家只允许拥有 1 个成员资格。

1.正式成员

所在国安全机构或政府认定的该国主要的消防安全组织，或是被普遍接受的该国主要的消防安全组织。正式成员在 CFPA-I 中享有充分的参与权和投票权。

2.准成员

其他致力于解决消防安全和相关问题的非所在国安全机构或政府认定的主要消防安全组织。准成员组织应 CFPA-I 主席的邀请，可以出席和参加 CFPA-I 的业务会议，但没有投票权。

（二）组织架构

CFPA-I 的管理机制由成员大会、执行委员会和秘书处构成。

1.成员大会

成员大会为 CFPA-I 的最高决策机构。每个成员组织可以指定 1 名代表参加大会，也可指定第 2 名候补代表。但任何成员组织仅有 1 票表决权。成员大会的主要职责包括：审议执行委员会和其他委员会的年度报告和专题报告；审议联盟经费预算；审议和批准任何财务和预算安排；审批成员申请；选举联盟理事和执行委员会委员。

2.执行委员会

执行委员会成员包括联盟主席、副主席和司库以及北美地区代表 1 名、南美地区代表 1 名、非洲地区代表 1 名、欧洲地区代表 3 名和亚洲（包括大洋洲）地区代表 3 名。执行委员会的职能包括：审查成员申请，并向成员大会提出建议；定期向成员大会提交工作报告，必要时向大会提交特别报告审议。除联盟主席外，执行委员会其他成员的每届任期均为 3 年，可连选连任。主席的任期不超过两届，每届任期 3 年。同时，联盟主席须会讲英语，以便工作交流。

3.秘书处

秘书处成员由联盟主席聘任。秘书处负责协助主席开展行政管理事务，主要职能包括：执行成员大会、执行委员会和其他附属机构的决议；收缴财务款项，保管联盟所有资产和重要文件；协助司库履行其职责；受理成员入会申请，并提交执行委员会审查；为执行委员会起草联盟年度报告；提请执行委员会注意其认为可能影响国际消防安全事业的任何事项。

四、学术及沟通平台

CFPA-I 将成员按其所属地理区域和文化背景组合成立地区分会，以更好地处理各地区的消防安全相关事宜。目前，CFPA-I 设有亚洲（包含澳大利亚、中国、印度、韩国、马来西亚 5 个国家）、欧洲（包括丹麦、芬兰、法国、德国、意大利、挪威、塞尔维亚、西班牙、瑞典、瑞士和英国 11 个国家）和非洲（包括埃及、以色列和南非 3 国）等 3 个地区分会（另外 1 个成员为美国消防协会）。

五、经费筹措

CFPA-I 的运行经费主要来自成员会费。CFPA-I 的所有成员均需缴纳年度会费，其数额由执行委员会提议并报成员大会批准。2020 年会费标准为 750 美元/年。

国际信息处理联合会（IFIP）

国际信息处理联合会（International Federation for Information Processing，IFIP）是一个国际性的非政府、非营利性科学组织，于 1960 年在联合国教科文组织（UNESCO）的支持下创立，并拥有咨商地位。作为一个由信息与通信技术专业人员组成的国际科技组织，IFIP 旨在全球范围内促进信息与通信技术的学术发展与成果应用，以及促进信息与通信技术领域专业人员的学术职业发展，并持续增强其社会责任感。IFIP 目前拥有来自全球的 39 个国家成员以及国际信息与通信技术国际学会，代表着全球超过百万的信息与通信技术专业人员。此外，IFIP 还与联合国及其下设机构，以及许多其他国际科技组织建立起了密切的合作关系，以协同解决许多重大科学问题，助力实现联合国的可持续发展目标。

国际信息处理联合会（IFIP）基本信息

中文名称	国际信息处理联合会	英文名称	International Federation for Information Processing
成立时间	1960 年	总部所在地	奥地利 拉克森堡
组织属性	非政府、非营利性组织	官方语言	英语
组织标识	ifip		
官方网址	https://www.ifip.org/		
关注议题	基于专业性和对社会负责这两个基本原则，在全球范围内促进信息与通信技术的开发与利用；进一步促进各国家成员之间的合作，推动学术研究、技术开发与应用，进一步促进相关教育活动的开展，以及实现计算机与通信技术知识和信息的传播与交流		

中国电子学会作为国家成员代表积极参加 IFIP 的各项事务。其中，中国在 2000 年 8 月承办了第 16 届世界计算机大会（北京），哈尔滨理工大学计算

机学院徐晓飞教授曾于 2007 年当选 IFIP 企业互操作专业组（Enterprise Interoperability）副主席、华南师范大学计算机学院的赵淦森教授曾于 2015 年当选为云计算专委会（Domain Committee of Cloud Computing）副主席。

一、历史沿革

1959 年，联合国教科文组织（UNESCO）在巴黎举办了第一届信息处理国际会议（International Conference on Information Processing，ICIP）。这次会议被认为是 IFIP 的首次国际大会，会议讨论了计算机应用的重要性、在社会发展中的关键作用及潜在的发展机遇。在“电子数字积分计算机”*（ENIAC）的创始者霍华德·艾肯（Howard Aiken）的主持下，来自多个国家的专家开始在相关主题上建立国际合作关系，首先专注于理论概念等重要领域（事实上，IFIP 的第一个科学委员会“TC-1 理论研究”成立于 1959 年）。随着各个国家和学术组织越来越意识到正确使用信息通信技术对其社会和经济发展的重要性，IFIP 成员数量迅速扩大。自 IFIP 成立 60 多年来，其成员已从 14 个初创成员（1960 年）发展到现今的 48 个正式成员（国家成员）。同时，自 1960 年以来，IFIP 正式成员的代表共同举办了 100 余次正式会议，包括年度全体大会和理事会会议等，为应用通信技术解决人类共同面临的发展问题提供信息交流和知识分享的平台。

二、发展构想

IFIP 将通过进一步建立更为广泛的国际合作格局，持续推动、鼓励和参与信息技术的研究、开发与应用；打造更多的开放性、包容性国际学术交流平台，为各国家成员讨论和谋划涉及广泛国际利益的行动计划，从而进一步强化各国

* 电子数字积分计算机，全称为 Electronic Numerical Integrator And Computer（ENIAC）。ENIAC 是继“阿塔纳索夫-贝瑞计算机”之后的第二台电子计算机和第一台通用计算机，能够重新编程，解决各种计算问题，于 1946 年 2 月 14 日在美国研制成功。

家成员之间以及所有国家成员与 IFIP 的互动交流；在个人、国家机构、国际组织、相关学术组织之间创建一个自由的学术环境，并直接或间接地（通过各国家成员）促进更广泛的国际合作；更加聚焦发展中国家的发展需求，并以适当的方式帮助它们，以确保他们从信息技术的应用中获得最大收益；拓宽专业人员的学术职业发展道路，并在职业发展过程中充分融入高标准的道德要求和行为约束；组建专门机构以适时评估信息技术的应用对社会发展的影响范围和效度，进一步推动信息技术服务人类保护并获取更大的共同利益；进一步推动制定国际通行的标准，为推动信息技术的国际化发展和应用提供更强有力的基础支撑；为信息技术从业人员、信息技术的使用者及广大公众提供必要的教育和培训活动安排。

三、组织架构

（一）成员类型

IFIP 的成员分为 4 类，分别是国家成员、普通成员、非正式成员、荣誉成员。除荣誉成员以外，其余 3 类成员均拥有 1 票表决权。

1.国家成员

国家成员是 IFIP 最主要的成员类型。一个以信息和通信技术专业人员为其主要成员基础的一般性学术团体或一个团体的联合（协会或联合会）均可代表一个国家加入 IFIP，成为国家成员。根据 IFIP《章程》，这个一般性学术团体或一个团体的联合须代表这个国家信息和通信技术领域最广泛的专业人员。如果一个国家没有设立相关学术团体，则可通过科学院、大学或政府机构加入 IFIP。

2.普通成员

在不代表其所在国家的前提下，一个以信息和通信技术专业人员为其主要成员基础的一般性学术团体或一个团体的联合（协会或联合会）可以普通成员的身份加入 IFIP。这个一般性学术团体或一个团体的联合须覆盖这个国家信息和通信技术领域大部分专业人员。同时，任何国际科学组织或专业协会可加入IFIP成为普通成员，前提是这个国际科学组织或专业协会具有较大的国家影响力，并得到学术界的认可。

3.非正式成员

对于不够资格成为以上两类成员的相关科学团体组织可以非正式成员的身份加入IFIP。任何科学研究院、高校、政府机构或与政府相关的团体组织、国际科学组织或专业学会、联合国（UN）机构、信息与通信技术行业协会、跨国公司等均可以成为IFIP非正式成员。

4.荣誉成员

对于在促进IFIP目标和发展利益方面做出重大贡献的个人，可授予荣誉成员资格。

（二）组织机构

IFIP的行政管理事务主要由全体大会、理事会和执行委员会负责；科学事务则是由科学委员会和相关工作组负责。

1.全体大会

全体大会是IFIP的最高权力机构。所有类型的成员均可派出1名代表参加全体大会。能够参加全体大会的人员还包括IFIP所有官员、理事、各科学委员会和专家组的主席、“国家青年学者小组”（YIT）和“国际专业实践合作伙伴”（IP3）的主席。全体大会的职能包括：选举IFIP主席、4名IFIP副主席、荣誉成员、荣誉财政官等官员；设立各种分支机构（包括系列科学大会、科学委员会和专家组、核心研究领域委员会、常设委员会等）；确定IFIP的基本政策；听取并审议各分支机构的年度工作报告；审定IFIP相关组织的成员资格；决定是否与其他国际科技组织联合执行合作项目等。

2.理事会

理事由全体大会选举产生，包括1名来自IFIP科学委员会的现任主席、1

名国家成员的代表（由各国家成员联合提名）、1 名普通成员的代表（由各普通成员联合提名）、3 名来自成员组织的代表（由全体大会提名）、1 名由“国际专业实践合作伙伴”（IP3）提名的代表和 1 名由 IFIP 主席提名的代表。理事会负责管理 IFIP，并有权对所有除全体大会特别规定以外的事项作出决策，包括对 IFIP 相关基本政策的设定、审议《章程》和《管理细则》、审议 IFIP 成员资格、设立分支管理机构（除工作组外）等。

3.执行委员会

执行委员会由 IFIP 主席、副主席、准主席、准名誉主席、准荣誉财政官、前任主席等官员组成。执行委员会负责 IFIP 的日常管理事务，由 IFIP 主席负责召集并主持全体大会、理事会会议和执行委员会会议。

4.其他常设委员会

IFIP 旗下其他常设委员会有“技术大会”（Technical Assembly）、“财务委员会”（FC）、“出版委员会”（PC）、“活动管理委员会”（AMB）、“数字化平等委员会”（DEC）、“国际联系委员会”（ILC）、“章程和管理细则委员会”（SBC）、“成员接收委员会”（AC）、“服务表彰委员会”（SAC）、“提名委员会”（NC）、“成员及市场营销委员会”（MMC）、“成员协会大会”（MSA）、“奖学金选拔委员会”（FSC）。

5.科学委员会和工作组

IFIP 目前设立了 14 个科学委员会和 140 个工作组负责开展相关科学事务。此外，IFIP 还设立了“学科领域委员会”（Domain Committees），包括“云计算委员会”（2013 年）、“信息技术与灾害风险防范委员会”（2016 年）、“卫生信息学委员会”（2012 年）、“物联网委员会”（2017 年）。

四、学术及沟通平台

IFIP 主要通过召开国际学术会议、建立在线图书馆、出版学术出版物、设立荣誉体系促进信息与通信技术专业人员的学术联系。

1.召开国际学术会议

IFIP 每年组织 100 多场各种类型的学术活动，主要类型为学术会议。其中，最为重要的是“世界计算机大会”（World Computer Congress，WCC），每两年举办 1 次。WCC 是目前国际信息技术界唯一的一个综合性科技大会，被誉为信息技术界的奥林匹克。其他学术活动主要是由各科学委员会及工作组举办的小范围会议。

2.建立在线图书馆

IFIP 建立了专门的在线图书馆（IFIP Digital Library），收集了 2010—2017 年由斯普林格（Springer）出版的《信息和通信技术动态》（AICT）、《计算机科学讲义》（LNCS）、《商业信息处理讲义》（LNBIP）刊载的学术论文。

3.出版学术出版物

IFIP 每年约出版约 50 种专著，主要来自于相关学术会议的产出。IFIP 出版的学术期刊共计有 4 种，分别是《教育和信息技术》《计算机与安全性》《关键基础设施保护国际学报》《娱乐计算机》，均由斯普林格出版。

4.设立荣誉奖项

IFIP 目前设立了 4 大荣誉，分别是“艾萨克·奥尔巴赫奖”（Isaac L. Auerbach Award）、“IFIP 银奖”“IFIP 服务奖”和“IFIP 会士”（IFIP Fellow）。

五、资金筹措

IFIP 的资金来源主要是各成员缴纳的年度会费、出版物的收入、资金利息、捐款、项目盈利以及各分支机构开展活动的盈利。此外，IFIP 还接受社会捐赠。

国际药学联合会（FIP）

国际药学联合会（International Pharmaceutical Federation，FIP）成立于 1912 年，是一个代表药学实践、药学科学和药学教育的全球性、非政府组织。FIP 致力于通过其合作伙伴和广泛的药学和药学科学网络，推进药学实践和新兴科学创新，发展壮大药学队伍，支持药学事业的发展，满足世界卫生保健需求和期望。截至 2022 年 6 月，FIP 由 146 个国家或地区性药学组织以及众多学术机构成员和个人成员组成，代表着全球 4 000 000 药师、药学科学家和药学教育工作者。自 1948 年以来，FIP 一直与世界卫生组织保持正式往来。

中国药学会于 1947 年加入 FIP，1992 年经中国科协呈国家科委批准重返 FIP。目前，中国药学会、中国药科大学、天津大学等为 FIP 成员组织。2007 年，中国药学会在北京举办了第 67 届世界药学大会。

国际药学联合会（FIP）基本信息

中文名称	国际药学联合会	英文名称	International Pharmaceutical Federation
成立时间	1912 年	总部所在地	荷兰 海牙
组织属性	非政府、非营利性组织	官方语言	英语
组织标识			
官方网址	https://www.fip.org/		
关注议题	全球人人都能获得并受益于安全、有效、优质、可负担的药品和药学服务；支持药学实践、科研和教育发展，提升全球健康水平		

一、历史沿革

1910 年 9 月，第 10 届国际药学大会（International Congress of Pharmacy）

倡议将各国的药学组织、联盟及社会团体联合起来，成立一个国际性的药学组织联盟，并提议命名为“Fédération Internationale Pharmaceutique”，简称“FIP”。1912 年，FIP 在荷兰海牙正式注册，英文名称为“International Pharmaceutical Federation”，简称仍沿用“FIP”。

二、发展构想

FIP 的发展愿景是全球人人都能获得并受益于安全、有效、优质、可负担的药品和药学服务，组织使命是支持药学实践、科研和教育发展，提升全球健康水平。开展的业务主要有促进药师及药学科研人员在卫生服务领域发挥更大的作用；支持研究与设计各种方法，确保药品流通、供应及正确使用；协助各国药学组织促进本国药学学科发展；与其他国际性组织保持紧密合作；组织各分委会开展学术活动；组织召开 FIP 代表大会，支持与药学科学或药学管理相关学术会议的召开；推动国际药学信息交流；加强各国药学组织及人员的沟通与合作。

三、组织架构

（一）成员构成

FIP 的成员分为团体成员、观察员成员、个人成员、支持成员和名誉成员 5 种。

1.团体成员

代表药学实践工作者和药学科研人员的合法学术团体，同一国家可有多个学术团体成为 FIP 的成员组织。

2.观察员组织

有与 FIP 进行合作的意愿，但尚没有达到 FIP 成员组织标准的学术团体。FIP

可以接受来自任何国家的多个观察员组织。

3.个人成员

希望为 FIP 的发展做出贡献和支持的个人。

4.支持成员

愿意为 FIP 活动提供资助的非商业性组织或社会团体。

5.名誉成员

授予为 FIP 做出杰出贡献的个人。

（二）组织架构

FIP 的组织架构由理事会、主席团和执行委员会构成。

1.理事会

理事会是 FIP 的最高决策机构。FIP 的所有团体成员在理事会中均可以派出代表参会，并拥有代表权和投票权。FIP 的观察员组织和支持成员同样也参与理事会，但没有表决权。理事会成员还包括各专业委员会和主席团代表。

理事会的职责主要包括：选举 FIP 主席、副主席；任免主要官员；审议主席团报告、各委员会和其他通过主席团提交的报告；审议财务报告；确定成员组织会费标准；审议成员组织或观察员组织的入会申请；根据主席团的提议选举名誉主席；取消成员组织或观察员组织的成员资格；成立各专业委员会；修改组织章程；审议主席团关于解散 FIP 的提案等。

2.主席团

由 14 名通过选举产生的官员和 FIP 首席执行官（主席团当然成员）组成。14 名通过选举产生的官员包括：主席、药学科学秘书、药学实践秘书、FIP 教育委员会主席、前任主席、药学科学委员会主席、药学实践委员会主席、7 位副主席（其中，5 位副主席由理事会选举产生，1 位副主席由理事会从药学科学委员会提名的人选中指定，1 位副主席由理事会从药学实践委员会提名的人选中指定）。

主席团的职责主要有执行理事会的决定；协调理事会与执行理事会特殊任务

的个人或机构之间的关系；任命首席执行官；向理事会提出5名副主席职位候选人；确定FIP代表大会会址；向理事会提议成员组织的年度会费标准；为FIP做出重大贡献的人授予荣誉成员称号等。

3.执行委员会

执行委员会由主席、药学科学秘书和药学实践秘书组成。执行委员会负责准备、提议和协调FIP的所有活动，并将这些事项提交主席团。执行委员会首席执行官，除相应职责外，还负责FIP的所有人事和财务管理。首席执行官也是FIP所有内设机构的当然成员，但没有投票权。

4.学术机构

FIP学术机构主要包括药学科学委员会（Board of Pharmaceutical Sciences，BPS）、药学实践委员会（Board of Pharmaceutical Practice，BP）和各专业分会，负责本学科领域内的学术活动。

（1）药学科学委员会，致力于为药学科研者提供一个交流、合作及深入研究的国际性专业平台。开展的业务主要包括：推动药学科学事业的发展；培育新的药学科研领域；与卫生服务组织合作，为医疗卫生服务提供科研支撑；协助解决公共政策问题；鼓励与资助高质量的药学科学研究；支持与促进发展中国家的药学科学发展；组织国际性的药学科学论坛、会议与培训；向政府及管理机构争取更多的资助，推动药学科学研究发展等。

（2）药学实践委员会，致力于将全球药学实践领域的工作者组织起来，促进药学实践工作者、药物科学研究者与其他医疗服务专业人员的沟通与交流，提高医疗卫生服务的标准。开展的业务主要包括：研究安全有效的用药政策；拓宽药学实践者的继续教育范围；发现及奖励优秀的药学实践工作者；提升药师在医疗卫生服务工作中的影响力等。

四、学术及沟通平台

FIP将发布药学实践、药物科学以及相关领域的学术成果和最新动态作为优先事项，出版物主要包括：年度报告、内部通信、成员手册等，出版的期刊主要有《国际药学杂志》（*International Pharmacy Journal*）、《药学科学杂志》（*Journal of Pharmaceutical Science*），以及《药学教育》（*Pharmacy Education*）等。FIP 还开发有全球药物观察站（Global Pharmaceutical Observatory）数据中心，为其成员和合作伙伴提供相关专业信息；同时，还开发有 Atlas 平台，用于展示其成员组织的发展需求和优先发展事项等。

FIP 每年主办一次世界药学大会，每届参加人数达数千人，是世界药学领域的传统盛会。大会内容广泛，涉及药学科研、教育、实践等多个领域。

五、经费筹措

FIP 的运行经费来源主要包括会费，个人、社会、商业团体或其他机构的捐赠、捐助或遗赠以及举办的各类活动收益。

国际应用心理学会（IAAP）

国际应用心理学会（International Association of Applied Psychology，IAAP）于 1920 年在瑞士日内瓦成立，原名为“国际心理技术学会”，1955 年起改用现名。IAAP 以加强国际应用心理学家的工作联系与学术交流，促进心理学各应用领域的研究和发展为宗旨。目前，IAAP 拥有来自 80 多个国家的 3 000 多名成员，是拥有个人成员数量最多的国际性心理学学术团体。由 IAAP 主办的国际应用心理学大会是应用心理学领域重要的学术盛会，每 4 年召开 1 次。

国际应用心理学会（IAAP）基本信息

中文名称	国际应用心理学会	英文名称	International Association of Applied Psychology
成立时间	1920 年	总部所在地	瑞士 日内瓦
组织属性	非政府、非营利性组织	官方语言	英语
组织标识			
官方网址	https://iaapsy.org/		
关注议题	促进应用心理学在科学和实践层面的发展以及世界各地应用心理学家的交流		

一、历史沿革

IAAP 成立于 1920 年，是成立时间最早的国际心理学家专业组织。最初名称为“国际心理技术学会”（International Association of Psychotechnology）。1955 年改名为“国际应用心理学会”（International Association of Applied Psychology）。IAAP 自 1920 年在瑞士日内瓦举办第一届国际应用心理学大会（International Congress of Applied Psychology，ICAP）以来，已连续举办 29

届。在成立的前 50 年，尽管组织性质与业务范围都是国际性的，但 IAAP 主要由欧洲心理学家主导。1974 年，第 18 届 ICAP 在加拿大蒙特利尔召开，这是 ICAP 第一次在欧洲以外的地区举行。第 22 届 ICAP 在日本京都召开以后，IAAP 的活动中心开始发生进一步转变，逐渐走向全球。

二、发展构想

IAAP 的组织使命是促进应用心理学在科学和实践层面的发展，增进世界各地应用心理学家的交流。开展的主要活动包括：定期举办应用心理学领域的国际和地区代表大会，设立委员会或工作组就应用心理学领域的特定问题进行研究，印刷、传播专业出版物和相关信息。

三、组织架构

（一）成员构成

IAAP 的成员分为 5 类。

1.正式成员

面向有资格加入其所在国家或地区心理组织的心理学家开放。

2.会士

授予在应用心理学领域做出重大贡献的杰出心理学家。同时，会士还应满足 IAAP 正式会龄 4 年以上且拥有相关从业经历 10 年以上。

3.学生成员

面向学业表现良好的学生开放。

4.名誉成员

授予非心理学家但对应用心理学做出杰出贡献的个人。

5.联盟成员

通过协议或其他合作形式与 IAAP 建立关联的个人。

（二）组织架构

1.理事会

由主席、准主席、前任主席、秘书长、财政官以及其他表现良好的正式成员组成，人数为 24~45 人。理事会对 IAAP 的内部事务和财务拥有最终决定权。理事大会通常与国际应用心理学大会同步召开。理事的选举通常根据其科学成就、对 IAAP 的贡献并综合 IAAP 成员的区域分布等因素。

2.执行委员会

由主席、准主席、秘书长、财政官以及理事会批准的其他成员组成，是理事会的执行机构，负责管理 IAAP 日常行政事务。其中，主席和当选主席任期 4 年；离任主席任期两年，在上届国际应用心理学大会结束后的两年内结束任职；秘书长和财政官每届任期 4 年，可以连选连任。秘书长和财政官的任期通常错开，以使他们有两年的任期重叠。

3.专业委员会

IAAP 还设立了 18 个专业委员会，就心理学特定领域进行专题研究，分别为工作与机构心理学，心理评估与评价，心理与社会发展，环境心理学，教育、教学与学校心理学，临床与社区心理学，应用老年医学，健康心理学，经济心理学，心理学、法律与道德，政治心理学，运动心理学，交通运输心理学，应用认知心理学，心理学学生，心理咨询，专业实践和应用心理学史。

四、学术及沟通平台

由 IAAP 主办的国际应用心理学大会是应用心理学领域重要的国际会议，每 4 年召开 1 次。IAAP 会刊为《应用心理学：国际评论》（*Applied Psychology: An International Review*）和《应用心理学：健康与福祉》（*Applied Psychology: Health and Well Being*）。IAAP 还通过设立各专业委员会，就心理学特定领域进行专题研究。

五、经费筹措

IAAP 的经费来源主要来自成员会费，会费标准由理事会按照成员所居住国家的经济发展水平确定。2021 年的会费标准：来自高收入国家成员会费为 80 美元/年，中收入国家为 70 美元/年，低收入国家为 26 美元/年；学生成员为 15 美元/年。

国际营养科学联合会（IUNS）

国际营养科学联合会（International Union of Nutritional Sciences，IUNS）是一个国际性的非政府、非营利性科学组织，于 1946 年创建于英国伦敦。作为国际科学理事会（ISC）的成员组织，IUNS 目前拥有 85 个正式成员。IUNS 致力于通过促进营养学研究，助力提升人类的健康与福祉。IUNS 具有联合国经社理事会的咨商地位，与联合国粮农组织（FAO）、世界卫生组织（WHO）、联合国儿童基金会（UNICEF）开展了相关工作。IUNS 还与联合国大学（UNU）签署了合作协议，与联合国教科文组织（UNESCO）和国际食品科学技术联盟（IUFoST）建立了密切的合作关系，包括建立联合委员会和工作组等。

1984 年，中国营养学会以国家学会名义加入 IUNS。

国际营养科学联合会（IUNS）基本信息

中文名称	国际营养科学联合会	英文名称	International Union of Nutritional Sciences
成立时间	1946 年	总部所在地	英国 伦敦
组织属性	非政府、非营利性组织	官方语言	英语
组织标识			
官方网址	https://iuns.org/		
关注议题	关注当前全球所面临的共同的有关营养方面的问题，包括如何解决全球性的肥胖问题；儿童健康发展的先天性和决定性要素，这些要素对儿童生长早期阶段的影响及如何采取系统性干预；发展中国家的粮食和营养问题；面向营养学家的食品安全培训		

一、历史沿革

英国营养学会（British Nutrition Society）于 1946 年 7 月在英国伦敦举行了一次会议，来自 13 个国家及地区的 22 名研究人员参加了此次会议。这次会议讨论了关于组建一个全球性联合会的提议，标志着 IUNS 的成立。1948 年 10—11 月，IUNS 国际临时委员会会议在伦敦举行，会议讨论了章程和管理细则，并任命了一个仅由主席和秘书长组成的小型的执行委员会。IUNS 最初的功能主要是组织全球性的学术大会，随着其成员数量的不断增多，IUNS 的功能扩展到其他领域，成为全球营养学家沟通与交流的重要平台。IUNS 也是最早加入国际科学理事会（ISC）的成员组织之一。于此，IUNS 作为国际性独立科学研究组织的身份得到进一步确认，同时其经费状况也得到改善，一个真正全球性的学术网络得以建立。

二、发展构想

从总体上讲，IUNS 是在联合国的可持续发展框架下，通过加强营养学领域的研究，提升人类健康与福祉。IUNS 希望依靠全世界营养学家的共同努力，拓展营养学研究的范围和深度，促进营养科学的发展；通过构建一个全球性的学术网络，一方面在各相关国际组织之间构建一个信息交流网络，另一方面大力鼓励营养学家之间加强交流与合作，并通过现代通信技术手段，及时分享学术信息，向相关机构传播营养科学方面的知识，提升公众对营养学知识的关注度，尤其是提升公众对营养与健康之间关系的认识。

三、组织架构

（一）成员类型

IUNS 的成员分为正式成员和附属成员。

1.正式成员

正式成员主要是指国家成员，主要是一个国家通过其主要的营养学机构或其他科学组织加入 IUNS。每个国家只能有一个机构作为其代表加入到 IUNS，并需按照自然年度缴纳会费。

2.附属成员

IUNS 全体大会可根据其理事会的推荐，批准相关组织以附属成员的身份加入 IUNS。附属成员主要是面向国际性或地区性的营养学领域的各类组织。附属成员仍需按照自然年度缴纳会费。

（二）组织机构

全体大会和理事会负责 IUNS 的行政管理事务，相关委员会或工作组则负责 IUNS 的学术研究事务。

1.全体大会

全体大会是 IUNS 的最高决策机构，每 4 年举行 1 次。所有正式成员均可派出代表出席全体大会（1 名具有表决权的代表和不超过 5 名具有观察员身份的代表），附属成员无表决权但可派出不超过 3 名具有观察员身份的代表。全体大会的决策内容主要是来源于由各成员组织、委员会和工作组提交的相关议案。

2.理事会

理事会由 1 名主席、1 名准主席、1 名副主席、1 名秘书长、1 名财政官和 6 名理事成员组成。理事会每年将举行一次工作会议。理事会将根据全体大会的相关决议，负责实施相关活动或执行相关政策，同时也向全体大会作出的相关决策提供咨询，并就相关工作作出规划。

3.委员会及工作组

IUNS 目前拥有 9 个委员会及工作组。委员会及工作组主要是根据理事会决定的相关特定议题开展工作。理事会负责任命委员会及工作组的主席。委员会及工作组也将相互协同，落实跨学科方向的议题。工作组还将每年向秘书长提交工作年度进度报告，就有关资料的出版、发行和筹资等工作发表建议。

四、学术及沟通平台

IUNS 主要通过举办国际会议、出版刊物、与其他国际组织合作、荣誉评选等途径开展合作。

1.国际会议

国际会议主要是指营养学国际大会、理事会会议、各委员会及工作组举办的工作会议。就相关学术事务来看，IUNS 的工作单元是各委员会及工作组。委员会或工作组根据某个学科方向，就特定议题开展工作，包括设立研究计划、构建沟通平台等。

2.出版刊物

IUNS 旗下没有学术刊物，只有通信刊物。通信刊物主要介绍 IUNS 相关项目和各工作组工作的推进情况，以及就相关议题的研究报告。

3.荣誉评选

IUNS 的荣誉评选主要是面向那些来自于中低收入国家、对全球或某个区域作出重大贡献的个人。奖项目前包括“终身成就奖”“终身传奇奖”“IUNS 会士”。奖项评选的组织及实施均由 IUNS 理事会负责。

五、资金筹措

IUNS 的资金来源主要是会员费和国际大会的各项收入。IUNS 在其筹资工作指南中明确规定，欢迎所有可能的外部资金来源，但拒绝任何机构以提供资金的名义为其实现谋取商业利益的目的。

国际园艺科学学会（ISHS）

国际园艺科学学会（International Society for Horticultural Science，ISHS）成立于 1959 年 4 月，是一个由寻求国际合作的园艺家和园艺科学家组成的全球网络，致力于促进和鼓励园艺科学各个领域的研究和教育，并通过组织专题研讨会和世界园艺大会、出版学术出版物等方式促进园艺科学相关领域的国际合作和知识交流。成员资格面向对园艺科学感兴趣的研究人员、教育工作者、学生和园艺行业专业人士开放。ISHS 目前拥有超过 60 000 名个人、大学、政府机构、图书馆和商业公司等各种类型的成员，其中数千人作为个人成员加入，还有相当数量的非政府组织成员和约 50 个国家（地区）成员。

国际园艺科学学会（ISHS）基本信息

中文名称	国际园艺科学学会	英文名称	International Society for Horticultural Science
成立时间	1959 年	总部所在地	比利时 鲁汶
组织属性	非政府、非营利性组织	官方语言	法语、英语
组织标识			
官方网址	https://www.ishs.org/		
关注议题	促进和鼓励园艺科学各个领域的研究和教育；通过组织专题研讨会和世界园艺大会、出版学术出版物，促进园艺科学领域的国际合作和知识转移		

一、历史沿革

19 世纪以来，世界园艺科学家逐渐意识到加强思想和经验国际交流的必要性。1864 年，第一届国际园艺大会在比利时布鲁塞尔举行。1923 年，国际园艺大会委员会成立。1959 年 4 月，国际园艺科学学会在比利时正式注册，标志着国际园艺合作网络的初步建立。随着学会的不断发展，ISHS 根据园艺学不同的学科类别内设了众多部门，同时为了适应园艺科学和技术领域跨文化和学科的发展趋势，设立了不同的委员会和工作组，为高水平国际研讨会、座谈会和国际大会的召开提供保障。

二、发展构想

ISHS 致力于通过促进科学研究、教育、生物、生态环境、社会学和经济学等对园艺业产生影响的相关领域的国际合作，以推动园艺业的发展，开展的活动主要有定期组织国际园艺大会；举办园艺相关的国际研讨会和专题讨论会以及其他会议；根据园艺学不同学科类别，设立各专业委员会；拓展与其他政府和非政府组织的合作与交流；发布相关研究报告和科技出版物。

三、组织架构

（一）成员构成

ISHS 的成员资格面向个人、组织（机构）以及国家（地区）开放，具体分为以下几类。

1.国家（地区）成员

国家（地区）成员为经 ISHS 理事会认定的能够代表一个国家（地区）园艺水平的专业协会（组织）。国家（地区）成员目前缴纳的会费标准为 240 欧元/年。国家（地区）成员可以派出最多 3 名代表参加 ISHS 理事会会议，并可以申请组织 ISHS 认可的国际研讨会和其他会议，包括两年一度的 ISHS 理事会会议、一年一度的 ISHS 执行委员会会议和四年一度的国际园艺大会。

2.个人成员

成员资格面向对园艺科学感兴趣的研究人员、教育工作者、学生和园艺行业专业人士开放。目前，来自欧盟国家的个人成员会费标准为 95 欧元/年，欧盟以外的个人成员为 80 欧元/年。来自世界银行国家分类清单中除“高收入”和“中高收入”以外国家的个人成员，还将享有成员资格自动延长形式的特殊成员折扣。

3.学生成员

成员资格面向没有固定工作的全日制在校生开放。学生成员享有一定的会费折扣。目前来自欧盟国家的学生成员会费标准为 50 欧元/年，来自欧盟国家以外的学生成员为 40 欧元/年。

4.团体成员

成员资格面向园艺行业相关的组织（机构）、图书馆、ISHS 的行业合作伙伴等开放，会费标准为 240 欧元/年。

5.企业成员

成员资格面向开展与园艺相关的活动、具有全球或区域影响力并愿与 ISHS 开展合作的企业开放。

6.荣誉成员

授予对 ISHS 做出卓越贡献的个人成员，荣誉成员可以不缴纳会费。

（二）组织架构

ISHS 的组织架构主要由成员大会、理事会、管理委员会、执行委员会、专业分委会等组成。

1.成员大会

ISHS 的最高决策机构，主要职责包括选举理事会主席和理事，批准审议理事会提交的年度报告和财务报告，审批理事会推荐的荣誉成员资格等。大会法定人数不少于 75 人，每 4 年举行 1 次。

2.理事会

理事会由国家（地区）成员代表和来自非成员国（地区）的个人成员代表

组成。每个国家（地区）成员最多可任命 3 名理事会成员，但在理事会中只有 1 票表决权。非成员国或理事会认可的其他非成员国的个人成员可以通过简单多数的选举方式选举 1 名代表参加理事会会议，该代表在理事会中同样拥有 1 票表决权。理事会由至少 25 名拥有投票权的代表组成，每届任期两年，可连选连任。理事会通常每两年召开 1 次会议，职能包括：批准年度临时性账目，并将账目提交下届成员大会批准；受理管理委员会和执行委员会提交的各类报告；受理和批准包括财务预算在内的远期工作计划等。应 10 个有投票权的国家（地区）成员要求，理事会可以召开特别会议。

3.管理委员会

管理委员会由不少于 5 名、不超过 9 名成员组成，由理事会选举并经成员大会批准产生。成员大会授权理事会在大会闭会期间任命、解除或暂停管理委员会委员的职责。管理委员会负责学会的日常管理和财务管理，有抵押、处置学会资产的权利；负责制定成员大会、理事会和执行委员会会议议程；负责指导和授权执行委员会开展工作。学会主席兼任管理委员会主席。

4.执行委员会

由各专业委员会主席组成，由学会副主席担任执行委员会主席。执行委员会负责学会科技工作，并通过管理委员会向理事会报告工作。

5.专业委员会

专业委员会由承担学会科技工作的成员组成，必要时可成立专项工作组。专业委员会主席须经各专业委员会成员选举后经理事会批准后就任。专业委员会向执行委员会报告工作，由执行委员会通过管理委员会向理事会报告工作。成员大会授权理事会在大会闭会期间任命、解除或暂停各专业委员会主席的职责。

四、学术及沟通平台

ISHS 的主要活动是组织每 4 年 1 次的成员大会和国际园艺大会。成员大会通过组织科学论文报告和举办各类专题会议，为成员提供了交流思想的平台。每届国际园艺学大会除设有大会发言、专题研讨、墙报展示外，还会举办各类园艺博览会，是国际园艺学界规模最大的学术盛会，至今已举办 30 届。

ISHS 的出版物主要有季刊《园艺学杂志》（*Chronica Horticulturae*）、《国际热带水果学报——亚热带园艺》（*The International Journal of Tropical and Fruits—Subtropical Horticulture*）、《现代水果科学》（*Principles of Modern Fruit Science*）等期刊，以及各类会议论文集，同时还与德国园艺科学学会合作出版有《欧洲园艺科学杂志》。

五、经费筹措

ISHS 的运行经费主要来自成员缴纳的会费和订阅费以及出版物销售收入等，同时还接受外部赞助和捐赠。

国际展览联盟（UFI）

国际展览联盟（Union of international Fairs，UFI）于 1925 年在意大利米兰成立，总部位于法国巴黎。在 2003 年 10 月埃及开罗举办的第 70 届会员大会上，UFI 更名为全球展览业协会（The Global Association of the Exhibition industry），仍简称为“UFI”。UFI 是由展览会组织者和展览馆所有者组成的全球性协会，在展览业领域具有重要国际影响力。目前，UFI 在全球 82 个国家和地区拥有 796 个成员组织。

国际展览联盟（UFI）基本信息

中文名称	国际展览联盟	英文名称	Union of International Fairs
成立时间	1925 年	总部所在地	法国 巴黎
组织属性	非政府、非营利性组织	官方语言	法语、英语
组织标识	ufi The Global Association of the Exhibition Industry		
官方网址	https: //www.ufi.org/		
关注议题	促进和支持成员组织和展览业开拓合理的商业利益，促进展览会和贸易展览的自由开展		

一、历史沿革

1925 年 4 月，在欧洲知名的 20 个国际贸易展览会倡议下，UFI 成立。成立之初，UFI 的主要目标是促进欧洲国际贸易展览会间的合作，以振兴第一次世界大战后的国际贸易。1937 年，UFI 已拥有 33 个成员组织。由于第二次世界大战，UFI 的活动中断 10 年，1947 年恢复，总部从米兰迁至巴黎。战后，在国际贸易自由化的背景下，来自欧洲国家以外的贸易展览会相继加入 UFI。从 20 世纪 70 年代开始，在贸易全球化框架内，UFI 面临着促进发展中国家和工业化国家融入公平贸易经济的新挑战，并为新兴发展中国家加入 UFI 做出了积极努力。1991 年，UFI 拥有 153 个成员，遍布欧洲、亚洲、非洲、南美、北美和澳大利亚。由此，UFI 成功将来自五大洲的贸易展览会组织召集在一起，真正成为一个全球性组织。20 世纪 90 年代开始，随着东西方商业壁垒的缓解和电子通信的发展，UFI 通过开展广泛的教育研讨会，不断向其成员扩展服务。目前，UFI 的发展是通过巴黎总部和香港以及沙迦的地区办事处，促进和支持其会员和全球展览业的商业发展。

二、发展构想

UFI 的主要目标是代表、促进和支持其成员和展览业的商业利益。主要开展的活动：

（1）支持成员组织开展活动；

（2）以联盟名义代表其成员开展活动；

（3）维护成员组织利益，并协调有关国家当局批准所有被认为对实现这一目标有利的措施；

（4）采取一切有益行动，促进展览会和贸易展览的自由开展；

（5）开展与展览业有关的研究和宣传活动；

（6）组织开展各类大会、研讨会和培训计划；

（7）从技术角度协助（尤其是发展中国家和新兴经济国家）贸易和工业活动；

（8）收购与实现 UFI 目标相关的资产或房地产，购买或租赁实现其目标所需的房地产。

三、组织架构

（一）成员构成

UFI 仅接受团体会员，会员类型分为正式会员、准会员和临时会员这 3 类。

（1）正式会员：主要包括国际展览的组织者、展览中心的所有者或经营者、国家和国际展览领导协会，以及组织展览或运营展览中心的跨国公司的子公司。

（2）准会员：主要包括旅游业管理机构、为展览会和展览业提供服务和产品的供应商、交易会和展览会审计机构、专业展览出版社以及大学和教育机构等。

（3）临时会员：满足 UFI 成员资格，但由于特定原因尚未履行 UFI 规定义务的组织。

（二）组织架构

UFI 的组织架构由决策机构、区域分会和工作组组成。

1.会员大会

UFI 最重要的决策机构，拥有最终决定权，只有 UFI 的正式会员有权参会。

2.董事会

负责执行 UFI 会员大会做出的决定、制定 UFI 的重要政策和贸易展览会相关提案、修订内部规则和批准年度经费等。董事会最多由 60 名成员组成，每届任期 3 年。

3.执行委员会

由 UFI 主席、最多 5 位副主席、司库、秘书长、地区分会主席和专业委员会主席组成。除主席外，执行委员会的所有成员均具有副主席头衔。执行委员会负责制定 UFI 的常规政策，有权就 UFI 事务采取任何紧急措施（事后需获得董事会批准），负责解释联盟章程和内部规则。

4.专业委员会

由正式会员组织和具有准会员资格的成员组织组成，负责处理与其专业相关的区域和国际问题。每个会员委员会选举 1 名主席和 1 名副主席。专业委员会主席和副主席是 UFI 董事会的当然成员。

5.地区分会

目前，UFI 设有中东和非洲地区分会、亚洲和太平洋地区分会、拉丁美洲地区分会和欧洲地区分会。UFI 地区分会主要致力于就该区域感兴趣的话题开展交流和研讨，促进区域内成员合作。

四、学术及沟通平台

为了使 UFI 会员可以就共同的专业兴趣进行经验和专业知识交流，UFI 成立了会员委员会、人力资源管理工作组、数字创新工作组、行业合作伙伴工作组、营销工作组、运营与服务工作组、可持续发展工作组等专业工作组。同时，UFI 为提高交易会和展览会的质量，开展了面向教育展览业专业人士培训活动。UFI 还通过开展国际认证项目进行专业认证。此外，UFI 还设立了数字创新、人力资源管理、行业合作伙伴、营销、运营与服务、可持续发展等 6 类展览领域的奖项，以激励在相关领域取得成就的会员组织。

五、经费筹措

UFI 的经费来源主要是会员每年缴纳的会费（标准由 UFI 大会确定），入会费（由 UFI 大会每年针对成员类别确定），各类捐赠收入，UFI 财产和证券的利息收入，从事销售、赞助、广告、教育等服务和组织各类会议产生的收入等。

国际自动控制联合会（IFAC）

国际自动控制联合会（International Federation of Automatic Control，IFAC）是一个国际性的非政府、非营利性科学组织，于 1957 年创建于法国巴黎。作为在自动控制领域最具全球影响力、最具权威性的国际科技组织，IFAC 的宗旨是在理论和应用上促进所有领域的自动控制科学与技术的发展，包括工程领域、物理和生物学领域、社会和经济领域等。IFAC 还关注控制技术对社会的系统性影响，倡导应用自动控制技术解决人类面临的共同的社会挑战。此外，作为一个以国家组织为成员的国际性学术组织，IFAC 目前由 9 个协调委员会和 39 个科学委员会组成。

国际自动控制联合会（IFAC）基本信息

中文名称	国际自动控制联合会	英文名称	International Federation of Automatic Control
成立时间	1957 年	总部所在地	法国 巴黎
组织属性	非政府、非营利性组织	官方语言	英语
组织标识			
官方网址	https://www.ifac-control.org/		
关注议题	不论种族、宗教信仰、肤色或地理位置，IFAC 将一直致力于为从事自动控制和系统工程的学者加强相互协作提供平台支撑和政策框架，并促进他们在其专业领域内进行自由的学术交流，以应用自动控制学相关研究成果解决人类发展所面临的共同问题。IFAC 各科学委员会还根据其专业领域，单独设置了相关议题		

中国自动化学会是 IFAC 的发起者和首批成员之一。中国自动控制学界积极参加 IFAC 组织的相关学术活动，中国在自动控制学领域取得的成就也得到了 IFAC 的高度肯定。其中，中国自动化学会于 1999 年 4 月承办了 IFAC 第 14

届国际大会。在学术任职及获奖方面，我国自动控制界著名学者吕勇哉教授曾任 IFAC 第 15 任主席（1996 年—1999 年）；中国科学院系统科学研究所研究员张纪峰、北京理工大学自动化学院陈杰教授分别于 2016 年和 2019 年当选为 IFAC 会士（IFAC Fellow）。

一、历史沿革

1956 年 9 月，德国工程师协会（VDI）和德国电气工程师协会（VDE）在德国海德堡联合举办了一次重要的关于控制学领域的国际会议。当时来自美国、瑞士等 19 个国家的代表参加了此次会议。在此次会议上，美国科学家奥尔登堡（Oldenburger R.）提出了关于成立控制学领域国际学术组织的设想，并得到了所有与会者的一致同意。1957 年 4 月，临时委员会工作会议在德国杜塞尔多夫召开。会议决定将拟成立的国际组织定名为“国际自动控制联合会”，并制定了 IFAC 宪章。1957 年 9 月，第一届 IFAC 大会在巴黎召开。来自 18 个国家及地区的代表对 IFAC《章程》和《管理细则》进行了投票，并选举哈罗德·切斯特纳特（Chestnut H.）为第一任主席。目前，IFAC 已连续举办过 21 届国际大会。

二、发展构想

IFAC 希望在全球范围内创建一个包容、自由的学术交流环境，以进一步促进自动控制学界的学术繁荣；立足于自动控制学领域的学术前沿，组织和赞助更多的高质量国际会议，以持续促进自动控制技术的发展；进一步突出 IFAC 在自动控制技术研究方面的优势，持续打造具有广泛影响力的学术出版物；为自动控制学领域的工作者提供富有意义的奖励，以促进其职业发展；加强与社会的联系，将自动控制领域的研究成果应用于社会发展之中。

三、组织架构

（一）成员类型

IFAC 只有国家成员（National Member Organizations，NMOs）一种成员类

型。任何一个关注自动控制领域发展的国家，且这个国家拥有较好专业背景及学术积累的科学组织或工程组织，或由多个类似组织组成的国家级科学理事会，可以国家成员的身份申请加入 IFAC。国家成员需围绕 IFAC 的发展愿景推动各自国家自动控制学的发展。国家成员又细分为 3 种类型，除了普通的国家成员以外，还包括“减免成员费”的国家成员（Reduced-fee）和“入门”国家成员（Introductory）。前者主要是指国内生产总值和人均国内生产总值排名全球前 50 名以外的国家；后者主要是指在过去 3 年中没有相关科学组织加入 IFAC 的国家。相对于普通国家成员，这两种类型的成员在 IFAC 中的权利都受到了限制。

（二）组织机构

IAFC 的行政管理事务主要由全体大会、理事会负责；科学事务则是由协调委员会领导下的科学委员会负责。

1.全体大会

全体大会是 IFAC 的最高决策机构，与 IFAC 国际大会同期举行（每 3 年 1 次）。除了“入门”国家成员以外，其他类型的国家成员均可派出代表参加全体大会，且均拥有 1 票表决权。全体大会的职能包括：选举理事会成员、审议理事会工作报告、审议年度预算和决算等。

2.理事会

IFAC 理事会将负责 IFAC 的直接管理工作，并对 IFAC 全体大会负责，包括督导各协调委员会和科学委员会的工作情况，以及向 IFAC 全体大会报告联合会的工作进展等。理事会由 1 名 IFAC 主席、1 名准主席、4 名副主席、前任主席、12 名理事（来自国家成员）和其他相关官员组成。理事会下设 3 个负责学术管理事务的部门（Boards）和 1 个负责行政管理事务的执行委员会（Executive Committee）。这 3 个行政部门分别是科学事务部门（Technical Board）、会议事务部门（Conference Board）、出版事务部门（Publication Board）。每个行政部门的主席由 IFAC 副主席兼任。执行委员会下设“评奖委员会”“成员管理委员会”“活动基金委员会”“杰出讲师计划委员会”“多元化与融合委员会”，分别负责具体的行政管理事务。

3.协调委员会与科学委员会

IFAC 具体的科学事务管理工作由科学事务部门（Technical Board）和协调委员会（Coordinating Committees）负责。每个协调委员会均由多个科学委员会组成。IFAC 按照“理论”（Theory）、“技术”（Technology）、“应用”（Application）3 个范畴，按照 9 个学科大类及工作方向设置了 9 个协调委员会（包括系统与信号、设计方法、网络物理制造企业等）。这 9 个协调委员会又下设了 39 个科学委员会，负责建模和信号加工、自适应和学习系统、计算机控制等领域的科学研究事务。

四、学术及沟通平台

IFAC 通过召开国际学术会议、构建荣誉体系、出版学术期刊等途径持续拓展 IFAC 的国际学术影响力。

1.国际学术会议

根据 IFAC《2017—2020 工作年报》，IFAC 每年约举办 40 场各种类型、面向不同学术人员的国际学术会议、研讨会等。其中最重要的当属自 1960 年开始举办的每 3 年 1 次的 IFAC 国际大会，每次吸引全球超过 5 000 名自动控制学领域的专家学者出席，会议论文数量也逐年攀升，是自动控制学界最重要的国际盛事。

2.设立荣誉奖项

IFAC 目前设立了 6 大荣誉奖项，分别是“乔治·夸扎奖章”（The Giorgio Quazza Medal）、“纳撒尼尔·尼科尔斯奖章”（Nathaniel B. Nichols Medal）、“曼弗雷德·托马奖章”（Manfred Thoma Medal）、“工业成就奖”（Industrial Achievement Award）、“高影响力论文奖”（High Impact Paper Award）、“IFAC 会士”（IFAC Fellow Award）。其中，“IFAC 会士”旨在授予在 IFAC 所关心的

领域中做出杰出贡献的科学家、工程师、技术领导者或教育家，每 3 年评选 1 次，目前全球范围内共有 207 位学者获此荣誉。

3.出版学术期刊

IFAC 目前旗下出版的刊物主要有《自动化》(*Automatica*，爱思唯尔出版集团旗下学术期刊，创刊于 1963 年，是控制领域的顶级期刊)、《控制工程实践》《控制年鉴》《过程控制》《人工智能的工程应用》《机电一体化》《非线性分析：混合系统》《IFAC 系统与控制》。此外，IFAC 还发布涉及重要科学议题的研究报告、各科学委员会及工作组的工作报告、信息手册等。

五、资金筹措

IFAC 的收入主要包括由国际成员支付的年度会费和 IFAC 旗下期刊的版面费收入。

世界道路协会（PIARC）

世界道路协会（World Road Association，PIARC）是一个专门从事公路设施的规划与管理，公路设施的设计与施工，公路设施的运行、安全和维护等方面的信息交流的非营利、非政府性的国际科技组织，于 1909 年创立。PIARC 是世界公路领域以交流和传播公路技术知识和信息为主要内容的最具权威、影响最大的国际科技组织。在其 100 多年的发展历程中，PIARC 一直致力于促进在道路建设技术的发展，推动道路运输领域的知识和政策交流。截至 2022 年 6 月，PIARC 在全球拥有 124 个政府成员，拥有联合国经社理事会授予的咨商地位。

世界道路协会（PIARC）基本信息

中文名称	世界道路协会	英文名称	Permanent International Association of Road Congresses
成立时间	1909 年	总部所在地	法国 巴黎
组织属性	非政府、非营利性组织	官方语言	英语、法语、西班牙语
组织标识			
官方网址	https://www.piarc.org/en/		
关注议题	进一步在全球范围内促进在道路及道路运输领域的国际交流与合作，促进对涉及交通领域的所有议题的广泛分析与讨论；探索、发展并分享具有借鉴意义的实践活动，进一步拓宽各类信息的国际分享；进一步关注发展中国家及处于转型期的国家的发展需求；进一步促进涉及道路及道路运输领域的决策工具的开发及应用		

1979 年经国务院批准，中国公路学会以集体成员的身份加入 PIARC。1983 年，参加单位由中国公路学会改为交通部公路司，以政府成员的身份加入 PIARC。自加入 PIARC 以来，中国道路领域的专家学者积极加入 PIARC 设立

的技术委员会或工作组，为道路领域的术语更新和标准制定注入中国智慧。

一、历史沿革

PIARC 成立于 1909 年，由法国政府倡议设立，其总部位于法国巴黎。PIARC 前身为“道路大会常设国际协会”（Permanent International Association of Road Congresses，PIARC）*。虽然目前已经改名，但缩写仍然使用的是 PIARC 及其相关组织标识。自成立以来，PIARC 一直秉持公开、客观和公正的价值观，力求为各成员组织提供高效优质的服务，高度尊重不同的道路运输需求和现实条件，为处于各个发展阶段的国家及地区提供可持续性的和健全的道路建设乃至经济发展方案，促进其综合交通网络的发展和提高土地的利用率。

二、发展构想

根据《PIARC 2020—2023 战略计划》，PIARC 将在 3 个方面发挥更具有建设性的作用：①进一步提高 PIARC 服务其各类成员需求的能力，提升相关工作的灵活性；②产出一批更具有应用价值的研究成果，进一步强化相关研究成果的高质量导向及其产出效率，以及促进相关研究成果形式的多样化及提升其附加值，持续提升 PIARC 在道路领域的知名度和话语能力；③进一步打通各技术机构之间的沟通渠道，促进道路知识的体系化和互通性，尤其在研究过程中结合跨领域的、前沿的现实问题。

三、组织架构

（一）成员类型

PIARC 的成员分为 5 种类型，分别是政府成员、地区成员、集体成员、个人成员和名誉成员。每类成员所拥有的权利不同。

---

* 世界道路协会目前的简称就是使用 Permanent International Association of Road Congresses 的缩写“PIARC”。

1.政府成员

各国政府在公开、正式地声明其加入 PIARC 的意愿之后，PIARC 将根据相关评估程序决定是否批准其加入 PIARC。政府成员需缴纳年度会费；政府成员至少可派出两名代表到 PIARC 理事会任职，并可提名数名人员到 PIARC 技术委员会及相关机构任职。此外，PIARC 鼓励各政府成员成立国家委员会（National Committees），或数个政府成员组建区域委员会，以更好地与 PIARC 保持积极互动。

2.地区成员

相关国家（包括联邦制）的最高级别的地区当局，在公开、正式地声明其加入 PIARC 的意愿之后，PIARC 将根据相关评估程序决定是否批准其加入 PIARC。地区成员需缴纳年度会费，可提名至少 1 名人员到 PIARC 技术委员会任职。

3.集体成员

集团成员的覆盖面较广。来自国家或地区范围内的行政自治单元（包括省、市、县等）、与道路建设和道路运输相关的管理机构、科学和技术协会、高校、公共服务机构、私营部门等均可申请加入 PIARC。集体成员需缴纳年度会费。

4.个人成员

任何对道路和道路运输感兴趣的个人均可申请加入 PIARC，个人成员需缴纳年度会费。

5.名誉成员

名誉成员的授予是为了表彰那些为 PIARC 做出巨大贡献或在道路建设或道路运输相关领域取得重大成就的个人。名誉成员的授予需得到 PIARC 理事会成员 2/3 的投票通过。

（二）组织机构

PIARC 的行政管理事务主要由理事会、执行委员会负责；科学事务则是由科学委员会和工作小组负责。

1.理事会

理事会是 PIARC 的最高权力机构，每年举行至少 1 次会议。PIARC 理事会由政府成员代表、PIARC 前任主席、名誉主席、名誉副主席和名誉成员、前执行委员会成员、世界道路大会（WRC）和国际冬季道路大会（International Winter Road Congress）主席和秘书长、PIARC 国家委员会的代表组成。理事会的职能包括：审议 PIARC《章程》的变更；选举 PIARC 主席、3 名副主席和其他执行委员会的成员（每 4 年选举 1 次）；选举 3 名 PIARC 内部审计师；审议 PIARC 秘书长的任职资格；确定 PIARC 成员类别及审议新加入成员的资格；任命名誉主席和名誉成员；审议 PIARC 一般政策、战略计划等文件，以及 PIARC 年度预决算，审议由执行委员会提交的年度报告，制定 PIARC 的内部治理规则等。

2.执行委员会

在 PIARC 理事会的授权下，PIARC 执行委员会直接负责相关行政管理工作。执行委员会每年举行至少两场会议。执行委员会由 1 名主席、1 名前任主席、3 名副主席、13~22 名执委，以及 1 名由 PIARC 国家委员会大会选举的代表组成。执行委员会下设了 3 个常设管理委员会，分别是“战略计划委员会”“财务委员会”和“沟通联系委员会”。执行委员会的职能包括：识别一段时期内道路和道路运输领域新出现的问题并制定应对策略；监督战略计划的制定和修订；根据每个战略性议题设立相应的技术委员会，划定其职权范围并指定 1 名主席；促进 PIARC 内部与外部沟通的畅通性；关注有关发展中国家和处于转型期的国家相关道路政策的落实情况；支持秘书长开展相关日常工作等。

3.科学委员会

PIARC 根据“道路管理”“可移动性”“安全及可持续性”“高适应性基础设施”4 个学术议题设立科学委员会及其专题工作组。其中，在“道路管理”议题下共计设立了 5 个科学委员会 1 个工作组；在“可移动性”议题下共计设立了 4 个科学委员会和两个工作组；在“安全及可持续性”议题下共计设立了 4 个科学委员会和 1 个工作组；在“高适应性基础设施”议题下共计设立了 4 个科学委员会和 1 个工作组。此外，在 PIARC 秘书长的指导下，PIARC 设立了两个跨学科工作组，分别是“术语委员会”（Committee on Terminology）、“道路统计委员会”（Road Statistics Committee）。

四、学术及沟通平台

为促进道路及道路运输领域的学术沟通与交流，PIARC 目前已出版线上“道路词典”，以促进道路及道路运输领域术语的标准化进程；发布 PIARC 内部通信读物，介绍道路领域相关技术的发展情况；出版各类技术操作手册，目前已出版 4 本，涉及道路资产管理、道路安全、道路隧道等；出版涉及各类主题的技术报告，目前已出版 65 本；举办 4 年 1 次的冬季及世界道路大会，汇集各行各业的学者专家、技术人员，分享知识与经验。

五、资金筹措

PIARC 的经费主要来源于各成员缴纳的年度会费、与相关组织合作所产生的盈利性收入、学术出版物的订阅费和相关产品的销售收入。

世界公共卫生联盟（WFPHA）

世界公共卫生联盟（World Federation of Public Health Associations，WFPHA）成立于1967年，由世界各国公共卫生学会组成，致力于促进全球公共卫生事业发展。WFPHA享有联合国经社理事会咨商地位，是世界卫生组织重要的合作伙伴。目前，WFPHA拥有约130个成员组织，代表了全球约5 000 000公共卫生专业人士。

中华预防医学会于1998年以完全成员身份加入WFPHA。2000年，中华预防医学会和中国预防医学科学院联合承办了第9届WFPHA世界公共卫生大会。自2009年起，中华预防医学会还承担了WFPHA亚太区联络办公室秘书处的工作。2020年，在第54届WFPHA全体大会上，中华预防医学会副会长兼秘书长梁晓峰当选WFPHA执委（2020—2023年）。

世界公共卫生联盟（WFPHA）基本信息

中文名称	世界公共卫生联盟	英文名称	World Federation of Public Health Associations
成立时间	1967年	总部所在地	瑞士 日内瓦
组织属性	非政府、非营利性组织	官方语言	英语
组织标识	WFPHA World Federation of Public Health Associations		
官方网址	https://www.wfpha.org/		
关注议题	倡导健康公平和全球政策以改善人口健康，发展和推动公共卫生实践、教育、培训和研究事业		

一、历史沿革

1967年5月，在第20届世界卫生大会期间，32个国家的公共卫生协会代表共同推动创立了 WFPHA。1971 年，WFPHA 被世界卫生组织批准为非政府组织。1972 年，WFPHA 与联合国经社理事会建立正式联系。2010 年，WFPHA 秘书处由美国华盛顿特区转移到瑞士日内瓦。

二、发展构想

WFPHA 的宗旨是保护人类、预防疾病并促进人类的健康和福祉。开展的活动主要有

（1）为非政府卫生组织提供交流平台，以更有效地开展相互合作，同时促进非政府卫生组织与官方卫生机构的合作，以改善个体和社区的健康状况。

（2）鼓励和协助成立国家公共卫生协会，并支持各国现有公共卫生协会建设。

（3）收集和分析关于公共卫生战略的相关信息，并通过组织各类会议和发行出版物，交流传播相关信息，以推动公共卫生战略实施。

（4）通过制定和推广各类政策文件影响国际公共卫生政策。

（5）协调和促进成员组织合作开展项目、服务和研究。

（6）促进各国公共卫生协会为公共卫生工作者开发适当的教育和培训标准，提高公共卫生工作者的工作效率和效力，进而提升他们的社会地位。

三、组织架构

（一）成员构成

1.完全成员

成员资格面向与公共卫生有关的多学科、全国性非政府组织开放。WFPHA 可以接纳来自同一国家的多个组织为其正式成员。但每个国家在 WFPHA 仅有 1 票表决权，通常由来自同一国家的各组织协商取得一致意见。

2.准成员

成员资格面向满足 WFPHA 部分但非全部成员资格条件的国家级协会或组织

开放。确定某一组织是否具备正式成员资格由 WFPHA 理事会酌情决定。准成员的成员资格每 3 年更新 1 次，须按期缴纳会费，但没有投票权。

3.区域成员

来自 3 个及以上国家的公共卫生协会或来自同一地理区域的公共卫生协会可以联合成立区域联盟，并被 WFPHA 接纳为区域成员。区域成员应在其区域范围内致力于推动 WFPHA 组织目标的实现。区域成员不向 WFPHA 缴纳会费，也没有投票权。WFPHA 在全球设立了非洲、美洲、东地中海和中东、欧洲、东南亚和中亚，以及亚太地区这 6 个区域。

4.支持成员

成员资格面向不满足 WFPHA 章程规定的成员资格但认可 WFPHA 的组织原则，并希望与其开展合作的组织。支持成员没有投票权，其成员资格每 3 年更新 1 次。WFPHA 可接受的支持成员为涵盖公共卫生及其相关的广泛领域的公共卫生类国际组织，以及公共卫生组织以外的涵盖公共健康广泛领域的国家组织，不被接受的支持成员是涵盖公共卫生特定的有限领域的国家组织。

5.合作伙伴

认可 WFPHA 的组织原则，希望与其开展合作并与 WFPHA 签署成员互认协议的国际卫生相关组织。合作伙伴和 WFPHA 互免成员费。合作伙伴的成员资格每 3 年可更新 1 次，合作伙伴没有投票权。

（二）组织架构

1.执行委员会

执行委员会作为 WFPHA 的最高议事机构，由主席、副主席、当选主席、前任主席、执行主任和财务主管以及代表 6 大区域（非洲、美洲、东地中海和中东、欧洲、东南亚和中亚、亚太）的 6~12 名完全成员代表组成。同时，委员会中还须有一位年龄在 40 岁以下的青年专业人士作为执委。执行委员会成员任期 3 年，可连任 1 届。在连续任职满两届后，可隔 1 届（3 年）后继续任职。

2.咨询委员会

咨询委员会由WFPHA的所有前任主席组成，作为执行委员会和WFPHA的智库，根据执行委员会的决策并经成员大会的批准开展工作。委员会成员每届任期3年，通过简单多数投票原则选举产生委员会主席。主席每届任期两年，可连任1次。

3.专业委员会

专业委员会是WFPHA的主要执行机构，负责按照执行委员会的决策，处理联盟内部日常事务。目前，WFPHA设有政策委员会，财务、筹款和风险管理委员会，招投标委员会以及成员、提名和奖励委员会这4个专业委员会。

4.工作组

工作组的主要职责是为实现WFPHA的发展目标，针对特定领域开展专项工作。目前，WFPHA分别围绕10个主题设立了工作组。这10个主题为口腔健康，环境健康，烟草控制，土著居民，公共卫生专业人员的教育和培训，非传染性疾病预防与健康促进，紧急情况下的公共卫生和灾难处置，学生与青年专业人士，全球健康公平与数字技术，女性、青少年和儿童健康。

四、学术及沟通平台

WFPHA每3年举办1次全球公共卫生领域的国际论坛——世界公共卫生大会，是联盟最重要的学术活动。每次大会形成的会议宣言成为指导联盟参与全球卫生活动的纲领性文件。截至2022年，大会已举办16届。大会期间，WFPHA还将颁发Leavell Lecture个人奖，同时面向公共卫生领域的组织机构颁发优秀机构奖，以表彰为联盟做出贡献的个人和集体。

WFPHA每季度向成员组织发送简讯，介绍联盟及成员组织开展的主要工作。从2006年起，联盟还与《公共卫生政策》（*Journal of Public Health Policy*）杂志合作，商定由WFPHA每季度向杂志供稿。

五、经费筹措

WFPHA 的运行经费主要来自成员会费、合作伙伴的各类捐赠和捐助以及举办的各类会议和活动收益。

世界未来研究联合会（WFSF）

世界未来研究联合会（World Future Studies Federation，WFSF）是一个国际性的非政府、非营利性科技组织，于 1973 年创立。WFSF 是联合国经济及社会理事会（ECOSOC）的 B 级咨商组织，其成员来自 60 余个国家和地区（大部分属发展中国家），主要研究科学、文化、教育、人和社会等未来问题。WFSF 一直致力于促进政府、社会民众、教育机构形成面向长远发展利益的思考方式，以协同解决复杂的地方性、国家性、区域性和全球性问题。此外，WFSF 还与联合国开发计划署（UNDP）建立了合作关系。

中国未来研究会的成员均以个人名义参加 WFSF 举办的相关活动。

世界未来研究联合会（WFSF）基本信息

中文名称	世界未来研究联合会	英文名称	World Future Studies Federation
成立时间	1973 年	总部所在地	法国 巴黎
组织属性	非政府、非营利性组织	官方语言	英语、法语
组织标识	WFSF LONG TERM · BIG PICTURE · RADICAL CHANGE		
官方网址	https://wfsf.org/		
关注议题	在知识创造和行动实践的所有分支中引入面向未来的思维；从总体上促进未来研究，特别是鼓励开展跨学科、跨文化和跨人群的创新活动，进一步形成相互依赖思维和批判性思维；进一步促进关注未来的个人和组织之间的交流与合作，形成更大范围的合作		

一、历史沿革

1973 年 5 月 26 日，WFSF 在法国巴黎举行成立大会，会议批准了 WFSF《章程》。1974 年 3 月，在教科文组织的协助下，WFSF 第一次全体大会在巴黎召开。WFSF 的初创成员来自法国、罗马尼亚、德国和波兰。事实上，WFSF 的成立可追溯至 20 世纪 60 年代，当时的科学家希望在全球范围促进人们形成面向未来的思维习惯，于是提出了未来研究的概念。这些科学家分别于 1967 年在挪威奥斯陆、1970 年在日本京都、1972 年在罗马尼亚布加勒斯特召开了 3 次会议，为成立 WFSF 打下了关键基础。

二、发展构想

WFSF 作为信息交互、观点分享和新知识交流的论坛，为全球从事未来研究的学者构筑了一个卓越的交流网络；进一步促进各国及地区的学术机构、政府机构、国际和国家非政府组织以及其他机构深化面向未来的系统性研究；策划和开展一系列专业性会议，开展富有成效的咨询活动等；持续深化与其他国际科技组织的交流与合作，通过出版各类学术出版物，携手实现共同的发展目标。

三、组织架构

（一）成员类型

WFSF 的成员分为 5 类，分别是个人成员、学生成员、机构成员、准成员和会士成员。

1.个人成员

WFSF 个人成员资格面向那些活跃在未来研究及其相关领域的个人开放。成为 WFSF 个人成员需尽可能地支持 WFSF 的发展目标、职能的履行和相关活动的开展。个人成员资格由 WFSF 执行委员会进行审议。

2.学生成员

为促进和拓展在未来研究领域的学术活动，WFSF 的成员资格面向那些在大学注册为全日制或非全日制，并对未来研究感兴趣的学生开放。在申请学生成员时须提交一份在读证明，学生成员资格由 WFSF 执行委员会进行审议。

3.机构成员

国家非政府组织、国际非政府组织、学术团体、高校、政府机构、研究机构、商业公司、工会、宗教和文化团体等均可申请成为 WFSF 的机构成员。

4.准成员

那些致力于推进 WFSF 目标实现但无资格申请为个人成员的个人，可在支付规定的成员费之后成为准成员。

5.会士成员

WFSF 个人成员可被提名为会士成员，以表彰他们对未来研究领域及 WFSF 工作所做出的特别贡献。前提是这些个人成员至少连续 5 年拥有 WFSF 的个人成员身份，并在未来研究领域被公认为活跃的专业人士，同时对未来研究知识库做出了典型的原创性贡献。

（二）组织机构

WFSF 全体大会和执行委员会是其最主要的决策和行政管理机构。

1.全体大会

WFSF 全体大会是 WFSF 最高决策机构，由 WFSF 主席主持，每两年举行 1 次会议。根据 WFSF《章程》，所有 WFSF 成员均可参加 WFSF 全体大会。

WFSF 全体大会的职能包括：选举 WFSF 主席及执行委员会成员（每 4 年 1 届）、审议并批准 WFSF 主席及其他官员的工作报告、审议 WFSF《章程》修订、根据 WFSF 执行委员会的建议商定 WFSF 国际大会相关事务。

2.执行委员会

执行委员会是 WFSF 的行政管理机构，由 11 名执委组成，分别是 WFSF 主席、由 WFSF 任命的 1 名 WFSF 执行委员会主任（Director）、9 名普通执委。其中，根据 WFSF《章程》规定，这 11 名执委的选择应注重性别平等，即除主席外，拥有同一性别的执委不能超过 6 名；同时至少有 3 名执委应来自非经合组织国家（Non-OECD Countries），以及至少 3 名来自经合组织国家。

WFSF 执行委员会的职能包括：选举 3 名 WFSF 副主席、在 WFSF 框架内监督和推动 WFSF 所有工作的开展、就实施相关重大计划向 WFSF 全体大会提出建议、执行 WFSF 全体大会所批准的相关计划。此外，为推动相关具体工作的落实，WFSF 可组建专门委员会及秘书处，并授权给助理秘书（Assistant Secretaries）、财务官员、区域代表等。

四、学术及沟通平台

WFSF 主要通过搭建认证体系、设立研究基金、设立在线培训课程体系、召开国际会议、出版学术期刊等途径促进学术交流活动。

1.搭建中学后教育（Post-Secondary Education）认证体系

除了向个人和机构提供成员资格外，WFSF 执行委员会还一直致力于如何通过设立外部质量保证流程以进一步加强高等教育的前瞻性发展。2018 年，WFSF 制定了一套高等教育质量保证标准和指南。这些认证标准的设立在于支持大学和各类学院从使命定位、教员培训、课程设置、教学改革、学生培养和资源配置方面入手，面向社会提供具有前瞻性意义的学位。

2.设立研究基金

穆罕默德·本·法赫德王子未来研究中心（PMFCFS）和世界未来研究联合会（WFSF）于 2019 年签署了一个为期 5 年的基金合作协议。设立这份研究基金的目的是鼓励更多的研究人员在与能源、可持续性、教育、青年赋权、环境、气候变化和人工智能相关的学科进行探索和研究。PMFCFS 收到了来自澳大利亚、巴西、美国、芬兰、法国、意大利、约旦、马来西亚、墨西哥和沙特阿拉伯等多个国家的 100 多份申请。

3.设立“线上+线下”的课程培训体系

WFSF 正在实施名为“学习实验室”（Learning Lab）的课程体系。这些课程把“面对面”的研讨会与在线学习相结合，特别关注发展中国家的需求及所面临的相关挑战。该计划得到了联合国教科文组织（UNESCO）的支持，第一阶段在刚果民主共和国卢本巴希、埃及开罗、马来西亚槟城试点了相关课程，第二阶段计划在墨西哥、海地和菲律宾进行推广。此外，自 1975 年以来，WFSF 为世界各地的年轻人提供了形式丰富的短期培训课程，向他们介绍未来研究领域的概念和方法。课程举办地包括罗马尼亚、美国、中国、泰国、菲律宾、马来西亚、澳大利亚等。

4.召开国际会议

WFSF 旗下的国际会议包括 WFSF 国际大会（World Conferences）和各区域委员会召开的会议。WFSF 区域会议的举办地点包括印度尼西亚、墨西哥城、美国、中国、日本、巴基斯坦、俄罗斯、冰岛等。

5.出版学术期刊

自 1968 年起，WFSF 开始出版学术期刊。目前，WFSF 旗下的学术期刊多达十几种，大部分为同行评阅期刊。

五、资金筹措

WFSF 的经费来源是各成员缴纳的年度会费、召开会议和出版学术期刊的收入以及社会捐赠。

世界医学会（WMA）

世界医学会（World Medical Association，WMA）是一个国际性的非政府、非营利性科学组织，于 1947 年创立。WMA 的宗旨在于促进其成员之间的自由交流与合作，提高医学伦理学及医学专业能力的标准，促进世界各地医生职业的自由发展。WMA 与世界卫生组织（WHO）建立了正式的合作关系（联合创办了世界医学教育联合会），并与其他卫生领域的专业协会、政府和非政府组织以及相关区域医学协会确立了交流机制，以促进 WMA 相关工作的开展。此外，WMA 还结合国际医师、护士和药剂师专业协会的力量，倡导并致力于为所有人提供尽可能高的医疗保健标准。目前，WMA 的成员包括 115 个国家及地区的医学协会，覆盖了超过 1 000 万医生。

中华医学会是 WMA 的加入组织。中国目前有 6 名专家在 WMA 的技术委员会任职，如北京大学医学人文学院丛亚丽教授、中国医学会副会长和秘书长王健在 WMA 医学伦理委员会（Medical Ethics Committee）担任委员。

世界医学会（WMA）基本信息

中文名称	世界医学会	英文名称	World Medical Association
成立时间	1947 年	总部所在地	法国 安省费内-伏尔泰
组织属性	非政府、非营利性组织	官方语言	英语、法语、西班牙语
组织标识			
官方网址	https://www.wma.net/		
关注议题	持续完善“国际医学伦理守则”（ICoME）、大力推行全民健康的理念、持续促进人权改善和健康改善、强化 WMA 组织建设		

一、历史沿革

在第二次世界大战期间，“英国医学会之家”（British Medical Association House）同盟国医生不时相聚，讨论医疗实践与和平时期的医疗问题，比较各同盟国的医疗服务质量及开展医学教育的条件。1945 年 7 月，来自多个国家的医生在伦敦召开非正式会议，启动了一个国际医疗组织的计划，以取代于 1926 年成立的“国际医学会专业协会”（APIM）。1946 年 9 月在伦敦召开了第二次会议，邀请了来自 31 个国家的医学协会，其中 29 个国家派出代表参会。会议一致决定新组织的名称为“世界医学协会”，其活动的范围和接纳的成员类型应比原国际医学会专业协会更广泛。出席会议的 APIM 官员同意解散 APIM 以支持 WMA。WMA 组委会的第二次会议于 1946 年 11 月在巴黎召开，讨论了 WMA《章程》内容，并决定邀请美国医学协会（AMA）提名其一名成员担任 WMA 组委会的成员。WMA 第一任秘书长鲍尔（Bauer L.H）博士被美国医学协会提名担任委员会成员。1947 年 4 月在伦敦举行的组织委员会第三次会议通过了《章程》和附则的最终草案。至此，WMA 正式成立。在其 70 多年的发展历程中，WMA 不仅关注医学领域研究和教育培训的发展，还关注全球医学伦理状况，承担了为世界医生制定道德准则的责任。

二、发展构想

WMA 将持续致力于改善人类健康问题，维护患者和医生的基本权利；全面促进医学教育的发展，帮助医生不断提高自身理论和技术水平；加强规划卫生保健服务的人力资源，特别是面向发展中国家；推进保障公共健康的政策和计划；建立新的医学协会的民主政治，尤其是在新型、发展中的民主国家；加强疫情后医学领域的学术协同，形成工作合力。

三、组织架构

（一）成员类型

WMA 的成员分为两种类型，分别是正式成员和准成员。

1.正式成员

任何一个国家的医学协会均可申请成为 WMA 的正式成员。该国家协会属于非政府组织范畴。WMA 理事会将确定该国家协会是否能够在其国内代表所有医师的专业利益，并不受政府干预或控制。每个国家只有一个国家医学协会成为 WMA 成员。

2.准成员

准成员主要是指医生个人。准成员在准成员年度大会上拥有表决权，并有权推选代表参加 WMA 全体大会（General Assembly）。

（二）组织机构

WMA 的主要行政管理机构是全体大会（世界医学大会）、理事会、执行委员会、秘书处。

1.全体大会

WMA 全体大会（世界医学大会）每年召开 1 次。WMA 各正式成员可派出代表（代表数量为每 10 000 名医师可派出 1 名代表）参加 WMA 全体大会，WMA 所有官员（包括主席、副主席等）和理事会成员均可参加 WMA 全体大会。

WMA 全体大会的职能包括：选举 WMA 主席；审议新入会成员资格；审议 WMA 拟开展的活动；审议理事会向大会提交的年度报告；审议经理事会批准并提交大会的拟议宣言、声明和决议等。

2.理事会

WMA 理事会负责管理 WMA 具体事务，每年至少召开 1 次会议。WMA 理事会设立了 3 个常设委员会，分别是财务和规划委员会、社会医疗事务委员会、医学伦理委员会。理事会成员的推选路径有两种：一是来自 7 个 WMA 区域委员会的代表（欧洲区域、亚洲区域、太平洋区域、拉丁美洲和加勒比区域、非洲区域、北美区域、东地中海区域），代表数量根据该区域所拥有的医师数量决定（每 50 000 名医师可推选 1 名代表）；二是来自 WMA 正式成员的代表，代表数量标准同前。此外，每届新成立的理事会都将在其第一次会议上，从其成员中选举 1 名主席和 1 名副主席。

3.执行委员会

WMA 理事会设立了 1 个执行委员会，由 WMA 理事会主席、副主席、财务官员，以及财务和规划委员会、社会医学事务委员会和医学伦理委员会的主席组成。WMA 主席、准主席、前主席、秘书长也是 WMA 执行委员会的成员，但无投票权。WMA 执行委员会不同于其他国际科技组织的执行委员会，WMA 执行委员会没有具体的行政管理职能。

执行委员会的职能：作为 WMA 理事会、WMA 理事会主席和秘书长的咨询小组，协助处理相关重要问题；每年对秘书长的薪酬和绩效进行审查，并建议秘书长的薪酬水平报理事会批准；完成理事会主席指定的其他工作。

4.秘书处

WMA 理事会任命 1 名医师为 WMA 秘书长。秘书处在秘书长的指导下开展工作。值得注意的是，WMA 秘书长是 WMA 行政管理事务的首席执行官，而 WMA 主席只是名誉职务。

四、学术及沟通平台

在开展学术活动方面，WMA 主要集中在制定医学伦理、推动医学课程发展、出版学术出版物 3 个方面。

1.制定医学伦理

自 1947 年成立以来，WMA 一直致力于促进医生道德行为标准和护理能力的持续提升，推动医学伦理的发展，发表了《日内瓦宣言》《赫尔辛基宣言》《东京宣言》《中国台北宣言》。

2.推动医学课程发展

WMA 高度重视推动医学教育的发展，与世界继续教育联盟（WCEA）达成了合作协议，推动创建全球继续医学教育课程网络，尤其重视面向发展中国家。目前，WMA 根据 15 个议题开发了一系列课程，包括医学伦理、领导力提升等。

3.出版学术出版物

WMA 的官方学术期刊是《世界医学杂志》(*World Medical Journal*)，自 1954 年开始出版。WMA 的其他出版物包括各种技术操作手册、《WMA 年报》等。

五、资金筹措

WMA 的经费来源主要是各成员缴纳的年度会费。WMA 还接受各类基金会、公司或其他利益相关方的资金，用于开展相关特殊项目。

发明家协会国际联合会（IFIA）

发明家协会国际联合会（International Federation of Inventors' Associations，IFIA）是一个国际性的非政府、非营利性科技组织，由丹麦、芬兰、德国、英国、挪威、瑞典、瑞士等国的发明家协会共同于 1968 年 7 月在伦敦创立。IFIA 旨在为发明家建立国际网络并给予支持，以争取共同利益，传播发明与创新的文化，保护发明家的权利，提倡发明与创业精神。目前，IFIA 拥有来自 100 多个国家及地区的 175 多名成员。

中国发明协会是 IFIA 的正式成员，并与其保持着密切的联系。

发明家协会国际联合会（IFIA）基本信息

中文名称	发明家协会国际联合会	英文名称	International Federation of Inventors' Associations
成立时间	1968 年	总部所在地	瑞士 日内瓦
组织属性	非政府、非营利性组织	官方语言	英语
组织标识	IFIA Founded 1968 INTERNATIONAL FEDERATION OF INVENTORS' ASSOCIATIONS		
官方网址	https://www.ifia.com/		
关注议题	传播发明文化和技术创新，支持发明家转让技术并与相关组织建立合作关系；进一步提升公众意识，加强发明人对社会福祉的重要性的认识，进一步加强对发明人权利的保护		

一、历史沿革

1968 年 7 月 11 日，第一届国际发明家大会在英国伦敦举行。来自丹麦、芬兰、西德、英国、挪威、瑞典、瑞士的 7 个发明家协会的代表出席了会议。为促进各国发明家协会之间的交流与合作，与会代表一致决定成立 IFIA。第一版 IFIA《章程》于 1968 年 9 月正式发布。在 IFIA 的发展初期，主要是依靠北欧国家、德国、英国、荷兰、瑞士、法国的发明家协会在 IFIA 框架下策划相关活动。IFIA 同时也与世界知识产权组织（WIPO）保持了密切的合作关系。初始，IFIA 主要关注调和专利合作条约（PCT）系统中的国家专利法，以解决专利的“宽限期”和发明家证照等问题。自 1975 年起，IFIA 的工作重心转向如何发展教育课程，并面向个人发明家提供咨询服务。在 20 世纪的最后 20 年，随着全球经济一体化进程的不断深入，IFIA 的工作重心转向邀请更多的发展中国家加入，以持续扩大其国际影响力。

二、发展构想

根据 IFIA《章程》，IFIA 的发展构想主要包括 5 个方面：①持续提升各国发明人协会（或代表人）的影响力并促进其相互合作；②持续构建有关各国发明工作的动态信息网络，并在各成员之间进行适时分享；③加强对各国法律和国际公约的研究，在适度关照发明人的权利的前提下，根据创新领域的不断变化对这些当地法律和国际公约进行及时的变革；④提高个人和政府机构对发明人和发明这一工作的重要性和影响的认识与理解；⑤持续加强与政府机构、公共机构等社会组织的沟通与合作，以推动实现 IFIA 的发展愿景。

三、组织架构

（一）成员类型

IFIA 的成员分为 3 种类型，分别为正式成员、预备成员、支持成员。

1.正式成员

正式成员是指各国的发明（人）协会，是各国具有官方身份的学术性组织。正式成员拥有表决权。

2.预备成员

预备成员是指各国的发明（人）协会，无表决权。

3.支持成员

支持成员主要是指个人或其他社会组织。支持成员无表决权。

（二）组织机构

IFIA 的管理事务主要由全体大会和执行委员会负责。

1.全体大会

IFIA 全体大会是 IFIA 的最高决策机构。每个正式成员可派出 1 个代表团出席每届全体大会，包括 1 名首席代表（Head Delegate）和 3 名观察员；预备成员和支持成员仅可派出观察员出席 IFIA 全体大会。

IFIA 的职责包括：选举 IFIA 主席和 IFIA 执行委员会成员、审议新加入成员的资格、决定 IFIA 的总体政策和计划战略、审议 IFIA 的财务计划和预算、审议主席和执行委员会的报告、审议联合会的财务状况。

2.执行委员会

执行委员会负责具体执行 IFIA 全体大会做出的相关决策。IFIA 执行委员会由 IFIA 全体大会选举产生，任期为两年，且每个国家的代表不得超过 1 个。IFIA 执行委员会每年召开两次例会。IFIA 执行委员会将确保 IFIA 全体大会的决定得到顺利执行，负责对 IFIA 相关委员会及工作组的综合管理工作，审查新加入成员的资格，并为每个新成员建立获取 IFIA 内部信息的权限等级。

3.区域委员会

根据 IFIA《章程》，基于同源的语言、发明领域法律的相似性、地缘情况等，为更为直接地获取更多的区域合作优势，各正式成员可组建区域管理机构，即区域委员会。区域委员会不单独派出代表团出席 IFIA 全体大会，无其他特殊权利。

四、学术及沟通平台

IFIA 开展的活动主要包括定期举办各类国际活动、对内出版出版物、设立奖项等形式。

1.定期举办各类国际活动

IFIA 定期举办国际发明展、科技与设计博览会、发明与创新大展、创新产品嘉年华、发明竞赛等，以展现不同领域的创新潜力与新技术，包括绿色能源科技、农业产品、化学材料、机械器具、消费性电子产品、电脑器材、能源技术等。

2.对内出版出版物

IFIA 出版物包含每周电子报、年度杂志、手册等。IFIA 举办过的重要活动都会呈现在 IFIA 的出版物中，此外，IFIA 的年度杂志还特别收录 IFIA 与联合国等重要国际组织之间的合作概况。

3.设立奖项

IFIA 颁发的奖项主要是最佳发明奖、IFIA 大使奖、IFIA 纪念奖。其中，IFIA 国际发明展、科技设计展、发明与创新博览会、创新产品嘉年华中最杰出的作品可获得 IFIA 最佳发明奖；杰出科学家可获得 IFIA 大使奖；给予发明家与创新者支持的国家或国际重要人物可获颁 IFIA 纪念奖，以表彰其对于传播发明与创新文化的卓越贡献。

五、资金筹措

IFIA 的经费主要来源于各成员缴纳的成员费和举办各类国际活动所取得的收入。

国际病理学会（IAP）

国际病理学会(International Academy of Pathology，IAP)的前身是成立于1906年的国际医学博物馆协会（International Association of Medical Museums），1955年改为现名。IAP致力于通过推动全球教育交流促进病理学的发展。IAP的成员构成为来自各个国家或地区分部的学会成员和个人成员，个人成员一般按国家或地区开展活动。目前，IAP在全球设有57个国家和地区分部。

国际病理学会（IAP）基本信息

中文名称	国际病理学会	英文名称	International Academy of Pathology
成立时间	1906年	总部所在地	—
组织属性	非政府、非营利性组织	官方语言	英语
组织标识	（无）		
官方网址	https://www.iapcentral.org/		
关注议题	改进医学院、实验室、医院和医学博物馆病理学教学方法；协调、推进解剖病理学、病理生理学和比较病理学以及相关学科和技术的发展；推进病理学和病理学技术研究		

一、历史沿革

1906年，来自加拿大蒙特利尔麦吉尔大学的Maude Abbott博士、来自美国华盛顿特区的James Carroll和来自美国马里兰州的W. G. MacCallum博士，在美国华盛顿特区的陆军医学博物馆聚会并筹划成立国际医学博物馆协会（International Association of Medical Museums，IAMM）。随后，他们在美国马里兰州的巴尔的摩市成立了IAMM筹备委员会，并邀请世界各地的主要医学博物馆加入进来。同年，IAMM正式成立。IAMM第一次有文献记载的正式会议于 1907 年举行。1955 年，IAMM 更名为国际病理学会（International Academy of Pathology，IAP）。1969 年，IAP 通过新的宪章和运行规则，确立了在世界各地设立分部和区域大会的发展思路。随后，IAP 国家和地区分部在世界各地相继建立。

二、发展构想

IAP 的宗旨是推动世界病理学的发展。为实现其组织宗旨，IAP 开展的活动主要有改进医学院、实验室、医院和医学博物馆的病理学教学方法；协调、推进解剖病理学、病理生理学和比较病理学以及相关学科和技术的发展；推进病理学和病理学技术研究；组建国家或较广范围的地区分部和区域组织；出版期刊和其他出版物，传播病理学相关领域的研究成果；召开代表大会和区域会议以交流科学信息和学术思想。

三、组织架构

（一）成员构成

IAP 的成员主要分为正式成员、初级成员、准成员、支持成员、名誉成员和荣誉成员 6 类。

1.正式成员

成员资格主要面向具有医学博士学位或国际同等学历，同时拥有不少于 4 年的病理学相关领域的实习经历及临床经验，并对病理学研究和教学有兴趣的人员开放。正式成员资格也面向具有兽医学或牙科以及相关生物科学领域的博士学位或国际同等学历人员开放。

2.初级成员

成员资格主要面向具有医学博士学位或国际同等学历，并在病理学相关领域处于实习阶段的人员开放。初级成员的有效期不超过 5 年，到期便自动终止成员资格。

3.准成员

成员资格面向拥有医学博士学位或国际同等学历，对病理学或相关科学表现出积极的兴趣，但不从事病理学或生物科学研究、教学的人员开放。

4.支持成员

主要面向为学会提供无偿捐助来促进学会实现其发展目标的人员或组织开放。

5.荣誉成员

主要授予为医学特别是病理学事业和 IAP 做出杰出贡献的人员。

6.名誉成员

成员资格面向具有良好信誉且年满 65 岁的成员或从事医疗行业的退休人员开放。

（二）组织架构

IAP 的组织架构主要由理事会和执行委员会构成。同时，IAP 充分发挥成员组织的自我管理能力，在全球设立了众多国家和地区分部，并按照地理区域设立了地区大会。

1.理事会

理事会由主席、当选主席、副主席、秘书、司库、前任主席等成员组成。理事会负责制定学会政策并授权拨付学会的各类经费，同时理事会有权在所有事项上代表学会行事。

2.执行委员会

执行委员会由主席、当选主席、副主席、秘书、司库和前任主席组成。成员代表大会主席担任执行委员会顾问，但无投票权。执行委员会有权在理事会休会期间代表其行使职权。执行委员会还负责制定学会预算并提交理事会批准。

3.国家和地区分部

来自一个或多个国家的成员可以向理事会申请成立分部，作为更有效地实现学会目标和宗旨的管理模式。分部所管辖的区域范围通常为申请设立分部的成员居住地。IAP 章程规定，设立分部至少需要 15 名成员共同提议。如果申请人数少于 15 名，则鼓励他们加入现有的分部或区域大会。

4.区域大会

来自同一地理区域或具有相近语言或文化背景的国家和地区分部，可以申请成立区域大会。成员自愿加入区域大会，区域大会不必涵盖与其对应的地理区域的所有成员。

四、学术及沟通平台

IAP 的主要沟通和协调机制是每两年举行 1 次的成员代表大会。大会会址和召开时间由理事会决定。一般而言，成员大会地点应反映分部和区域大会地域分布的多样性，通常不连续在同一地点举行。IAP 还组织召开有各类区域大会，此类会议召开时间由理事会在非成员代表大会年份酌情决定。

IAP 的会刊是《国际病理学》(*International Pathology*)，通常通过电子方式直接或通过各分部提供给所有成员。

五、经费筹措

IAP 的运行经费主要来自成员会费，会费标准由理事会确定。拖欠会费超过两年的成员将由执行委员会取消成员资格。从属于各分部的成员由分部统一收取会费，不属于分部的成员直接向学会缴纳规定会费。荣誉成员和名誉成员免缴会费。IAP 的运行经费还包括各类出版物的订阅费和外部捐赠。

国际纯粹与应用生物物理联合会（IUPAB）

国际纯粹与应用生物物理联合会（International Union for Pure and Applied Biophysics，IUPAB）是一个非政府、非营利性国际科学组织，于 1961 年 8 月成立于瑞典斯德哥尔摩。作为国际科学理事会（ISC）的成员组织，IUPAB 致力于促进生物物理学领域的研究与教学活动。IUPAB 是最早加入 ISC 的国际科技组织之一。

1984 年 7 月，中国生物物理学会正式加入 IUPAB。来自清华大学的饶子和教授曾于 2014—2017 年担任 IUPAB 主席一职。

国际纯粹与应用生物物理联合会（IUPAB）基本信息

中文名称	国际纯粹与应用生物物理联合会	英文名称	International Union for Pure and Applied Biophysics
成立时间	1961 年	总部所在地	瑞典 斯德哥尔摩
组织属性	非政府、非营利性组织	官方语言	英语
组织标识	IUPAB Connecting the World of Biophysics		
官方网址	http://iupab.org/		
关注议题	拓展生物物理学方面的国际合作，并促进生物物理学各领域及与相关学科之间的交流与合作，为生物物理学各个方面的进步做出贡献		

一、发展构想

IUPAB 的宗旨是促进生物物理学的发展，包括推动并组织生物物理学领域的国际交流与合作；促进生物物理学各领域与相关学科之间的交流，持续提升生物物理学对提升人类福祉的贡献度；鼓励代表生物物理学的社会各部门、相关社会组织之间的合作，增强社会公众对生物物理学的认同。

二、组织架构

（一）成员类型

IUPAB 的成员分为 4 类，分别是正式成员、观察员、准成员、个人成员。

1.正式成员

正式成员主要是指一个国家能够独立开展科学研究的科学家共同体，包括研究理事会、科学院等。正式成员应在这个国家及地区成立一个委员会，以集体身份参与 IUPAB 相关事务。正式成员拥有表决权。按缴纳会费的高低，正式成员分为 3 类。其中，A 类可派 3 名代表出席全体大会，B 类可派两名代表出席全体大会，C 类则只能派 1 名代表。

2.观察员

根据 IUPAB《章程》规定，如果一个国家或地区的经费不足，则可选择成为观察员。观察员无表决权。

3.准成员

IUPAB 的准成员主要是指与生物物理学应用领域相关的科技公司、产品制造商等。准成员无权参选 IUPAB 理事会，但需按自然年度缴纳一定数量的会费。与正式成员不同的是，准成员的会费标准由 IUPAB 执行委员会确定。

4.个人成员

IUPAB 的个人成员主要是指在应用生物物理领域的杰出科学家。IUPAB 执行委员会将决定个人成员的数量及个人成员所需缴纳的会费额度。

（二）组织机构

IUPAB 负责行政管理事务的机构是全体大会、理事会、执行委员会。相关专业事务则由工作组及专业委员会负责。

1.全体大会

全体大会是 IUPAB 的最高决策机构，每 3 年举行 1 次，与国际生物物理大会同期举行。来自正式成员的代表、观察员派出的代表、各工作组的代表一同出席全体大会。全体大会将选举 IUPAB 的相关官员及 IUPAB 的理事会。秘书长可在获得 2/3 正式成员代表授权的前提下，召开临时性的全体大会。

2.理事会

理事会将执行全体大会的相关决议。理事会由执行委员会和不超过 12 名理事组成，每名理事的任期为 3 年且一般不能连任。理事会会议同样于国际生物物理大会期间举行，但在每两届国际生物物理大会期间，理事会可根据实际需要，举行理事会议。

3.执行委员会

执行委员会是 IUPAB 直接负责行政事务的机构，由 1 名主席、1 名准主席、1 名前任主席、1 名秘书长、1 名财政官组成。在每两届理事会议期间，执行委员会负责执行由理事会作出的相关决议。

4.专业委员会和工作组

全体大会或理事会可根据生物物理领域的不同方向，以及为促进与其他国际组织的合作，设立工作组或专业委员会。所有工作组均需得到理事会的批准，并按照理事会所列明的工作要求开展相关工作。其他国际组织在经 IUPAB 全体大会同意后，可成为 IUPAB 的附属委员会。附属委员会需缴纳会费，同时 IUPAB 有权选派人员赴附属委员会的执行机构中担任职务。

IUPAB 目前设有 3 个工作组，分别是生物物理学大数据工作组、教育与能力建设工作组、结构生物学工作组。

三、学术及沟通平台

IUPAB 主要通过召开国际会议、设立经费资助计划、出版刊物、荣誉评选等途径，促进生物物理领域的学术网络构建。

1.召开国际会议

IUPAB 通过召开每 3 年 1 次的生物物理国际大会、理事会会议，以及各工作组召开的研讨会，促进生物物理领域学者及专业人员的交流。

2.设立经费资助计划

IUPAB 的经费资助面向 4 个方面：①为来自欠发达国家及地区的青年学者和学生提供经费支持，鼓励其赴发达国家参加会议；②支持来自发达国家的学者及学生赴欠发达国家及地区开办学术讲座；③支持涉及特定议题的会议，促进这些具有现实意义的议题能够尽可能广泛地在科学界讨论；④支持学生及青年生物物理学家组织研讨会及开设相关课程。

3.出版刊物

IUPAB 通过出版学术刊物、通信刊物、各工作组的工作报告，及时传播最前沿的生物物理研究信息和联合会的最新工作动态。IUPAB 目前有一本学术刊物《生物物理评论》(*Biophysical Reviews*)，涉及生物信息学、生物物理方法及仪器、医学生物物理学、生物系统等领域。同时，IUPAB 还定期出版通信刊物，向各类别成员通报 IUPAB 相关工作情况。

4.荣誉评选

IUPAB 的奖项有 2 个：一是 Avanti-IUPAB 奖，每 3 年评选 1 次，无年龄限制，主要在于认定对生物物理学研究的重大贡献；二是青年研究者奖，主要面向在生物物理学研究获得杰出成就的青年学者。两个奖项均设立了相应的奖金并提供奖牌，获奖者将在生物物理国际大会上获颁奖牌。

四、资金筹措

IUPAB 的资金来源主要是会费和国际大会的相关收入。其中，会费分为 4 个类别：A 类为 4 500 美元 1 年（拥有 3 票投票权）、B 类为 2 250 美元 1 年（拥有两票投票权）、C 类为 750 美元 1 年（拥有 1 票投票权）、观察员身份为 100 美元 1 年（无投票权）。

国际纯粹与应用物理学联合会（IUPAP）

国际纯粹与应用物理学联合会（International Union of Pure and Applied Physics，IUPAP）是一个国际性的非政府、非营利性科学组织，于 1922 年创建于比利时布鲁塞尔。作为国际物理学界规模最大的学术性团体，IUPAP 是国际科学理事会（ISC）的成员组织，同时也接受联合国教科文组织（UNESCO）的赞助。此外，IUPAP 还与美国物理学会（APS）、欧洲物理学会（EPS）、国际计量局（BIPM）、亚太物理学协会（AAPPS）、非洲物理学会（AFPS）建立了合作关系。

中国物理学会于 1984 年 10 月正式加入 IUPAP。周光召（1993—1999 年）、杨国桢（1999—2002 年）、陈佳洱（2005—2008 年）、詹文龙（2011—2017 年）、王恩哥（2017—2021 年）先后担任 IUPAP 副主席。

国际纯粹与应用物理学联合会（IUPAP）基本信息

中文名称	国际纯粹与应用物理学联合会	英文名称	International Union of Pure and Applied Physics
成立时间	1922 年	总部所在地	比利时 布鲁塞尔
组织属性	非政府、非营利性组织	官方语言	英语
组织标识			
官方网址	https://iupap.org/		
关注议题	在全球范围内促进物理学的发展，促进物理学方面的国际合作，应用物理学解决全人类的共同问题		

一、历史沿革

IUPAP 于 1922 年创立于比利时的布鲁塞尔，初创成员国为 13 个。创设

IUPAP 的初衷在于为当时的物理学家招募研究生和拓展其学术联系提供必要的国际平台和渠道，同时也是为了促进物理学知识在全球范围内的自由传播。第一届全体大会于 1923 年在法国巴黎举行。目前，IUPAP 是国际物理学界的最高学术组织，在国际物理学界享有极高的声誉。

二、发展构想

IUPAP 致力于促进物理学领域的国际合作，支持并组织开展国际学术交流活动；出版学术刊物和物理常数表，确保有关符号、单位、名词和标准等国际协定的实施；鼓励研究者、教育家和科学家的自由交往。

三、组织架构

（一）成员类型

IUPAP 的成员类型为正式成员和观察员成员。

1.正式成员

正式成员主要是指国家成员。任何一个能够独立从事科学活动的地区，都可以通过其科学研究院、研究理事会或其他能够广泛代表物理学界的组织，加入 IUPAP。所有正式成员都将设立 1 个联系委员会，负责与 IUPAP 进行沟通与协调。正式成员有表决权。正式成员根据其所缴纳会费数额的不同，在全体大会上拥有不同数量的表决票数，最高可到 6 票。

2.观察员成员

地区性的物理学协会或其他物理领域的国际组织，均可以观察员成员的身份加入 IUPAP。观察员成员可能会被邀请派出代表参加 IUPAP 理事会议和全体大会，但无表决权。

（二）组织机构

IUPAP 的行政管理事务由全体大会和执行委员会负责；学术事务由专业委

员会和工作组负责。

1.全体大会

全体大会是 IUPAP 的最高管理机构，拥有多项决策权，包括批准和修改章程及管理细则、选举执行委员会、设立或解散某个专业委员会、认定 IUPAP 的附属专业委员会、选举各专业委员会委员等。全体大会每 3 年举行 1 次，由 IUPAP 主席主持。

2.执行委员会

执行委员会（理事会）负责监督并管理在每两届全体大会期间开展的相关活动。执行委员会每年至少举行一次会议。执行委员会由 1 名主席、1 名准主席、1 名前任主席、10 名副主席（其中 5 名副主席应担任专委会的主席）、1 名秘书长、1 名副秘书长组成。IUPAP 要求，执委会委员中至少有 1 名委员应来自于发展中国家。执行委员会全权代表全体大会履行相关管理职责，具体的管理事务则由秘书长和副秘书长负责。

3.专业委员会及工作组

专业委员会在特定物理学学科方向，具有较高的自主管理权。IUPAP 目前已设立了 20 个专业委员会，涉及物理学术语标准化、统计物理、空间粒子物理、生物物理、核物理、数学物理，既包括基础性研究，也包括了应用型研究。此外，IUPAP 还设立了工作组（国际委员会）以促进物理学领域的跨方向研究，旨在集中和开拓新的研究领域和活动。IUPAP 目前已设立了 15 个工作组（国际委员会），涉及核物理国际合作、加速器科学、软物质等，国际委员会则包括天体物理国际委员会等。

四、学术及沟通平台

IUPAP 主要通过赞助举办国际会议、出版通信刊物、鼓励推动物理学教育等方式，促进物理学领域科学家的自由交流和物理学知识的自由传播。

1.赞助国际会议

根据2020年之前的相关数据，IUPAP每年都将支持20~30个国际会议，并向其中一些会议提供经费资助。受IUPAP赞助的国际会议根据会议主题所涉及学术领域的广度和参会人数，共计分为ABCD这4种类型，将分别得到IUPAP不同数额的经费赞助。值得注意的是，IUPAP明确要求，所有IUPAP赞助的国际会议需考虑性别平等，确保一定数量的女性学术人员参会。

2.设立奖项

为促进物理学领域的学术交流，鼓励高质量的研究产出，IUPAP各专委会设立了共计10个奖项（包括联合奖项），特别面向青年学者设立"青年科学家奖"，以鼓励青年学者开展学术研究，为青年学者开展国际交流提供经费资助。

3.出版物

IUPAP的出版物主要是全体大会的会议纪要、各分委会的年度工作报告和会议纪要，以及IUPAP每个季度出版1次的通信刊物，介绍IUPAP的相关工作动态。

五、资金筹措

IUPAP的经费来源主要是会费收入、国际会议的注册费和包括基金会在内的各类社会机构的捐赠。其中，会费收入和国际会议的注册费占比最大。

国际第四纪研究联盟（INQUA）

国际第四纪研究联盟（International Union for Quaternary Research，INQUA）是一个国际性的非政府、非营利性科学组织，于 1928 年创建于瑞典哥本哈根。作为国际科学理事会（ISC）的成员组织，INQUA 目前拥有 46 多个成员国和超过 5 000 名的科学家会员，旨在面向全球广泛推动第四纪领域的科学研究，为该领域的科学家提供学术交流和科技合作的平台，构建针对第四纪领域及其外延的国际合作网络。

国际第四纪研究联盟（INQUA）基本信息

中文名称	国际第四纪研究联盟	英文名称	International Union for Quaternary Research
成立时间	1928 年	总部所在地	匈牙利 布达佩斯
组织属性	非政府、非营利性组织	官方语言	英语
组织标识	INQUA		
官方网址	https://www.inqua.org/		
关注议题	通过汇集从事考古、人类学、古生物学、土壤科学、生态学、地质学、地球化学、地球物理学、地球年代学、地理学、冰川学、气候学、海洋学和社会科学的科学家，促进跨学科科学研究		

我国于 1982 年在莫斯科召开的第 11 届 INQUA 全体大会上被正式接纳为国家成员。事实上，自 20 世纪 90 年代以来，我国地质学领域的科学家已广泛参与 INQUA 的管理及科学事务，为我国开启在第四纪研究领域的国际交流合作新局面打下了坚实基础。在第 13 届 INQUA 大会上（1991 年，北京），中科院院士刘东生当选为 INQUA 主席。这也是 INQUA 自成立以来首次在亚洲举办全体大会。在南非举办的第 15 届 INQUA 全体大会上（1999 年，南非），中

科院院士安芷生当选为 INQUA 副主席。此外，中科院院士、中国科学院大学原副校长郭正堂教授现任 INQUA 副主席，中国科学院地球科学研究院研究员许晨曦于 2018 年 5 月至 2019 年 7 月任 INQUA 的“青年学者职业发展管理委员会”（ECR）代表。

一、历史沿革

1928 年，在丹麦召开的一次有关地质学研究的会议宣告 INQUA 成立。在第二次世界大战之前，INQUA 分别在丹麦、苏联和奥地利举行了 3 次全体大会，事实上当时也只存在这 3 个国家成员。自 1953 年起，INQUA 的成员数量增加到 17 个，包括西班牙、波兰、美国、加拿大等。近 30 年来，关于第四纪的研究范围不断拓展，研究思想和方法不断发展，尤其是随着通信技术的不断革新，INQUA 从起初的一个区域性学术交流平台发展到如今集研究合作、学术交流、教育培训为一体的国际性、综合性平台，并从以欧洲为中心的国际科技组织发展成为真正面向全球的国际科技组织。

二、发展构想

INQUA 的基本目标是不断提升第四纪研究在实验和应用领域交流的水平和国际合作的广度与深度，以务实的态度和实用的方法评估在近几个地质时期当中全球性环境变化的范围与强度。通过形式多样的科学活动和经费资助计划，鼓励广大学术人员主动面向与第四纪有关的科学问题，开展跨学科研究；通过组织国际代表大会、为研究特定问题设立专委会和工作组等，促进和协调面向第四纪研究的相关国际交流与合作。

三、组织架构

（一）成员类型

INQUA 的成员类型分为正式成员、准成员和个人荣誉成员。

1.正式成员

正式成员主要是指国家成员。一国（地区）通过其国家（地区）科学院、国家级（地区级）研究理事会等相关机构加入 INQUA。其中，区域型学术团体的加入申请需通过 INQUA 执行委员会向 INQUA 国际理事会提出。正式成员将根据其经济体状况向 INQUA 缴纳不同数额的年度会费。

2.准成员

如果一国（地区）针对第四纪研究的经费安排不足，或这个国家（地区）的第四纪研究者数量少于 3 名，则可以准成员的身份加入 INQUA。准成员无需缴纳年度会费。

3.个人荣誉成员

个人荣誉成员主要是指取得国际公认成就的第四纪领域的科学家。每个正式成员（区域成员）每轮不得推荐超过 1 名候选人。个人荣誉成员无需缴纳年度会费。

（二）组织机构

INQUA 的行政管理事务由全体大会、国际理事会、执行委员会负责，而科学活动则由专业委员会和工作组负责。

1.全体大会

全体大会是 INQUA 的最高行政管理（决策）机构。全体大会随国际大会举行。

2.国际理事会

国际理事会由成员组织（缴纳年度会费）的代表、执行委员会、INQUA 主席、INQUA 秘书长组成。在国际理事会中提出的所有决议，应由成员组织（缴纳年度会费）集体投票表决，并应提交全体大会批准。国际理事会会议由 INQUA 主席主持，但无表决权。国际理事会的其他职责还包括管理 INQUA 的各类事务、选举执行委员会、确定不同成员组织所需缴纳的年度会费，以及评估各专业委员会、特设工作组的年度工作情况。

3.执行委员会

国际理事会下设执委会（执行委员会），负责开展具体的行政管理事务。执委会由 1 名主席、4 名副主席（分别分管成员组织联系、各专业委员会事务、学术资料出版、沟通交流）、1 名前任主席、1 名秘书长和 1 名财政官组成。除前任主席外，执委会的所有成员均由国际理事会在 INQUA 国际大会上选出。执委会除了负责处理 INQUA 的日常事务以外，还负责与其他国际组织的联系，促进 INQUA 在全球的交流与合作。执委会下设“青年学者职业发展管理委员会”（ECR），负责促进青年科学家参与 INQUA 相关活动。

4.专业委员会

专委会（专业委员会）的设立应先经执委会评估，再由国际理事会对其设立的可行性和必要性进行评估，最后提交全体大会投票表决。执委会负责评估并督导各专委会的工作。专委会的职责包括鼓励创设特别工作组、项目组和研究组，以解决特定的科学问题，为特定研究群体提供必要支持。所有专委会均由主席、副主席、秘书长和咨询委员会组成。INQUA 目前已设立 6 个专委会，分别是“沿海和海洋专委会”“人与生物圈专委会”“古气候专委会”“地层学和年代学专委会”“陆地、沉积物和历史专委会”。

四、学术及沟通平台

INQUA 的活动主要涉及 4 个方面：①通过 INQUA 在拉丁美洲和非洲的办事处，在拉丁美洲和非洲地区策划并实施一系列新兴的国际合作计划（如“未来地球”计划），以及与国际地质科学联盟（IUGS）联合推行合作倡议（如“为下一代提供资源”合作倡议）；②定向资助一些国际项目和由特设工作小组开展的合作，主要聚焦气候建模、生物多样性、灾害评估、人类起源和环境影响、物种灭绝率等问题；③为国际地质科学联盟（IUGS）提供与第四纪地层研究有关的咨询服务，并与 IUGS 的国际地层专业委员会（ICS）合作，推动术语制定等；④通过 Elsevier 出版官方杂志《第四纪国际》（于 1989 年创刊，目前出版已超过 400 卷），向第四纪学界定期通报有关地质、环境和考古活动的重要进展。

五、资金筹措

INQUA 的资金来源主要是会费收入、国际会议的注册费、社会机构的捐赠等。其中，INQUA 将年度会费数额划分为 8 个等级，不同的国家（地区）将根据不同的等级缴纳不同的年度会费。

国际电化学学会（ISE）

国际电化学学会（International Society of Electrochemistry，ISE）是一个国际性的非政府、非营利性科学组织，于 1949 年创建于比利时的布鲁塞尔。作为国际纯粹与应用化学联合会（IUPAC）的加入组织之一，ISE 旨在推动电化学领域研究和技术开发，传播科学技术知识，促进国际合作和提高成员在电化学领域的研究和实践水平。ISE 每年都组织召开例行会议和学术会议及颁发奖励等活动，是国际电化学领域最具影响的学术组织。ISE 目前拥有来自全球 70 多个国家及地区的 3 000 多名个人成员、20 多个组织成员（包括教学机构、非营利研究组织、学术团体）和多个支持成员（工业和商业组织）。

国际电化学学会（ISE）基本信息

中文名称	国际电化学学会	英文名称	International Society of Electrochemistry
成立时间	1949 年	总部所在地	瑞士 洛桑
组织属性	非政府、非营利性组织	官方语言	英语、法语
组织标识			
官方网址	https://www.ise-online.org/		
关注议题	电分析和纳米电化学传感器中的纳米材料、二氧化碳的电化学转化、生物电化学的新趋势、电化学电容器、下一代电池–科技挑战与机遇、燃料电池和电解、电化学和化学沉积		

中国科学院院士、厦门大学田中群教授曾于 2019—2020 年任国际电化学学会主席。这是继田昭武院士于 20 世纪 90 年代当选 ISE 副主席（任期为 1996—1999 年）后，中国科学家再次在 ISE 担任重要职务。值得注意的是，近 10 年来，中国电化学工作者在基础研究和工程技术两方面面均取得了较为突出的成

果，数位学者先后获得 ISE 奖项，当选 ISE 会士，并担任 ISE 首席期刊《电化学学报》（*Electrochimica Acta*）的副主编等。

一、历史沿革

ISE 成立于 1949 年，由欧洲数个国家和美国的电化学工作者共同发起。成立 ISE 的目的是使电化学成为一个现代科学中独立的学科。ISE 的前身（1971 年以前）是由少数科学家组成的一个关于电化学的专辑委员会（Comité International de Thermodynamique et Cinétique Electrochimiques，CITCE）。ISE 起初只是一个以个人成员为主的国际组织，但在 1971 年以后，随着组织定位的转换，ISE 的个人成员增量减小，而组织成员的数量保持较快的增长趋势，尤其是在 1989 年之后增幅明显。进入 21 世纪，ISE 逐渐转变为以组织成员和支持成员为主要成员类型的国际组织。

二、发展构想

ISE 希望通过建立并细化国际合作网络，构建包含科学家、高校、企业在内的合作机制，大力发展电化学科学技术，以推进实现人类共同福祉；在全球范围无障碍传播电化学领域的科技知识和技术，尤其是面向发展中国家，以及向学生、青年科学家开展电化学领域的研究提供必要的经费支持；大力促进各国间电化学合作，构建更为广泛的学术共同体。

三、组织架构

（一）成员类型

ISE 的成员分为 3 种类型，分别是个人成员、组织成员（分为非营利性组织和营利性组织）、荣誉成员。

1.个人成员

任何在研究机构、高等教育机构从事与电化学领域相关工作的学者、技术人员均可申请加入 ISE。个人成员资格由 ISE 执行委员会批准，个人成员需缴纳会费。

2.组织成员（营利性和非营利性）

组织成员分为非营利性和营利性两大类。其中，非营利性的组织应为大学或研究机构；营利性的组织应为各种私营公司。无论哪种组织成员均应指定 1~2 名从事电化学领域研究及相关工作的代表，负责与 ISE 的日常联系。这些由组织成员指定的代表除了在购买 ISE 相关学术出版物时所享受的优惠政策不同以外，与普通的个人成员享有同等的权利和义务。

3.荣誉成员

荣誉成员由 ISE 执行委员会与 ISE 理事会协商后任命，主要是面向在电化学领域作出重大贡献的个人。根据 ISE《章程》，荣誉成员的数量为 10 名以内。

（二）组织机构

ISE 的行政管理事务主要由成员协会、执行委员会、理事会负责；学术事务则由学部、区域委员会、专业委员会负责。

1.成员协会

成员协会大会是 ISE 最高的议事和决策形式，包括个人成员和组织成员在内的所有成员均可出席成员协会大会。成员协会大会由 ISE 执行委员会负责召集。会上，个人成员和非营利性的组织成员拥有 1 票表决权，而营利性的组织成员则拥有两票表决权。

成员协会的职能包括：采纳或修改 ISE《章程》和《管理细则》，选举或罢免 ISE 执行委员会成员，批准是否设立及解散学部，决定 ISE 学术期刊的出版事务等。

2.执行委员会

执行委员会负责 ISE 日常事务的管理。执行委员会由 9 名成员组成，包括 1 名 ISE 主席、1 名准主席、1 名前任主席、4 名副主席、1 名秘书长、1 名财政官。执行委员会还下设了两个负责不同事务的常设委员会，分别是出版委员会和科学会议委员会。

执行委员会的职能包括：有权对相关法律及 ISE《章程》未尽的事宜作出决定，推动实现 ISE 的发展愿景，管理 ISE 的资产，召集 ISE 及各学部举行会议，召集会员通过邮件投票的方式进行表决和协商，根据《管理细则》监督各区域委员会及各学部开展相关活动等。

3.理事会

理事会中拥有表决权的人员由各学部及区域委员会的代表组成，理事会成员也包括 ISE 执行委员会的所有成员，但这些成员均无表决权。理事会应代表各成员，以咨询机构的身份讨论 ISE 执行委员会所关心的议题。理事会可适时召开会议，以随时向 ISE 执行委员会提供涉及 ISE 重大利益及涉及相关重要工作事项的建议。此外，ISE 执行委员会将适时主动向理事会征求意见，以开展好相关工作，如涉及 ISE《章程》的修订及调整 ISE 学部结构等。

4.学部及区域委员会

（1）学部。

为确保学术性事务的开展，同时为了促进更为广泛的国际合作，ISE 构建了“横纵交错”的组织结构。横向看，ISE 设立了多个学部；纵向看，ISE 设立了多个地区委员会。

ISE 目前下设 7 个学部，每个学部专注于电化学领域的一个学术方向，包括分析电化学、生物电化学等。学部的创设、解散或合并均需得到 ISE“成员协会”的授权，并由 ISE 执行委员会负责具体事务的开展。每名个人成员至多加入 3 个学部，并在这 3 个学部中拥有同等的权利及承担同等的责任。每个学部均需根据 ISE《管理细则》成立管理委员会，负责学部日常管理工作。

（2）区域委员会。

经“成员协会”批准，ISE 可设立区域委员会。区域委员会可以由一国或具有“地缘近亲”的国家集团的学术协会组成。在得到 ISE 执行委员会的授权下，设立区域委员会的目的是促进 ISE 整体目标愿景的实现，同时也关注区域整体性利益的实现。区域委员会可指定 1 名代表负责协调 ISE 在该区域的活动，并确保 ISE 执行委员会与当地成员之间保持必要的联系。

5.专业委员会

执行委员会可适时组建咨询委员会或特别工作组，以开展相关特别工作。执行委员会有权自行设定其工作议程、运行准则、关注议题等。

四、学术及沟通平台

正如前文所述，ISE 为广泛推动电化学领域的研究活动，在执行委员会下设了科学会议委员会，负责推动实施各学部、区域委员会组织的国际会议。此外，ISE 还通过设立并颁发多项奖励，设立会士荣誉及出版学术刊物等形式，多元推动 ISE 框架下的各类活动，持续提升 ISE 的学术属性。其中，ISE 的奖项多达 16 项，覆盖多个类别及不同人群。

ISE 的学术刊物较为丰富，目前出版 6 种学术期刊，其中有 4 种是在爱思唯尔集团出版，分别是《电化学学报》《生物电化学》《电分析化学》和《供电来源》；另外两种在斯普林格集团出版，分别是《应用电化学》和《固态电化学》。

五、资金筹措

ISE 的经费来源主要是会费以及各学部和区域工作委员会举办各类别国际会议的注册费等综合收入。

国际毒理学联合会（IUTOX）

国际毒理学联合会（International Union of Toxicology，IUTOX）是一个国际性的非政府、非营利性科学组织，于 1980 年创建于比利时布鲁塞尔。作为国际科学理事会（ISC）的成员组织，IUTOX 目前拥有代表六大洲的 63 个成员协会，以及来自行业、学术界和政府的 25 000 多名毒理学家。IUTOX 希望在全球范围内通过协调、推进毒理学领域的科学研究和实践来获取、利用毒理学知识，改善人类及环境健康。

中国毒理学会是 IUTOX 的正式成员。在第 14 届 IUTOX 大会上，IUTOX 举行了成员组织代表大会和换届选举。由中国毒理学会和德国毒理学会联合推荐的候选人，中国毒理学会副理事长兼秘书长付立杰博士成功当选为国际毒理学联合会执委，任期为 2016—2019 年。

国际毒理学联合会（IUTOX）基本信息

中文名称	国际毒理学联合会	英文名称	International Union of Toxicology
成立时间	1980 年	总部所在地	比利时 布鲁塞尔
组织属性	非政府、非营利性组织	官方语言	英语
组织标识	iutox INTERNATIONAL UNION OF TOXICOLOGY		
官方网址	https://www.iutox.org/index.asp		
关注议题	通过促进国际科学合作，以不断增强人类获取和利用毒理学知识的能力和途径，从而持续提升人类和环境健康的程度		

一、历史沿革

毒理学的历史几乎与人类历史一样长，但是现代毒理学起源于 20 世纪化学工业的发展。现代毒理学侧重于如何安全地使用人为合成的化学物质，其快速发展为 IUTOX 的成立创建了必要的条件。IUTOX 于 1980 年在布鲁塞尔成立。成立 IUTOX 的倡议主要由美国毒理学学会(SOT)和欧洲毒理学学会(EST)联合发起。这两个学会还专门成立了一个国际协会联络委员会，负责推进 IUTOX 的相关筹备工作。除 SOT 和 EST 外，IUTOX 的初创成员还包括来自 8 个国家的毒理学会。现在，IUTOX 由来自世界各地的 43 个国家及地区的科学协会组成，包括 25 000 多名毒理学家。

二、发展构想

为促进毒理学的科学合作和交流构建一个全球型平台，进一步增强 IUTOX 的组织效力，为毒理学的发展提供持续性的牵引动力；多途径、多样化促进毒理学的系统性发展；为促进毒理学领域的教育发展和交流创造更多的契机；进一步拓宽毒理学的学科基础；向公众宣传毒理学对于改善人类和环境健康所具有的独特价值。

三、组织架构

（一）成员类型

IUTOX 的成员类型包括正式成员和准成员两类。

1.正式成员

IUTOX 的正式成员主要是指由国家层面、地区层面、国际层面的毒理学家及与毒理学相关领域的科学家组成的科学团体及机构。国家层面和国际层面的科学团体是 IUTOX 正式成员的主要类型。

2.准成员

对毒理学发展感兴趣的组织、机构或个人可被授予 IUTOX 的准成员资格。

（二）组织机构

IUTOX 的行政管理事务主要由理事会、执行委员会、常务委员会组成。

1.理事会

理事会是 IUTOX 的最高管理机构。理事由各正式成员指定的代表组成，所有理事均在全体大会上拥有表决权。每个正式成员可指定 1~5 名代表，根据其毒理学领域的学术人员数量决定。理事会会议随毒理学国际大会举行。

2.执行委员会

执行委员会由 1 名主席、1 名副主席、1 名准主席、1 名秘书长、1 名财务官和 5 名执行主任组成。执行委员会应在理事会的总体指导下，作为 IUTOX 的执行机构，对理事会负责。在执行委员会上拥有表决权的委员不再代表正式成员的利益，而应本着真正的国际合作精神开展相关工作。

执行委员会拥有 5 个常设委员会，分别是科学委员会、成员管理委员会、发展中国家委员会、教育委员会、财务委员会。其中，科学委员会负责规划并评估由各正式成员所提交的有关举办相关国际会议的提案，准主席将任命不超过 5 名的委员作为科学委员会的主席；成员管理委员会负责审查所有成员协会和准成员所提交的加入资格的申请，并向秘书长提交有关拟加入组织的背景评估；发展中国家委员会负责发起、协调和督导发展中国家成员组织感兴趣的相关科学活动；教育委员会负责发起、督导 IUTOX 的相关教育活动，包括促进相关独立开展或依托于 IUTOX 国际大会的 IUTOX 暑期学校和讲习班；财务委员会负责协助财政官有效维护 IUTOX 的财务稳定，财政委员会和财政官由执行委员会任命。

3.常务委员会

提名委员会是理事会下设的一个常务委员会，由 5 名理事组成。提名委员会负责维持执行委员会和提名委员会成员数量的有效性。

四、学术及沟通平台

IUTOX 开展相关学术活动的宗旨：通过构建一个全球型的、包容性的、多元化的国际合作网络，鼓励并支持毒理学学科的多样性发展，在政府行为体、学术人员、社会私营部门、公众之间建立一个更为科学的平台。IUTOX 的主要活动包括：组织并实施每 3 年 1 次的毒理学国际大会（ICT）和发展中国家毒理学大会（CTDC）、组织并实施毒理学领域及相关领域的科学研讨会、组织并实施每 3 年为一个周期的科学和教育专项项目（TBD）、根据不同国家及地区的实际情况制定“毒理学能力发展计划”、面向发展中国家等欠发达地区提供课程和讲座、为毒理学专业人员数量较少和学术资源较为匮乏的国家及地区的毒理学家提供开展科学研究的必要支持、为拓展毒理学领域的国际培训活动和设立研究基金广泛开拓资源和筹集资金、定向支持相关国家及地区的毒理学学会的发展等。

以教育活动为例，IUTOX 自成立之初便重视开展毒理学领域的教育教学活动。作为 IUTOX 的第二任主席，霍姆斯泰特（Bo Holmstedt）便在欧洲毒理学大会上就提出“通过开办暑期学校的方式为毒理学领域的未来发展提供人才供给”的设想。因此，随着资源条件的不断拓展，IUTOX 的教育活动从起初的小范围、地区化的“暑期学校”发展到现在面向全球的、体系化的“继续教育体系”和“在线教育项目”，尤其强调对为培养高质量的研究生人才提供支持。澳大利亚墨尔本皇家理工大学就开设了这样一种在线教育项目，面向全球提供毒理学领域研究生阶段的在线学位课程。

五、资金筹措

IUTOX 的资金来源主要是会费收入、各类国际会议的收入和第三方捐赠。其中，IUTOX 根据一国或地区的毒理学团体组织的数量，分别划定了不同的会费数额，并根据不同的数额为不同国家及地区配比不同的代表人数（表决权数量）。

国际辐射防护协会（IRPA）

国际辐射防护协会（International Radiation Protection Association，IRPA）是放射防护领域的一个国际性学术性协会，成立于 1965 年 6 月。IRPA 致力于为各国从事辐射防护的人员提供相互交流的平台，并以此促进全球范围内辐射防护专业能力、辐射防护文化和实践能力的提升，涉及的领域主要包括与辐射相关的科学、技术、工程、医学和法律等。IRPA 现有 53 个成员学会，来自 68 个国家和地区。

中国在 1989 年以中国辐射防护学会名义加入 IRPA。

国际辐射防护协会（IPRA）基本信息

中文名称	国际辐射防护协会	英文名称	International Radiation Protection Association
成立时间	1965 年	总部所在地	法国
组织属性	非政府、非营利性组织	官方语言	英语
组织标识			
官方网址	https://www.irpa.net/		
关注议题	为从事辐射防护工作的人员提供国际交流与合作的平台，保护人类及其环境免受电离辐射和非电离辐射的危害，推动辐射能和核能的开发和利用		

一、历史沿革

在第二次世界大战中，参与曼哈顿计划的部分科学家被分配全职研究“保健物理学”。1955 年 6 月，在美国俄亥俄州立大学举行了一次评价这一新领域的会议。会议结束时，美国原子能委员会决定成立一个专业的保健物理学会。1959 年初，拥有 1 000 多名成员的保健物理学会建立了“分会”，以提供一种组织机制，使各国能够拥有自己的分会。第一个成立分会的是法国（1961 年），然后是日本（1962 年）和英国（1963 年）。1963—1964 年，保健物理学会主席威廉（William T. Ham Jr）倡导成立保健物理国际化特设委员会，由摩根（K. Z. Morgan Jr）担任主席。根据摩根后来的报告，他最终联络到大约 70 个国家的 1 000 多人，大家一致赞成成立一个新的、真正意义上的国际保健物理协会。1964 年 2 月，在伦敦的一次会议上起草了“成立国际保健物理或辐射防护协会的协议条款”。这些建议得到了保健物理学会理事会的同意。理事会决定成立临时执行委员会，进一步研究和推动实施这些建议。临时执行委员会第一次会议于 1964 年 6 月在美国田纳西州举行，这次会议审查了协议条款并一致通过，并同意该组织的名称为国际辐射防护协会（International Radiation Protection Association，IRPA）。会议制定了 IRPA 章程框架，并具体规定了执行理事会和大会的作用。IRPA 理事会和临时执行理事会于 1964 年 11 月在法国巴黎举行会议，会议通过了 IRPA 章程，并强调了保护人类及其环境免受电离辐射危害为 IRPA 的首要目标。协会最终于 1965 年 6 月 19 日正式成立，当年 IRPA 的成员为来自世界各地的 15 个辐射防护学会，代表着 4 000 余名个人成员，其中来自美国保健物理学会的成员达 2 300 余名。

二、发展构想

IRPA 的发展目标：①鼓励在世界各地建立辐射防护协会，作为从事辐射防护人员之间实现国际合作的有效方式；②为讨论辐射防护各方面的国际会议提供支持；③支持出版辐射防护领域的国际出版物；④支持辐射防护及相关学科进行研究并提供教育和培训机会；⑤与相关国际组织合作制定专业标准和工作指南。

三、组织架构

（一）成员构成

IRPA 在每个国家只接受一个辐射防护领域的专业协会成为其成员。各国或地区的辐射防护学会可在遵守 IRPA 宪章的前提下，自愿申请以成员学会名义加入 IRPA。辐射防护从业人员可以通过加入国家或地区协会的方式成为 IRPA 成员。目前，IRPA 的成员涵盖辐射防护的各个领域，包括医疗、核能和其他工业部门的从业人员、监管机构、政府部门和研究人员等。

（二）组织架构

IRPA 的组织架构由协会大会、执行理事会、协会委员会、分委员会和专项任务组构成。协会大会把有效管理协会事务的权力委托给执行理事会，具体任务则由协会委员会、分委员会、任务组执行。

1.协会大会

大会代表由各成员学会选派，是 IRPA 的最高议事和决策机构。大会的主要任务是修改协会议事规则和章程，确定执行理事会人选，选举协会主席和副主席，确定后续协会大会地点和会议主席等。下届协会大会主席一般由会议主办方所在国或地区的人员担任，并将兼任协会副主席职务。

2.执行理事会

执行理事会负责管理协会的日常事务，履行协会章程和协会大会授予的职能。理事会的成员由各成员学会提名，经协会大会选举产生。

3.协会委员会

IRPA 下设出版物委员会、国际会议筹备委员会、国际会议计划委员会、蒙特利尔基金委员会、规则委员会、希沃特奖委员会、协会管理和发展委员会等，分别负责协调和推动各专项工作。

4.任务组

IRPA 现设有 3 个任务组，分别为眼晶体剂量限值的影响任务组、辐射源安全工作组和年轻一代网络组。

四、学术及沟通平台

IRPA 通过支持成立区域性辐射防护协会，组织并召开区域性成员学会会议等形式，为成员学会搭建沟通和交流平台，如支持中国、日本、韩国和澳大利亚等亚洲和大洋洲国家联合成立了“亚洲和大洋洲地区辐射防护协会”，以密切区域间专业协会的合作与交流。

IRPA 的出版物包括内部规范性文件（如伦理导则、辐射防护文化建立指导原则、辐射防护专家认证指导、实施工作人员眼晶体防护和剂量监测指导等），以及各届大会的会议文集和通报。同时，每季度发布 IRPA 公告，概述辐射防护方面的专业问题以及 IRPA 和成员学会的工作开展情况。

五、经费筹措

IRPA 的运行经费主要来自成员协会缴纳的年度会费（成员协会每年缴纳会费还需附有一份声明，提供其正式成员人数和准成员人数），以及出版学术出版物、IRPA 大会和其他国际会议的会议收入等。IRPA 也接收来自外部社会的捐赠。

国际谷物科学与技术学会（ICC

国际谷物科学与技术学会（International Association for Cereal Science and Technology，ICC）是一个国际性的非政府和非营利性科学组织，于 1955 年创立。ICC 是一个由来自世界各地的谷物科学家和技术人员组成的国际网络，致力于促进相关国际标准的制定，促进在谷物科学领域的国际合作，并在全球范围内促进对谷物科学知识的分享，助力不断提高谷物食品的安全和质量。

国际谷物科学与技术学会（ICC）基本信息

中文名称	国际谷物科学与技术学会	英文名称	International Association for Cereal Science and Technology
成立时间	1955 年	总部所在地	奥地利 维也纳
组织属性	非政府、非营利性组织	官方语言	英语
组织标识	ICC INTERNATIONAL ASSOCIATION FOR CEREAL SCIENCE AND TECHNOLOGY		
官方网址	https://icc.or.at/		
关注议题	持续加强谷物科学领域知识的全球传播，进一步加强国际合作以持续推动谷物学领域研究和产品开发方面的标准化进程；持续改善发展中国家的食品质量和食品安全问题，以促进全球社会的健康与福祉		

中国粮油学会于 1989 年成为 ICC 的国家成员单位，并与 ICC 建立了良好的合作关系。中国粮油学会曾于 2012 年 8 月与 ICC 在北京联合主办了第十四届国际谷物科技与面包大会暨国际油料与油脂科技发展论坛。同时，中国学者也积极参与 ICC 事务，中国学者在谷物科学领域所取得的成就也得到了 ICC 的高度认可。其中，中国农科院农产品加工研究所的王强研究员于 2012 年获得 ICC 的最高学术奖——哈拉尔德·佩滕奖（Harald Perten Prize）。河南工业大学的卞

科教授于 2017 年 5 月当选为 ICC 研究院院士，这是我国首位谷物科学家获此殊荣。

一、历史沿革

ICC 的前身“国际谷物化学协会”（International Association for Cereal Chemistry），于 1955 年在汉堡举行的第三届“国际粮食大会”（International Bread Congress）上宣告成立，并于 1978 年正式更名为“国际谷物科学与技术协会”，但英文缩写仍然使用“ICC”，以更好地反映学会开展的各项活动。ICC 的第一次国际会议由施韦策博士（Schweitzer F.）主持，于 1956 年 12 月 5—8 日在维也纳举行。而 ICC 的第一次全体大会则是在 1966 年才在奥地利维也纳举行。进入 20 世纪 70 年代，随着谷物国际贸易和新型谷物种植者和制造商的不断增多，越来越需要创设各种国际社会能够共同接受的标准化方法，以更好地评估谷物及其他农作物的物理、化学和营养特性以及安全性等，正是这样一种现实需求推动了 ICC 的不断发展，成为当今谷物科学界最具权威性和影响力的国际科技组织。

二、发展构想

ICC 的发展构想主要体现在 6 个方面：①持续为谷物科学技术各个方面的协调发展做出知识贡献和实践贡献；②拓宽谷物科学技术领域知识传播的途径，实现知识的“无边界”效应；③进一步加强相关研究项目的管理与协调，提升科学成果的产出率；④继续研究、开发和评估谷物科学技术及相关领域的测试方法及标准化进程，提升谷物及其他农作物的安全性；⑤进一步促进对相关研究成果的更有效、可持续利用；⑥建立专门的内部机构，促进谷物科学技术领域的培训和研究活动。

三、组织架构

（一）成员类型

ICC 的成员分为 5 类，分别是国家成员、机构成员、企业成员、个人成员、荣誉成员。成员资格由 ICC 全体大会根据 ICC 执行委员会的提议而决定。

1.国家成员

国家成员资格面向所有认可 ICC 宗旨和发展目标的国家开放。成为国家成员的前提是该国至少拥有一个公共或私人机构或其他组织形式的代表愿意发挥积极作用促进 ICC 开展的相关活动。ICC 并未对来自同一个国家的成员组织的数量进行限制，即一个国家可由多个国家成员组织代表，但前提是须有一个国家成员组织牵头缴纳该国所有国际成员组织的年度会费。而负责牵头支付年度会费的这个国家成员组织则可根据其所属的成员类别任命 1 名或多名“副代表”（Deputy National Delegates），但在 ICC 全体大会上的表决票数至多不超过 4 票。

2.机构成员

机构成员资格面向希望促进 ICC 目标实现的科技机构和其他组织开放。机构成员在 ICC 全体大会上拥有 1 票表决权。

3.企业成员

企业成员面向活跃在全球的公司、企业、基金会和相关组织开放。企业成员将通过一定的财政支持或作出特别的科学贡献，促进 ICC 目标的实现。

4.个人成员

个人成员资格面向任何希望促进 ICC 目标实现的自然人开放。个人成员在 ICC 全体大会上没有表决权，但所有个人成员可集体选举 1 名代表在 ICC 全体大会上投票表决。

5.名誉成员

名誉成员是特指那些对 ICC 做出特殊贡献的 ICC 个人成员，名誉成员无表决权。

（二）组织机构

ICC 的行政管理工作主要由全体大会和执行委员会负责，科学事务则是由各技术委员会及工作组负责。

1.全体大会

全体大会是 ICC 的最高决策机构，每两年举行 1 次。能够参加 ICC 全体大会的人员包括国家成员代表及副代表、机构成员、企业成员代表、个人成员代表。全体大会的职能包括：审议新加入成员的资格、选举 ICC 主席及准主席（President Elect）、选举 ICC 执行委员会、审议 ICC 年度预算和决算、审议各技术委员会的工作进度报告、审议相关文件、审议 ICC《章程》修订等。

2.执行委员会

ICC 执行委员会是 ICC 行政管理事务的中心组织，最多由 24 名成员组成，包括 ICC 主席、ICC 副主席和前任主席、各技术委员会的主任以及由 ICC 全体大会选举的、来自 ICC 的机构成员、企业成员、个人成员和荣誉成员的代表。执行委员会的职能包括：向 ICC 全体大会推荐相关参会人员（来自 ICC 成员组织）、任命 ICC 秘书长和副秘书长、通过管理委员会（Governing Committee）对 ICC 相关财务事项进行监督、任命各技术委员会的主任或联合主任（Co-Director）、成立专门工作组、制定相关文件以供 ICC 全体大会审议。

ICC 执行委员会还下设了管理委员会和总部办公室（Headquarters）。其中，管理委员会由 ICC 前任主席、主席和准主席、名誉主席以及 3 名受邀人员组成。管理委员会的职能包括：监督 ICC 相关财务事项、任命 ICC 工作人员、制定 ICC 工作人员的招聘条件、签署与 ICC 职能履行相关的对外合作。

3.技术委员会

技术委员会负责协调 ICC 相关研究活动的开展。技术委员会由主任、联合主任、各工作组的主席组成。ICC 还设立了多个技术工作组，为 ICC 各成员组织提供专业的学术服务。每个技术工作组都有明确的技术重点和研究议题。目前，ICC 设立了 7 个技术工作组。

四、学术及沟通平台

ICC 主要通过召开国际会议、出版学术资料、设立面向青年学者的培训计划以及设立荣誉奖项等途径拓展其学术影响力。

1.召开国际会议

ICC 通过其国家成员和企业成员网络每年在世界各地组织并支持有关谷物科学的各类会议，包括学术研讨会、工作座谈会以及四年一度的谷物与粮食国际大会。

2.出版学术资料，持续促进谷物科学研究和产品生产的标准化进程

ICC 的官方学术期刊是《谷物科学杂志》（*Journal of Cereal Science*），由爱思唯尔（Elsevier）出版。同时，在过去的 60 多年里，ICC 一直致力于推动谷物科学研究和产品生产的标准化进程，发布了具有较强应用价值的有关谷物产品、谷物食品、谷物饲料的安全和质量评估的标准和方法，为谷物国际贸易的发展、地方和国际立法提供了重要的知识支撑。此外，ICC 还与欧洲标准化委员会（CEN）、粮食及农业组织（FAO）、国际标准协会（ISO）、国际种子检测协会（ISTA）等国际组织共同推动相关工作的标准化进程。

3.设立青年学者培训计划（ICC Mentoring Programme）

为能够面向谷物科学领域的青年学者提供指导计划，为来自学术界和工业界的知名专家学者能够较好地分享经验、知识和见解提供必要的平台，ICC 设立了“青年学者培训计划”，并创建了“导师库”。“导师库”由来自谷物科学及相关领域的 8 名知名专家组成，其中就包括河南工业大学卞科教授等来自中国的 3 名专家。

4.设立荣誉奖项

ICC 荣誉体系由“研究院院士”体系（Academy）和 3 大奖项组成。其中，ICC 为表彰在谷物科学与技术领域做出重要贡献的科学家和技术专家，设立

ICC 研究院院士，在国际上是谷物科学技术方面的最高学术称号，为终身荣誉。ICC 研究院院士由推荐和选举产生，每年新增院士 1~2 名，现有 38 位院士，主要来自欧洲和美洲。

三大奖项分别为“克莱德·贝利奖”（Clyde H. Bailey Medal）、“弗里德里希·施韦策奖章”（Friedrich Schweitzer Medal）、“哈拉尔德·佩滕奖”（Harald Perten Prize）。其中，“哈拉尔德·佩滕奖”于 1989 年在瑞士创立，并于 1990 年开始颁发，旨在表彰世界上在科学研究和知识传播等领域取得杰出成就的谷物科技工作者，特别是在淀粉、谷蛋白和酶的实际应用领域取得卓越成果的科学家。

五、资金筹措

ICC 的运行经费主要来源于各类成员所缴纳的年度会费以及 ICC 开展各类研究活动及举办学术研讨会、座谈会所取得的收入，还包括出版学术期刊的所取得的收入以及基金会等其他各方的捐款。

国际光学委员会（ICO）

国际光学委员会（International Commission for Optics，ICO）是一个国际性的非政府、非营利性科学组织，于 1947 年创建。ICO 隶属于国际纯粹与应用物理学联合会（IUPAP），同时也是国际科学理事会（ISC）的“科学协理”（Scientific Associate）。ICO 的宗旨是在全球范围内促进光学和光子学领域的知识进步和传播。为在全球范围内更好地服务于光学事业的发展，以及更好地代表光学界，ICO 非常重视拓展光学科学家之间的学术联系和合作关系，并通过开展各种活动以深化这种联系。ICO 与国际光学工程学会（SPIE）和美国光学学会（OSA）建立了实质性的合作关系，还通过国际理论物理中心（ICTP）与联合国教科文组织（UNESCO）建立了合作关系。

国际光学委员会（ICO）基本信息

中文名称	国际光学委员会	英文名称	International Commission for Optics
成立时间	1947 年	总部所在地	法国 巴黎
组织属性	非政府、非营利性组织	官方语言	英语
组织标识	INTERNATIONAL COMMISSION FOR OPTICS COMMISSION INTERNATIONALE d'OPTIQUE		
官方网址	https://www.e-ico.org/		
关注议题	促进光学和光子学的发展，强化其科学技术的属性；加强发达国家与发展中国家之间的交流与互动；拓展科学研究与教育培训的作用；在全球范围内提高 ICO 的知名度和地位		

自 1987 年起，中国光学学会正式成为 ICO 成员。中国光学学会第四、五届理事长母国光院士、常务理事金国藩院士曾先后担任 ICO 的执行副主席。1CO 第 20 届国际大会于 2009 年在吉林长春举行，是 ICO 自成立以来第 3 次

在亚洲国家举办国际大会，也是首次在中国举办。在 ICO 第 24 届国际大会（2017 年 8 月）上，北京大学常务副校长、人工微结构和介观物理国家重点实验室学术委员会主任、中国光学学会理事长龚旗煌院士当选为 ICO 副主席。

一、历史沿革

1946 年，作为巴黎光学研究所的负责人，同时也是国际纯粹与应用物理学联合会（IUPAP）的法国代表，弗勒里教授（Fleury P.）邀请了来自 16 个不同国家的科学家参加了战后第一次欧洲光学会议。这次会议讨论了关于成立一个光学国际组织的设想。1947 年 1 月，IUPAP 全体大会批准组建 ICO 筹备委员会，由弗勒里教授担任秘书。筹备委员会于 1947 年 6 月在捷克斯洛伐克的布拉格举行会议，来自 8 个国家（比利时、捷克斯洛伐克、法国、英国、意大利、荷兰、波兰、瑞典）的 15 个代表出席了会议。与会者一致认为，应该成立一个国际光学委员会，作为 IUPAP 的一个独立的附属委员会。每个成员国将组建 1 个 ICO 国家委员会。ICO 的首次正式会议于 1948 年 7 月在荷兰代尔夫特的 Technische Hogeschool 物理实验室举行。来自 11 个国家的 44 名代表参加了会议。会议再次明确了 ICO 与 IUPSP 的隶属关系，并通过了 ICO 章程。

二、发展构想

根据 ICO《2017—2023 战略发展计划》，ICO 的发展愿景是成为 ISC 框架下的一个国际性科学及工程论坛，致力于在全球范围内共享光学和光子学方面的知识，为全球可持续发展和经济增长做出贡献。具体包括 4 个方面：①在国际上为促进光学和光子学知识的创造、创新和传播做出贡献；②促进国际性的、跨学科合作的光学及光子学领域的研究及其他科学和工程活动；③按照 ISC 的政策，进一步加强光学和光子学的跨学科属性，并支持建立新的跨学科教育课程；④在 ISC 框架下代表光学和光子学领域与 ISC 的其他机构保持联系。

三、组织架构

（一）成员类型

目前，ICO拥有53个区域委员会成员组织，分布在全球5大洲在光学领域开展了重要学术活动的国家。ICO表现出较高的包容性，ICO帮助世界欠发达地区的国家组建了区域委员会，其中非洲区域委员会就是由非洲地区20个欠发达国家组成。ICO的成员类型有3种，分别是区域委员会成员、国际组织成员和准成员。

1.区域委员会成员

一个区域内处于不同地理位置的光学学术团体将组成一个区域委员会，并以区域委员会的身份加入ICO，成为其区域委员会成员。ICO强调这个区域委员会无地缘政治含义，其功能主要是协助世界各地的光学科学家开展高效的合作。由于与国际纯粹与应用物理学联合会（IUPAP）存在隶属关系，因此处于特定地理位置的光学学术团体应该是IUPAP加入成员组织下属的一个分支组织，已得到相应授权，或得到IUPAP理事会的承认。

2.国际组织成员

国际组织成员是指活跃在国际上光学和光子学领域的成员组织，当前包括美国光学学会（OSA），国际光学和光子学会（SPIE），IEEE光子学会，欧洲光学学会（EOS），非洲激光、原子和分子物理网络（LAM），国际生命科学内的光学学会（OWLS）以及伊比利亚美国光学网络（RIAO）。

3.准成员

ICO也可以接受活跃在光学和光子学领域的组织为准成员。准成员无需支付会费，但也没有表决权。

（二）组织机构

ICO的领导职能由全体大会、执行局负责。

1.全体大会

全体大会是 ICO 的最高决策机构，其出席人员包括 ICO 执行局全体成员（无表决权）、由各成员组织任命的官方代表以及包括准成员在内的成员组织所邀请的观察员。全体大会的职能包括：选举执行局成员、审议由执行局提交的年度财政报告和下一年度的财政预算、讨论由各成员组织提交的议题。

2.执行局

执行局由执行委员会、1 名国际纯粹与应用物理学联合会（IUPAP）的代表、数名副主席组成。其中，执行委员会由主席、前任主席、秘书长和副秘书长、财政官组成；副主席共计 15 名，包括由国际组织成员直接任命的 7 名副主席。执行局负责两届全体大会之间的所有行政事务。执行局下设了两个直属委员会：①区域发展委员会，负责促进与发展中国家的光学领域的科学家和工程师的信息分享；②教育委员会，负责与 IEEE、OSA 和 SPIE 等国际组织成员合作，协调针对光学和光子学领域的教育和培训活动。

3.其他专门委员会会

除了 ICO 执行局的两个直属委员会以外，ICO 还设立了 9 个委员会，分别是提名委员会、战略规划委员会、巡回讲师委员会、ICO 评奖委员会、Galileo Galilei 奖委员会、Gallieno Denardo 奖委员会、IUPAP 光学委员会青年科学家奖委员会、国际“光学日”委员会和国际事务委员会。

四、学术及沟通平台

ICO 积极开展并广泛参与各类型的国际活动，包括举办国际会议、开办学校及短期研习班、资助开展光学领域的前沿研究等。ICO 的活动已基本覆盖全球，尤其是面向那些亟需提升科技水平的欠发达地区。活动主题涉及光学和光子学领域的前沿研究，以及与生物医学、能源、气候、通信、文化遗产、空间光学等领域。

1.巡回讲师计划

ICO 早在 1988 年便建立了巡回讲师计划，目的是鼓励具有良好演讲技能的光学领域的国际知名科学家开展讲座。该计划专门针对欠发达国家及地区，希望能够促进“巡回讲师”与欠发达国家及地区科学家之间更为紧密的合作。通常，“巡回讲师”在当地的费用将由主办机构承担，ICO 仅负责“巡回讲师”的国际差旅费。

2.荣誉体系

ICO 目前设立了 3 大奖，分别是 Galileo Galilei 奖、Gallieno Denardo 奖、IUPAP-ICO 青年科学家奖。

五、资金筹措

ICO 的主要收入来源是区域委员会成员缴纳的会费。ICO 已与美国光学学会基金会（OSAF）签署了一项新的财政赞助协议，自 2018 年起，将使用 OSAF 的慈善捐款专门用于 ICO 的推广活动。ICO 的经费支出主要是支持召开各类国际会议和颁发各类奖项奖金。

国际航空科学理事会（ICAS）

国际航空科学理事会（International Council of the Aeronautical Sciences，ICAS）成立于 1957 年，是一个国际性的非政府、非营利性科学组织，致力于促进航空领域的知识交流和国际合作，目前拥有团体成员 27 个，附属成员 37 个。

中国航空学会为 ICAS 的团体成员，中国航空研究院、中国商用飞机有限责任公司、清华大学航天航空学院为其附属成员组织。

国际航空科学理事会（ICAS）基本信息

中文名称	国际航空科学理事会	英文名称	International Council of the Aeronautical Sciences
成立时间	1957 年	总部所在地	德国 伯恩（现秘书处所在地）
组织属性	非政府、非营利性组织	官方语言	英语
组织标识			
官方网址	https://www.icas.org/		
关注议题	促进国际社会在航空领域的思想和信息交流，促进国际研究界了解航空及其技术方面的挑战和问题		

一、历史沿革

ICAS 的历史可以追溯到 1957 年。当时，美国航空科学研究所（Institute of the Aeronautical Sciences，IAS，现美国航空航天研究所，即 American Institute of Aeronautics and Astronautics，AIAA）一直在扩大其国际活动。作为 IAS 的赞助人和参与者，美国著名实业家和慈善家 Harry Guggenheim 倡议定期召集

航空界的科学机构就共同问题进行讨论。1957 年 1 月 IAS 年会期间，在航天工程学家冯·卡门（von Kármán）的建议下，来自 8 个国家的航空学会代表与 IAS 的代表一起就建立 ICAS 的可能性进行了讨论。冯·卡门（von Kármán）主持会议就系列原则达成了一致，这些原则成为了 ICAS 的指导思想。1957 年 5 月在法国巴黎召开了一次后续会议，来自 10 个国家的代表出席会议。会议修订并通过了具有章程意义的文件，并同意成立了临时国际航空科学理事会（Provisional International Council of the Aeronautical Sciences）。ICAS 首届大会于 1958 年 9 月在西班牙马德里举行，共有来自 23 个国家的大约 500 名代表。1975 年通过了 ICAS 正式的组织章程。1977 年，ICAS 秘书处从美国 AIAA 转移到德国柏林。随后，其秘书处又转到伦敦、阿姆斯特丹、巴黎、斯德哥尔摩等地。成员数量也从 1957 年的 10 个增加到现在的 60 多个（含团体成员和附属成员）。

二、发展构想

作为一个国际性非政府、非营利性科学组织，ICAS 的使命是促进航空领域的知识交流与国际合作，开展的主要活动有

（1）促进国际社会在航空领域的思想和信息交流；

（2）开展讲座，促进国际研究界了解航空及其技术方面存在的挑战和问题；

（3）通过安排特别活动和颁发奖项，让年轻人积极参与全球航空界；

（4）创建一个充满活力的国际网络，促进参与者之间的理解与合作。

三、组织架构

（一）成员构成

1.团体成员

成员资格面向联合国承认的致力于推动航空与航天科学与工程的国家协会开放。通常一个国家仅接纳一个团体成员。

2.附属成员

面向来自已有团体成员国家、满足 ICAS 成员资格的其他组织开放。

3.终身（荣誉）成员

为表彰对 ICAS 做出杰出贡献的个人设立。

4.准成员

面向从事航空科学和工程行业的机构开放，主要包括从事飞机发动机或设备开发和制造的公司、航空公司和其他飞机运营商，致力于航空教学、研究或工程的学术机构等。

（二）组织架构

1.成员大会

成员大会是 ICAS 的最高决策机构，负责制定 ICAS 的基本政策。每个团体成员可以任命 1 名代表参加大会。每个附属成员和准成员可以指定 1 名观察员参加大会。成员大会至少每两年举行 1 次。团体成员和终身（荣誉）成员代表各拥有 1 票表决权，附属成员和准成员没有投票权。

2.执行委员会

执行委员会负责根据成员大会制定的基本政策管理 ICAS 事务，成员由主席、前任主席、执行秘书、司库和计划委员会主席组成，同时还包括 2~8 名由成员大会确定的其他成员。执行委员会每届任期两年，可连选连任。执行委员会还行使对外代表 ICAS 的权利，该代表权也可由主席和执行秘书共同行使。

3.计划委员会

计划委员会成员不少于 15 人，负责 ICAS 大会计划的制定并保障会议质量。

四、学术及沟通平台

ICAS 作为国际航空科技界重要的国际学术组织，其开展的主要活动是两年 1 次的国际航空科学大会。这是航空科技领域最具影响力的国际学术会议之一。大会交流内容涉及航空科学的各个领域，被认为是航空科技界的奥林匹克大会。参会代表主要来自各国航空研究机构、企业、学校等。在两次大会之间，ICAS 还组织或支持国际专家研讨会会议或其他会议，以增进航空领域的知识交流和合作。

ICAS 设立了丰富的专业奖项，以表彰在科学和工程技术、系统集成、项目管理或航空管理方面做出贡献的个人和组织。这些奖项主要包括：Von Kármán Award 航空学国际合作奖（授予飞机和发动机研发项目以及在研究和基础设施方面的国际合作项目），为纪念 ICAS 第二任主席设立的 Maurice Roy 奖（授予对航空学发展做出杰出贡献的个人）和 ICAS 航空创新奖等。

五、经费筹措

ICAS的运行经费主要来自团体成员、附属成员和准成员缴纳的年费，ICSA大会和其他活动收入以及社会捐赠和奖励等。

国际基础与临床药理学联合会（IUPHAR）

国际基础与临床药理学联合会（International Union of Basic and Clinical Pharmacology，IUPHAR），成立于 1959 年，总部位于瑞士巴塞尔，是国际科学理事会（ISC）成员，并参与其科学委员会的工作。IUPHAR 是与世界卫生组织（WHO）建立正式关系的非政府组织，致力于成为在药理学和生物医学以及保健科学领域全球领导组织，在理论和临床上推动药理学的发展方面产生了重要影响。

国际基础与临床药理学联合会（IUPHAR）基本信息

中文名称	国际基础与临床药理学联合会	英文名称	International Union of Basic and Clinical Pharmacology
成立时间	1959 年	总部所在地	瑞士 巴塞尔
组织属性	非政府、非营利性组织	官方语言	德语
组织标识	IUPHAR INTERNATIONAL UNION OF BASIC AND CLINICAL PHARMACOLOGY		
官方网址	https://iuphar.org		
关注议题	药理学、生物医学和保健科学相关学科发展		

一、历史沿革

前身国际药理学联合会成立于 1959 年，起初作为国际生理科学联合会的分支机构运行，在 1965 年 9 月发展成为独立的国际组织。为了更好地反映成员构成情况，国际药理学联合会在 2006 年更名为国际基础和临床药理学联合会。

二、发展构想

（一）组织使命

IUPHAR 致力于与全球范围的药理学组织开展合作，支持药理学研究和教育，并推动药理学在改善全球健康方面的应用，主要业务范围包括：

（1）促进药理学相关组织与世界相关学科组织的合作；

（2）赞助国际和区域代表会议，并建立咨询委员会指导会议的组织；

（3）通过各种方式推动全球范围内尤其是新兴经济体在药理学方向的发展；

（4）鼓励科学家间的国际合作与自由交流；

（5）药理学家可以通过 IUPHAR 直接或在国际科学理事会（ISC）、世界卫生组织（WHO）和联合国教科文组织（UNESCO）等国际科学机构的支持下与其他学科的科学家开展国际合作；

（6）促进公众对药理学的认识。

（二）主要活动

（1）IUPHAR 最新研究领域：免疫药理学、抗体、激酶、孤儿和罕见病、蛋白酶和水解酶、酶异变等。

（2）IUPHAR 还通过开发病理学教育和研究方面的线上平台资源，促进人类健康和病理学学科发展。

（3）“辅助中心”计划：由 IUPHAR 临床药理学部门开发，致力于通过开展知识和技能培训，促进世界范围内特别是发展中国家的临床药理学能力建设，以最大程度提高药物利用率，减少其危害。

（4）IUPHAR 与世界卫生组织（WHO）还开展了以下方面的相关合作：药物开发、发展中国家临床能力建设、循证医学等。

三、组织架构

（一）成员构成

IUPHAR 会员由正式会员、准会员和企业会员组成。

1.正式会员

主要由基础或临床药理学及相关学科的国家和地区学会组成。该学会应为所在国家或地区的代表性药理学组织，并至少有 20 名药理科学家会员。

2.准会员

对药理学发展感兴趣的科学学会、跨国区域协会、慈善机构和其他非营利性组织。

3.企业会员

从事与药理学相关活动并希望支持 IUPHAR 发展的法人团体。

（二）组织架构

1.理事会

理事会由正式会员和各学部任命的代表组成。理事会与世界药理大会同步召开，每 4 年召开 1 次。理事会的代表人数与其会员组织所各自代表的药理学家人数有关。每 300 名药理科学家应有 1 名代表，且每个正式会员的代表总数不超过 10 人。准会员和企业会员可以指派 1 名代表。

理事会大会的职责主要有审议上届大会会议报告、审议执行委员会提交的年度报告、审议审计报告并批准年度财务报表、审议执行委员会的职责、选举执行委员会、任命内部和外部审计师、提议委员会进行选举、修订章程、取消会员资格等。

2.执行委员会

理事会选举产生执行委员会，由主席、第一和第二副主席、秘书长、财政官和 5 名理事组成。IUPHAR 的上任主席和每个部门的主席均是执行委员会的成员。执行委员会每年召开 1 次会议，并负责 IUPHAR 日常管理。

3.内部审计师

理事会大会选举产生两名内部审计师，其职责是审核财政官的账目并将其审核结果报告执行委员会和理事会大会。内部审计师独立于外部审计师提供审计报告。如内部审计师与外部审计师的审计报告存在差异，则外部审计师的审计结果更有约束力。

4.外部审计师

由理事会大会任命，可以是 1 个或多个自然人、法人实体或合资企业，负责对 IUPHAR 账目进行审查。

5.其他委员会

（1）国际咨询委员会：由执行委员会任命，主要职责是为世界药理学大会的召开提供专业咨询，并为其他药理学组织提供专业咨询。

（2）财务委员会：负责在 IUPHAR 大会前对 IUPHAR 的财务运行状况进行分析，并协调 IUPHAR 与大会组织者的财务事项。

（3）提名委员会：负责向成员协会征集下一届执行委员会委员提名人选，并在 IUPHAR 大会期间向理事会提出建议人选。

（4）会员委员会：由 3~5 人组成，负责调查并向执行委员会报告各类别会员的会员申请情况，提议内设机构的设立等。

四、学术及沟通平台

IUPHAR 设有内部通信平台——《国际药理学》，内容主要是关于 IUPHAR 成员组织的新闻、信息和活动，由 IUPHAR 秘书长编辑。同时，IUPHAR 还通过开发病理学教育和研究相关线上共享资源，促进人类健康和病理学学科发展。

五、资金筹措

IUPHAR运行经费主要来自会费、活动收益、服务协议收入和外部捐赠。正式会员根据其会员人数按比例支付年度会费。会费由会员人数决定，没有上限。会费的缴纳标准由理事会大会确定。

国际计量测试联合会（IMEKO）

国际计量测试联合会（International Measurement Confederation，IMEKO），成立于 1958 年，总部位于匈牙利布达佩斯。IMEKO 作为非政府间的国际测量技术组织，致力于促进测量技术和仪器开发领域的国际科技信息交流，推动相关领域的科学家和工程师之间的国际合作，并享有联合国教科文组织（UNESCO）和工业发展组织（UNIDO）的咨商地位。目前，IMEKO 在全球范围内拥有团体成员 42 个。

1961 年，中国以“中国计量技术与仪器制造学会筹备委员会”的名义加入 IMEKO；1979 年，改以“中国计量测试学会”的名义加入 IMEKO，成为其成员组织。1988 年，在 IMEKO 第 11 届大会上，时任中国计量测试学会副理事长孟兆仟当选为 IMEKO 主席。1991 年，中国首次召开了 IMEKO 第 12 届大会。

国际计量测试联合会（IMEKO）基本信息

中文名称	国际计量测试联合会	英文名称	International Measurement Confederation
成立时间	1958 年	总部所在地	匈牙利 布达佩斯
组织属性	非政府、非营利性组织	官方语言	英语
组织标识			
官方网址	https://www.imeko.org/		
关注议题	促进测量技术、仪器设计和制造等相关领域的国际交流，推动相关领域科技人员的国际合作		

一、历史沿革

1958 年 11 月，苏联、匈牙利、波兰等 12 国的计量与自动化科学协会在匈牙利布达佩斯联合召开第一届国际计量大会。与会代表倡议建立 IMEKO，并决定于 1960 年召开筹备委员会。1961 年，第二届国际计量大会在布达佩斯召开，会议期间正式成立了 IMEKO。IMEKO 原名为“国际计量技术与仪器制造代表大会”，于 1965 年更名为“国际计量测试联合会”，并通过了 IMEKO 的第一版章程。

二、发展构想

IMEKO 的发展目标是促进与测量技术、仪器设计与制造以及在科学研究和工业中的仪器应用等相关领域的科技信息的国际交流，推动相关领域科学家、工程师等科技人员的国际合作。为实现组织目标，IMEKO 开展的主要活动有召开 IMEKO 世界大会和专业技术委员会会议、组织学术研讨会、出版各类学术产品等，并与 IMEKO 具有相同发展目标的机构开展广泛合作。

三、组织架构

（一）成员构成

IMEKO 仅接受团体成员。任何接受并遵守 IMEKO 章程和规则，并认同其组织宗旨的技术和科学团体、机构以及由两个或多个机构组成的委员会均可加入 IMEKO。每个国家允许有 1 个团体成员名额。目前，IMEKO 拥有团体成员 42 个。

（二）组织架构

IMEKO 的管理机构主要由总务委员会、技术工作委员会、咨询委员会、专业技术委员会和秘书处等构成。

1.总务委员会

IMEKO 的最高决策机构，每个团体成员可派出 1~2 名代表参加，但只有 1 票表决权，每年召开 1 次会议。

2.技术工作委员会

监督 IMEKO 的技术活动，特别是 IMEKO 专业技术委员会和 *Measurement* 期刊编辑部的技术活动。它对专业技术委员会组织的技术活动进行审议，并将作出的决定上报至总务委员会供其参考。

3.咨询委员会

负责提名官员进行选举，并就一般政策、长期规划、与其他国际组织的关系、出版活动以及工作程序等事项向总务委员会提出工作建议。

4.专业技术委员会

根据技术工作委员会的建议，总务委员会批准设立负责专业技术活动的技术委员会，IMEKO 现共设有测量和仪器教育培训、光子学、电量测量等 25 个专业技术委员会。

5.秘书处

IMEKO 的执行机构，负责执行总务委员会的决定，并按照总务委员会的要求开展活动。秘书处可设在任何国家，但通常设在秘书长所属的团体成员组织所在国。

四、学术及沟通平台

IMEKO 组织召开的世界大会，是科学家和工程师进行学术和经验交流的重要平台，两届大会间隔为 1~3 年，通常是每 3 年举办 1 届。IMEKO 世界大会的论文集通常以 *ACTA IMEKO* 的名义进行编辑和出版。IMEKO 会刊是 *Measurement*。IMEKO 还设有杰出服务奖，授予为 IMEKO 做出杰出贡献的测量领域的知名专家。同时，其设有 György Striker 青年论文奖，授予在 IMEKO 世界大会上提交高质量论文的 35 岁以下的青年学者。

五、经费筹措

IMEKO 的运行经费主要包括：团体成员的会费、IMEKO 世界大会会议费、专业技术委员会组织的各类专业会议和 IMEKO 组织的其他收费活动注册费、出版物的版税和出售利润以及来自联合国教科文组织等组织的拨款和其他捐赠等。

国际计算力学协会（IACM）

国际计算力学协会（International Association for Computational Mechanics，IACM）是致力于促进计算力学教育、研究和实践以及科学领域思想交流的国际组织，目前拥有 33 个团体成员和 5 000 余名个人成员。IACM 也是国际理论与应用力学联合会（International Union of Theoretical and Applied Mechanics，IUTAM）的关联组织。

1988 年，中国力学学会计算力学专业委员会以团体成员名义加入 IACM。自 IACM 成立以来，中国学者积极参加 IACM 的组织活动，IACM 主办的历届世界计算力学大会都有中国学者参与。中国计算力学领域的学者在 IACM 的活跃度也日益提升，有多位中国学者进入 IACM 理事会，中国科学院院士钟万勰还被授予 IACM 荣誉成员。

国际计算力学协会（IACM）基本信息

中文名称	国际计算力学协会	英文名称	International Association for Computational Mechanics
成立时间	1981 年	总部所在地	西班牙 巴塞罗那
组织属性	非政府、非营利性组织	官方语言	英语
组织标识	iacm		
官方网址	https://iacm.info/		
关注议题	促进计算力学教育、研究和实践，以及计算力学领域的思想交流		

一、历史沿革

IACM 的历史可追溯至 1981 年 4 月由美国佐治亚理工学院 R.H. Gallagher、J.T. Oden 和 O.C. Zienkiewicz 3 位计算力学领域的科学家共同发起的、12 人参加的一次学术会议。在此次会议上，与会科学家提议建立国际计算力学中心，并成立 IACM 组建委员会。在机构章程确定后 IACM 即宣告成立。1984 年，IACM 成为 IUTAM 的关联组织。

二、发展构想

IACM 致力于推动计算力学理论与方法的研究，促进计算力学在实践中的应用，组织机械、土木、航天、航空、航海、生物医学、化学、电气工程、材料科学等领域中计算力学成果的交流，提供传播计算力学有关知识的咨询和集会平台，每两年举办一届世界计算力学大会。

三、组织架构

（一）成员构成

IACM 成员主要分为个人成员和团体成员两类。

1.个人成员

从事与 IACM 发展目标相关的专业领域或对 IACM 发展目标感兴趣的工程、科学和数学领域具有大学或同等学历的个人。

2.地区组织个人成员

IACM 国家或地区成员组织的个人成员。属于 IACM 国家或地区成员组织的成员与 IACM 个人成员享有同等权利和义务。

3.团体成员

该类成员资格面向非营利性的研究机构、科技组织和大学开放。

4.企业成员

该类成员资格面向业务范围和发展目标与 IACM 相关的企业开放，主要是 IACM 的各类行业合作伙伴。

5.荣誉成员

荣誉成员为表彰对 IACM 做出贡献的资深学者而设立。

（二）组织架构

1.理事大会

IACM 的最高决策机构，现有成员 100 多人。IACM 的理事大会与世界计算力学大会通常同期召开。

2.执行理事会

主要负责 IACM 的科学计划、活动组织和财务的日常管理事务，执行理事会最多由 21 名成员组成，具体包括现任主席、前任主席、副主席、秘书长和其他普通成员。

3.秘书处

IACM 的常设机构，主要发挥联络作用，负责维护和更新 IACM 网站信息，并为理事和成员组织服务。

四、学术及沟通平台

IACM 将全球划分成美洲、欧洲—非洲、澳洲—亚洲 3 个区域开展活动。自 1984 年起，IACM 开始举办世界计算力学大会，已连续举办 14 届。世界计算力学大会早期为每 4 年召开 1 次，从 2002 年开始每两年举办 1 次，是力学研究领域最受关注的国际大会。同时，IACM 还通过联合其他国家地区的学术组织举办主题会议，如国际塑性计算力学会议、国际流体有限元会议、地质力学中的计算方法和进展国际研讨会等。此外，IACM 还支持举办计算力学相关的培训班和短期课程，主要出版物为《国际计算力学协会通报》季刊。

五、经费筹措

IACM 运行经费主要来自成员会费。个人成员每年需交纳成员费，团体成员单位对其加入的个人成员收取年费并交至 IACM，团体成员单位不再承担会费。

国际晶体学联合会（IUCR）

国际晶体学联合会（International Union of Crystallography，IUCR）创建于 1948 年，是一个国际性的非政府、非营利性科学组织。作为国际科学理事会（ISC）的成员组织，IUCR 的宗旨是促进晶体学的国际合作，为晶体学各方面的发展做出贡献，促进晶体学研究成果的国际传播，促进晶体学研究方法、单位、命名法和符号的标准化，并加强晶体学与其他学科的有效联系。

国际晶体学联合会（IUCR）基本信息

中文名称	国际晶体学联合会	英文名称	International Union of Crystallography
成立时间	1948 年	总部所在地	英格兰 切斯特
组织属性	非政府、非营利性组织	官方语言	英语
组织标识			
官方网址	https://www.iucr.org/		
关注议题	促进晶体学领域的国际合作；促进晶体学研究的国际出版；促进晶体学研究方法、单位、命名法和符号的标准化		

一、历史沿革

1944 年，英国物理研究院“X 射线分析小组”（XRAG）的年会在牛津举行。当时正在英国贝尔法斯特女王大学任教的德国籍晶体学家爱荷华（Paul Peter Ewald）受邀在这次年会上作报告。在报告中，爱荷华就 X 射线晶体的发展阶段进行了分析，并在报告结束后，呼吁成立国际性的协会，将这一新兴科学的研究成果集结成册，进行学术化出版。这个呼吁得到了英国晶体学家布拉格爵士（Sir Lawrence Bragg）的响应。作为 XRAG 的主席，布拉格爵士于 1946

年在英国伦敦发起了一个国际会议，吸引了来自同盟国的 120 多名科学家。这次会议上，布拉格当选为 IUCR 临时委员会的主席，并将成立 IUCR 的设想付诸实践。自从加入 ISC 以来，IUCR 一直致力于在全球范围内鼓励晶体学界开展研究活动。正是得益于全球各地晶体学家们的联系，才促成了 IUCR 的出现，确保了各种各样联合研究项目的涌现。

二、发展构想

（一）组织使命

IUCR 的主要工作包括：组织有关 IUCR 框架范围内各种主题的国际会议；促进晶体学研究和晶体学研究成果的全球出版；设立专门委员会或就相关研究议题设立特别组织；发起并促进、协调需要国际合作的晶体学研究；实施得到 IUCR 资助的特别项目；与其他国际科技组织成立联合委员会以促进 IUCR 的共同利益；延揽在晶体学领域志同道合的区域性协会或其他组织。

（二）主要活动

IUCR 的主要活动包括召开国际会议、整合开放型实验室资源（Open labs）促进晶体学研究的全球资源共享、开发晶体学领域的教学资源、实施 IUCR 客座教授计划（经费支持国际上认可的科学家担任发展中国家的客座教授并开展短期授课）、设立多种奖励以表彰在晶体学研究领域做出重大贡献的组织和个人、发展晶体学领域的国际学术期刊及编著（期刊共计 11 种）。此外，IUCR 还在国际科学理事会（ISC）的框架下开展与其他国际科技组织的交流与合作，旨在通过加强在晶体学领域的研究促进人类的共同福祉。

三、组织架构

（一）成员类型

IUCR 的成员类型主要为国家成员、区域成员、国际组织成员。每个国家只能有 1 名代表作为加入成员，前提条件是该国家相应的附属机构已被国际科学理事会（ISC）接受为国家成员。值得注意的是，与其他“伞状”国际科技组织一样，IUCR 的加入成员根据缴纳会费的高低被分为 5 个等级，不同等级的成员拥有不同的投票权，第 5 等级的加入国成员拥有的投票权数量最高（中国为第 5 级会员）。加入国成员在向 IUCR 全体大会提交入会请求时，需明确以何种级别加入 IUCR 组织。

1.正式成员

加入国家成员主要是以国家研究院、国家研究理事会或类似机构的科技协会为主。加入国家成员将设立一个晶体学领域的国家委员会作为 IUCR 的代表，参加包括 IUCR 全体大会在内的相关会议。

2.区域成员

相关国家可在相互协商的前提下，成立一个关于晶体学领域的单独组织，加入 IUCR，即相关国家以区域成员的身份加入 IUCR。区域成员也应成立代表各相关国家的联合委员会，以推动晶体学事业的发展。IUCR 目前拥有 4 个区域成员，分别是北美区域、亚洲和澳大利亚区域、欧洲和非洲区域、拉丁美洲区域。

3.国际组织成员

IUCR 的成员还包括其他与 IUCR 在发展上志同道合的其他国际组织，共同推动晶体学事业的发展。

（二）组织机构

全体大会是 IUCR 的最高决策机构，负责对执行委员会提出的相关议题进行决策。执行委员会负责 IUCR 日常工作的管理，由主席、副主席、秘书长等相关官员组成。IUCR 的专业性（学术性）事务，则由 23 个专业委员会负责。

1.全体大会

全体大会每 3 年举行 1 次，IUCR 主席可根据特殊情况，在执行委员会同意，并取得 1/5 成员同意的情况下，临时召集全体大会。全体大会的职责包括：

面向 IUCR 开展相关工作；选举 IUCR 主席、副主席、秘书长、财政官和其他官员；审议通过关于 IUCR 出版物编辑人选；审议通过每个专业委员会候选人选；选举各专业委员会的主席和委员；选举相关代表开展与其他国际组织联合委员会的相关活动；审议 IUCR 工作报告和专业委员会的工作报告，以及审议关于《章程》和《管理细则》修订、解散 IUCR 等事宜。

2.执行委员会

与其他国际科技组织一样，IUCR 就执行委员会设置了类似的人员配置，包括 1 名主席、1 名副主席、1 名秘书长、1 名财政官、6 名普通成员。执行委员会负责执行大会的相关决议及落实 IUCR 的相关政策。除《章程》和《管理细则》所规定的相关职责以外，执行委员会负责执行所有相关临时工作安排。此外，执行委员会的工作职责还包括对拟加入成员的申请进行预评估，了解这些组织的工作情况；并向各加入国家成员报告经费年度执行情况等。

3.专门委员会

按学科方向组建的 23 个专业委员会分别负责对相关学科方向下研究工作的推进。IUCR 还专门设立了一个“晶体学教育委员会”（在执行委员会下设的一个工作小组）负责推广晶体学领域的教育教学活动，尤其是编撰了 3 个系列的晶体学领域的教材。专门委员会对全体大会负责，并在《章程》和《管理细则》框架下，调整其内部管理机制，在开展研究活动方面享有充分的自主权。专业委员会主席须向全体大会报告其相关活动的开展。

四、学术及沟通平台

正如前文所述，IUCR 主要通过召开国际会议、构建国际学术共同体、发展晶体学领域的教学资源、发展晶体学领域的国际学术期刊等方式促进晶体学领域学术同行之间的交流与合作。其中，国际会议方面，包括 3 年 1 次的全体大会、执行委员会的会议、各专业委员会召集的会议；构建国际学术共同体方面，包括通过在全球各地开放相关实验室以聚集晶体学领域研究的公共资源，邀请晶体学领域的知名专家赴世界发展中国家及地区开展学术讲座、讲授课程，设立多种奖励以表彰在晶体学研究领域作出重大贡献的组织和个人，出版晶体学领域的国际学术期刊(目前有 11 种);开发晶体学领域的教学资源方面，IUCR 已牵头开发了 3 个系列的教材，目前已进入第 3 辑开发阶段(共计 23 本)。

五、资金筹措

IUCR 经费有 3 大主要来源：会员费、出版物和自 1982 年以来以期刊收入为基础的投资收益。其中，IUCR 总收入的 90%来自出版物。出版晶体学领域的学术期刊是 60 多年前 IUCR 创立的主要推动力，也正是 IUCR 的出版活动(8 种期刊)为年轻科学家提供了必要的经费支持。此外，IUCR 的会费与加入的成员国家所认定的等级相关。

国际科学史与科学哲学联盟（IUHPST）

国际科学史与科学哲学联盟（International Union of the History and Philosophy of Science and Technology，IUHPST）成立于 1956 年，是国际科学理事会（ISC）成员组织之一。IUHPST 由两个分支组织组成：1947 年成立的国际科学史学会（The Division of History of Science，DHS）和 1949 年成立的国际科学哲学学会（The Division of Logic，Methodology，and Philosophy of Science，DLMPS）。两个分支组织还同时是国际哲学与人文科学理事会（CIPSH）的成员。

中国在 1981 年加入 IUHPST。此外，中国科学院自然科学史研究所刘钝研究员于 2009 年 8 月当选为 IUHPST 第 19 任主席。

国际科学史与科学哲学联盟（IUHPST）基本信息

中文名称	国际科学史与科学哲学联盟	英文名称	International Union of the History and Philosophy of Science and Technology
成立时间	1956 年	总部所在地	DHST（法国巴黎）、DLMPS（法国蒙彼利埃）
组织属性	非政府、非营利性组织	官方语言	英语、法语
组织标识			
官方网址	http://iuhpst.org/		
关注议题	科学技术史，逻辑、方法论和科学技术哲学及相关学科领域研究		

一、历史沿革

IUHPS 由 1947 年成立的国际科学史联盟和 1949 年成立的国际科学哲学联盟在 1957 年共同发起成立。两个发起组织分别成为 IUHPS 的两大分支机构，即国际科学史协会（DHS）和国际逻辑学、方法论和科学哲学协会（DLMPS）。

由于 DHS 和 DLMPS 分别于 2005 年和 2015 年在其名称中加入“技术（Technology）”一词，因此两大分支的名称相应变成了国际科技史协会（DHST）和国际逻辑学、方法论和科技哲学协会（DLMPST）。自 2015 年夏，IUHPS 启用国际科技史和科技哲学联盟（IUHPST）这一名称。两大分支组织在联合国教科文组织等推动下结盟，但两大分支内部依然存在不同的利益点。

二、发展构想

（一）组织使命

建立和促进历史学家和科学哲学家以及相关机构、协会、学术期刊的交流；收集促进科学技术史和逻辑学发展的文献资料；采取有效措施促进科学技术史，逻辑、方法论和科学技术哲学及相关学科领域的研究和传播；组织两个分支机构的国际大会和其他国际活动；促进科学的统一性，并促进人类知识不同学科之间的联系；促进专注各自领域方法论和基础研究核心问题的历史学家、哲学家和学者之间的联系和交流。

（二）主要活动

IUHPST 的主要活动是由两大分支组织开展的四年一度的国际大会：由 DHST 组织的国际科学技术史大会（ICHST）和由 BST 组织的逻辑、方法论和科学技术哲学大会（CLMPST）。近年来两大分支举办的国际大会情况如表 1 所示。

表 1　近年来 IUHPST 主办的国际大会

序号	会议名称	大会主题	大会地点	大会时间
1	第 16 届逻辑、方法论和科学技术哲学大会	跨学术文化的桥梁	捷克	2019.8
2	第 25 届国际科学技术史大会	全球与地区间的科学、技术和医学	巴西里约热内卢	2017.7
3	第 15 届逻辑、方法论和科学哲学大会	模型与建模	芬兰赫尔辛基	2015.8
4	第 24 届国际科学技术和医学史大会	工作知识	英国曼彻斯特	2013.7

IUHPST 近年来开展的主要项目：

（1）数学研究训练项目：由 ISC 资助（2014—2015 年），旨在研究数学领域的不同文化并对数学研究人员开展培训。

（2）气候变化教育项目：由 ISC 资助，旨在通过教学干预和科学方法使当前和未来公民采取积极行动，减轻和改变气候变化影响。

（3）科学中的性别差距：由 ISC 资助，旨在发现数学、计算和自然科学领域性别差距，并研究如何减少性别差距的方法。

三、组织架构

（一）成员类型

IUHPST 本身没有成员机构。DHS 和 DLMPS 的成员类型主要由正式成员（国家成员）构成。

1.正式成员

正式成员应是科学院或科学学会、国家科学委员会或其他代表一个国家参与科学活动的机构和委员会。一个国家通常只有 1 个正式成员资格。

2.国际科技组织成员（DLMPS）

DLMPS 的成员构成除了正式成员（国家成员）以外，还有国际科技组织成员。

（二）组织机构

1.规章制度

DHS 和 DLMPS 分别拥有各自的《章程》，以规范各自的组织行动，并同时作为 IUHPST《章程》的补充和组成部分。两大分支通过签署合作协议协调双方之间合作。来自 DHS 和 DLMPS 的相关官员轮流负责 IUHPST 的治理工作，IUHPST 的主席则在两个分支组织之间轮换。

2.行政权力

（1）IUHPST 的行政权分别由两大分支的组织大会、理事会和 IUHPST 理事会行使。

（2）IUHPST 的执行委员会由主席、副主席、秘书长和财政官组成。

（3）除执行委员会成员外，两大分支均可任命各自理事会成员作为其在 ISC 的正式联系人。

（4）两大分支约定每 4 年为 1 个周期，在周期的前两年 DHST 的主席、秘书长和财政官分别担任 IUHPST 的主席、秘书长和财政官，DLMPST 的主席是 IUHPST 的副主席；在周期的第三和第四年，DLMPST 主席、秘书长和财政官分别担任 IUHPST 主席、秘书长和财政官，DHST 主席担任 IUHPST 的副主席。

3.联合委员会

两大分支商定成立联合委员会，以加强双方合作。联合委员会的主要职责是通过联席会议和专题讨论会的方式，探索历史学家和科学技术哲学家以及逻辑学家共同感兴趣的研究领域。联合委员会还负责在两大分支各自国际代表大会上组织另一项关注议题的会议。

联合委员会董事会由联合委员会主席以及两大分支的当然主席和秘书长组成。董事会可以任命其他人为联合委员会成员，任期四年，可以连任。

联合委员会主席任期两年，由 DHST 和 DLMPST 轮流任命，由其中一大分支任命的联合委员会主席在该组织的国际大会召开当年年初上任。

四、资金筹措

IUHPST 的运行经费主要来自普通成员会费、国际组织捐赠、ISC 的资助和学术出版物收益。

国际矿物学协会（IMA）

国际矿物学协会（International Mineralogical Association，IMA）是一个国际性的非政府、非营利性科学组织，于 1958 年创立。IMA 隶属于国际地质科学联盟（IUGS）。IMA 目前拥有 39 个国家矿物学学会或团体，是矿物学领域最大和最权威的国际学术组织。在过去的 60 多年里，IMA 促进并带动了国际矿物学的发展与繁荣，在国际地球科学领域享有重要地位并拥有较大影响力与号召力。

中国于 20 世纪 80 年代初加入 IMA。2021 年 1 月，在 IMA 理事会和全体国家代表会议上，北京大学地球与空间科学学院教授、中国矿物岩石地球化学学会常务理事鲁安怀当选为 IMA 主席。此外，IMA 还将“2019 年度矿物”殊荣授予中国著名矿物学家、中国地质大学（北京）李国武教授等发现的新矿物碲钨矿，这是国际矿物学界对中国在该领域的研究水平和科技实力的充分肯定。

国际矿物学协会（IMA）基本信息

中文名称	国际矿物学协会	英文名称	International Mineralogical Association
成立时间	1958 年	总部所在地	法国 蒙彼利埃
组织属性	非政府、非营利性组织	官方语言	英语
组织标识			
官方网址	https://www.ima-mineralogy.org/		
关注议题	探索新矿物和深化矿物分类；探索行星矿物学，涵盖太阳系其他天体及其他地方的矿物，助力行星探索和太空飞行任务实施；加强矿石矿物学的跨学科研究		

一、历史沿革

1956年11月，美国矿物学协会（MSA）召开会议，讨论建立一个关于矿物学协会的可能性。此次会议的大部分与会者同意由MAS时任主席布尔格教授（H.J. Buerger）组建一个专题工作组，调研设立此类国际协会的可能性。矿物学家们之所以对设立这样一种国际性组织感兴趣是有多种原因的，最为主要的原因是当时的矿物学家们看到了国际晶体学联合会（ICUR）在推动晶体学发展方面所发挥的积极作用。那时ICUR已每3年在全球举行1次国际大会，但ICUR仅聚焦晶体学相关领域，几乎关注不到矿物学的发展。因此，来自矿物学领域的科学家觉得有必要成立一个国际组织，通过构建全球性的学术交流网络，促进矿物学的发展。IMA 最初致力于促进矿物学相关术语和技术标准的全球传播，如成立了“新矿物的名称和分类委员会”（CNMNC），而现在关注的议题已覆盖应用矿物学、宝石材料研究等多个方面。

二、发展构想

IMA 希望通过深化一种广泛性的、包容性的国际合作机制，在矿物学领域持续促进国际合作；促进矿物学研究成果的发表与交流；联合各国的矿物学领域的科学协会，共同讨论、制定矿物分类方案、术语及符号的标准化；开展新矿物命名；推动矿物学与其他学科的交叉，促进传统与新兴研究领域的发展。

三、组织架构

（一）成员类型

IMA 的成员类型分为两种：一是国家成员，二是个人成员。

1.国家成员

国家成员主要是指一国可以其在矿物学领域的科学协会或理事会加入IMA，而这些协会或理事会能够充分代表一个国家的矿物学学者群体。一个国家只能授权1个组织作为在IMA的代表。成员资格的申请需提交至IMA的最高决策机构——IMA 理事会，由 IMA 理事会予以审议。此外，每个国家成员（学术组织）应委任一个常任代表，由这个常任代表负责传达 IMA 向这个国家成员发出的文件或信息，确保属于这个学术组织的所有成员能够及时获取 IMA 的相关信息。

2.个人成员

从事矿物学研究，且遵守 IMA《章程》及拥护 IMA 发展愿景的个人均可申请加入并成为 IMA 个人成员。个人成员在 IMA 所有会议上均无表决权，但有资格参加业务会议（Business Meetings）并在业务会议上发言。

（二）组织机构

IMA 理事会通过举办全体大会和业务会议开展 IMA 的相关行政管理事务。而学术事务则是由 IMA 专业委员会、工作组负责落实。

1.全体大会和业务会议

全体大会每 4 年举行 1 次，由 IMA 国家成员成立会议组委会落实相关会议筹备工作。

业务会议分为两种类型。一是常规型业务会议，由各国家成员指定的代表出席，通常每两年举行 1 次，也由 IMA 理事会根据相关必要性决定是否临时召开业务会议。常规型业务会议的职责包括集体审阅上一次常规型业务会议的纪要、向 IMA 相关官员（主要指 IMA 主席、副主席等）报告工作情况、听取各专业委员会或工作组主席的工作报告等。二是在每届全体大会期间举行的业务会议，通常分为第一和第二业务会议，分别就不同的议题或工作事项进行讨论。两种类型的成员均可参加业务会议，但个人成员无表决权，国家成员的表决权数量根据其拥有的矿物学家数量及其所缴纳的会费决定。

2.理事会和执行委员会

理事会由主席、第一副主席*、第二副主席、秘书长、财政官、信息交流

* 当选为 IMA 主席，均拥有“第一副主席”“准主席”等职务履历。

官、前任主席和5名常任理事组成。其中，主席、第一副主席、第二副主席、秘书长、财政官、信息交流官、前任主席又组成执行委员会，负责 IMA 日常行政管理事务。理事会会议在 IMA 全体大会期间举行，主要讨论由各专业委员会提请的各项议题。IMA 官员和 IMA 理事会常任理事在 IMA 业务会议（IMA 全体大会期间）选举产生。

IMA 下设两个常设委员会，分别是 IMA 奖委员会（IMA Medal）、IMA 外联委员会（IMA Outreach）。

3.专业委员会和工作组

根据 IMA《章程》，IMA 的业务会议有权设立一定数量的专业委员会，以根据不同的矿物学领域开展相关工作，专业委员会的前身是工作组。IMA 目前成立了 6 个专业委员会，分别是应用矿物学（CAM）、宝石材料（CGM）、博物馆（CM）、新矿物名称和分类（CNMNC）、矿物学（COM）和矿物物理（CPM）。

IMA 还通过设立各种工作组以专题开展相关学术事务。IMA 理事会或个人成员均可提议设立工作组。IMA 现有 1 个工作组，即“具有潜在健康风险的石棉、石棉矿物和其他可呼吸矿物”工作组。

四、学术及沟通平台

IMA 开展的主要学术活动包括：①组织并实施包括 IMA 全体大会、业务会议在内的各类型国际会议。②发表学术报告。IMA“新矿物的名称和分类委员会”在多种矿物学期刊上发表的学术报告，主要是涉及有关矿物及矿物群命名的规则和要求。③通过实施“年度最佳矿物计划”（Mineral of the Year），表彰年度最重要的矿物发现，以增强矿物学界的集体认同感。④设立奖励体系。IMA 目前设立了两大奖，分别是 IMA 年度奖和 IMA 博士生奖。其中，IMA 博士生奖旨在鼓励全球范围内矿物学相关领域的博士生原创性成果产出。

五、资金筹措

IMA 的收入来源主要是各国家成员及个人成员所缴纳的成员费。IMA 的会费分为 6 个等级，分级的标准是每个国家成员的矿物学领域的学者数量。

国际理论与应用力学联合会（IUTAM）

国际理论与应用力学联合会（International Union of Theoretical and Applied Mechanics，IUTAM）成立于1946年，并在1947年加入国际科学理事会（ISC）。IUTAM 致力于理论和应用力学及相关学科研究，为力学科学人员建立联系，组织召开力学理论和应用力学大会以及其他力学有关主题国际会议。IUTAM 如今拥有500余名科学家成员，分别来自50个国家和20个附属国际组织。经过多年发展，IUTAM 已成为力学学科领域最具学术权威的国际学术组织。中国力学学会于1980年加入 IUTAM。

国际理论与应用力学联合会（IUTAM）基本信息

中文名称	国际理论与应用力学联合会	英文名称	International Union of Theoretical and Applied Mechanics
成立时间	1946年	总部所在地	波兰
组织属性	非政府、非营利性组织	官方语言	英语
组织标识	IUTAM International Union of Theoretical and Applied Mechanics		
官方网址	https://iutam.org/		
关注议题	理论和应用力学及相关学科研究		

一、历史沿革

20世纪初，德国教授 Theodore vonKármán 建议流体力学领域的科学家应建立相互交流机制。1922年9月，科学家们相聚在奥地利因斯布鲁克，讨论流体力学和空气动力学相关学术问题。随后，Theodore vonKármán 教授建议在更大范围内举行一次涵盖应用力学整个领域的国际会议。1924年，第一届应用力学国际大会在荷兰代尔夫特召开。1946年9月，在巴黎召开的第六届应用力学国际大会上“决定建立一个更常设的组织，以便提供在两次大会之间进行活动的可能性”。1946 年 9 月 26 日，IUTAM 章程通过，IUTAM 正式成立。1948 年，匈牙利和英国率先加入 IUTAM，成为第一批成员。到 1952 年，已有 18 个国家加入 IUTAM。

二、发展构想

（一）组织使命

IUTAM 致力于为从事理论和应用力学研究，搭建分析、计算和实验研究等相关学科的科学工作者和组织之间联系；组织召开国际理论和应用力学国际大会；组织召开理论和应用力学领域相关主题的其他国际会议；开展其他旨在促进理论和应用力学发展的活动。

（二）主要活动

1.IUTAM 专题研讨会

在指定的专业领域内召集一批活跃的科学家召开研讨会，以促进该领域相关学科发展。

2.IUTAM 暑期学校

主要面向年轻科学家开展具有教育意义的专业培训。

每两年在 IUTAM 网站上发起一次电话会议，讨论有关开办 IUTAM 研讨会和暑期班的建议，在与合适的成员组织或附属组织进行协商之后，要求潜在的组织者在线提交提案。组织者可以向 IUTAM 申请最高 5 000 美元的经费支持。IUTAM 专题讨论会和暑期学校由 IUTAM 大会根据提案的吸引力和质量通过竞争性程序批准。

三、组织架构

（一）成员构成

1.正式成员

可以有效地代表一个国家或一定领土内独立开展科学活动的理论或应用力学的科学家组织（或此类组织的联合会）为正式成员。每个国家或地区一般只会接纳 1 个入会组织。每个正式成员均可选派代表参加 IUTAM 大会，并每年向 IUTAM 缴纳会费。

2.附属成员

附属成员为一个国家或地区中可以独立开展理论或应用力学活动的科学家组织，但不能选派 IUTAM 代表。每个附属组织均有权任命 1 名观察员，该观察员应邀参加大会而没有表决权。附属成员无需向 IUTAM 支付年度会费。

（二）组织架构

1.IUTAM 大会

IUTAM 的最高权力机构是 IUTAM 大会。大会有权决定 IUTAM 的一切事务。大会成员构成为成员组织的代表、主席团成员、常务委员会秘书、主席团任命的专题讨论会小组主席。

2.IUTAM 主席团

主席团为 IUTAM 的执行机构，由 IUTAM 大会选举产生，成员由 IUTAM 主席、副主席、秘书长、财政官和其他 4 名成员组成。主席团成员自动为 IUTAM 大会成员。主席团每年至少召开 1 次会议。

3.常务委员会

常务委员会负责定期组织国际理论和应用力学大会。IUTAM 主席同时担任常务委员会主席。常务委员会委员由 IUTAM 大会从活跃在理论和应用力学领域的个人中选举产生。

四、学术及沟通平台

IUTAM 出版物主要有年度发展报告、时事通信、会议论文集、国际理论和应用力学大会会议资料等。

五、经费筹措

IUTAM 的活动经费主要来自成员会费、出版发行物订阅费、外部捐款等。

国际免疫学联合会（IUIS）

国际免疫学联合会（International Union of Immunological Societies，IUIS）是一个国际性的非政府、非营利性科学组织，于 1969 年创建于比利时布鲁日。作为国际科学理事会（ISC）的成员组织，IUIS 目前拥有 81 个正式成员，分别属于欧洲、拉丁美洲、非洲、亚太地区、北美地区。IUIS 的宗旨是组织免疫学方面的国际合作，促进免疫学各个分支机构与相关学科之间的交流；在代表免疫学利益的各学会之间，在每个独立的科学领域内鼓励合作；为免疫学的发展做出贡献。此外，IUIS 与世界卫生组织（WHO）、国际实验动物科学理事会（ICLAS）等国际组织建立了广泛的联系，在多个领域开展合作。

中国免疫学会于 1989 年正式成立，并代表中国加入 IUIS。此外，中国还于 2019 年 10 月承办了第 17 届国际免疫学大会。

国际免疫学联合会（IUIS）基本信息

中文名称	国际免疫学联合会	英文名称	International Union of Immunological Societies
成立时间	1969 年	总部所在地	德国 柏林
组织属性	非政府、非营利性组织	官方语言	英语
组织标识	IUIS International Union of Immunological Societies		
官方网址	https://iuis.org/		
关注议题	促进免疫学研究领域的性别平等，开展免疫学领域的教育和培训活动，推动免疫学研究的标准化进程，发展免疫学领域的学术期刊		

一、历史沿革

经过多次非正式磋商，来自 10 个学会（包括美国免疫学家协会、英国免疫学会、加拿大免疫学会等）的代表于 1969 年 5 月 5 日在比利时布鲁日的会议上，宣布正式成立 IUIS。荷兰免疫学会、澳大利亚免疫学会等学会的代表虽未能出席，但均对成立 IUIS 表示强烈支持。这些国家的学会均成为 IUIS 的初创成员。IUIS 的第一届全体大会于 1971 年 7 月在美国华盛顿举行，并通过了第一版《章程》。IUIS 于 1976 年正式加入国际科学理事会（ISC）。

二、发展构想

IUIS 目前主要聚焦 4 个方面的工作：一是在委员会人员的组成上、在各类国际会议的参会人员中、在科学成果产出上，致力于促进性别平等；二是进一步打造由免疫学家开设的课程和培训班，完成非洲免疫学联合会（FAIS）项目资源的分类、标准化、术语化，设立相关系统化的解决方案；三是充分利用免疫学知识积极应对全球问题；四是进一步发展 IUIS 官方学术期刊，深入对接免疫学的前沿领域，向全球提供更多的学术产品。

三、组织架构

（一）成员类型

IUIS 的成员分为 4 类，分别是正式成员、区域型联盟、附属成员、非正式成员。

1.正式成员

所有能够独立开展科学研究的、由免疫学人员组成的地区性社会团体均可加入 IUIS。这些社会团体可以是科学学会，或是为加入 IUIS 而专门成立的社会团体。每个地区只能有一个相关组织加入 IUIS。

2.区域型联盟

数个正式成员可组成一个区域型联盟。虽然这些区域型联盟具有较高的自主权，但其章程须得到 IUIS 理事会的通过和全体大会的批准。区域型联盟不得向国家成员另外收取会费。IUIS 有权派出官员出席由区域型联盟执委召开的委员会和全体大会。

3.附属成员

附属成员主要是指由免疫科学家个人组建的免疫学相关学科的研究组织。如果附属成员缴纳会员费，则在理事会会议拥有投票权。

4.非正式成员

相关研究组织也可以非正式成员的身份加入 IUIS，虽然无需缴纳会费，但在 IUIS 理事会会议上无投票权，仅能以观察员的身份出席相关会议。

（二）组织机构

IUIS 的行政管理机构主要是由 IUIS 全体大会、理事会、执行委员会构成。IUIS 的学术事务则是由 10 个专业委员会负责。

1.全体大会

全体大会是 IUIS 的最高行政机构，每 3 年举行 1 次，负责选举 IUIS 的相关官员、执行委员会、理事会。IUIS 的所有正式成员均具有表决权，但表决的票数则是由该地区的从事免疫学研究或工作的人员数量决定，共分为 4 个层级：100 人及以下是 1 票、101~500 人是两票、501~1 000 人是 3 票、1 000 人以上是 4 票。

2.理事会

理事会由执行委员会和 16 名理事代表组成。理事会将有权向执行委员会下达决策执行要求。

3.执行委员会

执行委员会由 1 名 IUIS 主席、1 名副主席、1 名秘书长、1 名财政官和 1 名前任 IUIS 主席组成。所有正式成员可派出 1 名代表以观察员身份出席理事会会议，但无表决权。执行委员会还下设了 1 个“组织及会议管理工作组”（KIT），负责执行委员会的日常管理与行政工作，促进成员之间相互协作及对内沟通。

4.专业委员会

IUIS 拥有 10 个专业委员会，分别是临床免疫学委员会（CIC）、教育委员会（EDU）、性别平等委员会（GEC）、先天性免疫障碍委员会（IEI）、术语委员会（NOM）、出版委员会（PUB）、质量评估与标准化委员会（QAS）、疫苗委员会（VAC）、兽医免疫学委员会（VIC）、免疫疗法委员会（ITH）。

四、学术及沟通平台

1.国际会议

IUIS 每 3 年举行 1 次免疫学大会，是国际免疫学领域规格最高、规模最大、涉及面最广的学术盛会。

2.教育培训

IUIS 设立了专门的网站和在线课程资源库，面向全球提供免疫学领域的教育支持，促进最新知识的分享，为青年学者寻求更好的学术资源提供必要途径。

3.项目资助

IUIS 目前设立了 10 种奖学金，以鼓励全球青年科学家开展研究合作。尤其鼓励包括中国免疫学会、美国免疫学会（AAI）、欧洲免疫学联盟（EFIS）、亚洲-大洋洲免疫学联盟（FIMSA）在内的区域型联盟为各国及发展中国家和地区的青年研究人员、女性科学家提供差旅资助，让全球的青年科学家有更多的机会学习和探讨免疫学领域的最新研究进展和发展趋势。其中，中国免疫学会特设非洲青年学者差旅奖、南美青年学者差旅奖、全球女科学家差旅奖，并对德国和印度免疫学会青年学者提供部分资助。

4.学术产品

IUIS 旗下的免疫学领域顶级期刊——《免疫学前沿》是一本开源期刊，也是在免疫学中被引用次数最多的期刊，2020 年影响因子已达到 4.716。

五、资金筹措

IUIS 的资金来源主要是会费、捐款和捐赠。

国际摩擦学理事会（ITC）

国际摩擦学理事会（International Tribology Council，ITC）是一个国际性的非政府、非营利性科学组织，于 1973 年创立。ITC 是联合国教科文组织（UNESCO）的准成员（Corresponding Member）。其宗旨是通过开展包括世界摩擦学大会（WTC）在内的各种活动，在全球范围内促进摩擦学的发展，促进世界各国摩擦学学会和组织的沟通与交流，尤其是支持欠发达地区组建国家级的摩擦学学会。ITC 目前拥有来自 41 个国家及地区的摩擦学学术团体，是摩擦学界最具号召力和影响力的国际科技组织之一。

国际摩擦学理事会（ITC）基本信息

中文名称	国际摩擦学理事会	英文名称	International Tribology Council
成立时间	1973 年	总部所在地	英国 伦敦
组织属性	非政府、非营利性组织	官方语言	英语
组织标识	iTC International Tribology Council		
官方网址	https://itctribology.net/		
关注议题	摩擦引起的表面化学和机械转变；摩擦学中多物理场建模和原位实验的多尺度方法；摩擦学中的表面工程、生物摩擦学和仿生学；制造过程和工业系统中的摩擦学和摩擦学面临的教育和社会挑战等		

中国于 1985 年以中国机械工程学会为代表加入 ITC。在加入 ITC 后，中国摩擦学领域的学者积极参加 ITC 的组织活动[*]。其中，第 6 届世界摩擦学大

* 根据相关资料显示，中国自 2013 年起超越美国，成为摩擦学界贡献 SCI 论文最多的国家。中国在诸如超滑、苛刻工况摩擦学、生物与仿生摩擦学等方向的研究已达到世界先进水平。

会（WTC）于2017年9月在北京举行。此外，中国工程院院士、中国科学院宁波材料技术与工程研究所先进能源材料工程实验室薛群基教授、清华大学机械工程学院院长雒建斌教授曾先后担任ITC副主席一职。其中，雒建斌教授现任ITC执委。

一、历史沿革

20世纪60~80年代，作为边缘学科的摩擦学逐渐引起科学界的广泛重视并得到迅速发展。ITC于1973年9月24日在英国伦敦举行的第一届欧洲摩擦学大会（European Tribology Congress）组织委员会会议上宣告成立。彼得·乔斯特（Peter Jost）博士是ITC的第一任主席。ITC的成立是对联合国教科文组织号召在全球范围内组建一个“国际摩擦学联盟”的积极回应。作为一个松散的非政府组织，ITC从一开始就定位为一个“加强各国摩擦学科学协会和团体交流与合作的国际平台”，其关注的议题范围仅限于科学、技术和教育事务。

二、发展构想

ITC希望通过持续创新其各类学术活动，在全球范围内促进各国及地区的摩擦学科学协会和团体的交流与合作，始终保持常态化的联系；进一步增强各国及地区摩擦学科学协会和团体的相互了解，尤其是相互分享其未来发展计划；持续拓展世界摩擦学大会（WTC）的影响力；以技术合作和教育培训活动为载体，为欠发达国家及地区的摩擦学界提供支持，协助其建立科学学会；进一步发挥ITC的专业咨询作用，为成员国家及地区开展相关项目提供信息支持。

三、组织架构

（一）成员类型

ITC设置了两类成员，分别是正式成员和准成员。成员申请需向ITC执行委员会提出，并由ITC理事会会议审议加入资格。

1.正式成员

正式成员是一个国家或地区的摩擦学科学学会、团体、科研组织等。每个成员在 ITC 理事会会议上拥有 1 票表决权，并可任命 1 名官员担任 ITC 副主席。根据 ITC《章程》，申请加入 ITC 须足够代表这个国家或地区的所有摩擦学家（在特殊情况下可批准某个国家有“双重代表”）。

2.准成员

如果一国或地区没有摩擦学科学学会或类似机构，或该国或地区的摩擦学学术组织没有加入 ITC，那么这个国家或地区的从事摩擦学研究或应用的个人可申请加入 ITC。准成员有权参加 ITC 的会议及其他活动，但在 ITC 理事会会议上无投票权。

（二）组织机构

ITC 相关事务主要由 ITC 理事会和执行委员会负责。ITC 主席则统筹负责 ITC 相关管理事务。

1.理事会

理事会会议是 ITC 的最高决策形式，每两年举行 1 次。理事会会议将选举 ITC 主席，任期 4 年。ITC 主席负责执行由 ITC 理事会会议作出的相关决策与工作部署。

2.执行委员会

ITC 执行委员会由 1 名 ITC 主席、4~8 名执行理事、1 名执行主任组成。ITC 执行委员会将协助 ITC 主席开展相关管理工作。ITC 执行委员会的职能包括：选举 ITC 副主席、审议成员加入申请并提交至 ITC 理事会会议、评估并确定世界摩擦学大会（WTC）的会议地点及主办国家、向 ITC 理事会提交开展相关学术活动的建议等。

四、学术及沟通平台

为在全球范围内促进摩擦学的协调发展，ITC 的主要学术活动包括召开国际大会、设置荣誉体系、出版学术期刊等。

1.召开国际大会

世界摩擦学大会（WTC）是 ITC 框架下最主要的学术会议，也是摩擦学领域最高级别的国际会议之一。大会每 4 年举行 1 次。大会每年将精心筛选议题，邀请全球范围内的顶尖摩擦学家共聚一堂，讨论摩擦学的未来发展。

2.设置荣誉体系

国际摩擦学金奖（Tribology Gold Medal）是国际摩擦学领域最具权威性和影响力的奖项。该奖项每年奖励 1 位在摩擦学领域做出突出贡献的全球学者。ITC 官员和正式成员均可提名合适的候选人。中国工程院院士薛群基教授荣获 2011 年度“国际摩擦学金奖”。

此外，为纪念 ITC 的创始人，同时也是现代摩擦学的创始人彼得·乔斯特（Peter Jost）博士，ITC 设置了“彼得·乔斯特-摩擦学奖”。该奖项旨在表彰具有巨大潜力并在摩擦学领域已展现出非凡的研究成就或技术创新、同时正处于“职业中期”（Mid-career）的摩擦学家。

3.出版学术期刊

ITC 旗下的学术期刊阵容强大，共有 13 种。这些学术期刊分别是《磨损学报》(*Wear Journal*)、《国际摩擦学》(*Tribology International*)、《摩擦学通讯》(*Tribology Letters*)、《摩擦学学报》(*Journal of Tribology*)、《摩擦》(*Friction*)、《润滑科学》(*Lubrication Science*)、《摩擦学与润滑技术》(*Tribology & Lubrication Technology*)等。其中,《摩擦》由清华大学主办，由清华大学摩擦学国家重点实验室提供学术支持，由 Springer 负责海外出版及发行，是中国首个摩擦学领域的国际性学术期刊，由中国科学院院士、国际摩擦学理事会执委雒建斌教授担任主编。

五、资金筹措

ITC 的经费来源主要是会费、举办世界摩擦学大会（WTC）的注册费收入以及各基金会的捐赠。

国际泥炭学会（IPS）

国际泥炭学会（International Peatland Society，IPS）于1968年在加拿大魁北克成立，致力于负责任地管理和明智地使用泥炭地和泥炭。截至2021年1月，IPS拥有来自33个国家的1 713名个人、企业、学生和非政府组织成员，设有16个国家委员会和3个专业委员会以及众多专家组。

2013年9月，IPS批准在中国成立国家委员会。东北师范大学王猛教授现为IPS理事（观察员）。由IPS主办的第17届国际泥炭大会将于2024年在吉林长春举行，大会将由IPS中国国家委员会、东北师范大学和中国泥炭工业协会联合承办。

国际泥炭学会（IPS）基本信息

中文名称	国际泥炭学会	英文名称	International Peatland Society
成立时间	1968年	总部所在地	芬兰 于韦斯屈莱
组织属性	非政府、非营利性组织	官方语言	芬兰语（官方语言）、英语（工作语言）
组织标识			
官方网址	https://peatlands.org/		
关注议题	促进泥炭地和泥炭的管理与利用		

一、历史沿革

IPS于1968年8月在加拿大魁北克举行的国际泥炭大会上宣告成立。芬兰A. Sundgren教授为IPS第一任主席。随后，IPS在芬兰注册为非政府组织，并将秘书处转移到芬兰。

二、发展构想

IPS 的组织使命是在全球范围内促进泥炭地和泥炭的负责任管理和明智利用。为实现其组织使命，IPS 通过其专业委员会和各国家委员会定期组织各类会议，为来自商业、科学、文化和监管机构领域的从事泥炭和泥炭地相关工作的专家提供交流平台。IPS 制定的《2020—2024 发展规划》主要涵盖 4 个方面的工作，分别是获取、评估、交流并传播泥炭和泥炭地最新的信息和知识；参加科学计划和项目，并交流研究成果；通过参与国际治理，改善泥炭地环境；提升成员服务质量。

三、组织架构

（一）成员构成

IPS 的成员资格面向对泥炭地和泥炭的研究、保护和合理利用感兴趣个人和机构开放。IPS 在设有国家委员会的国家，接纳个人、企业和机构成员须经 IPS 有关国家委员会的批准。来自没有设立 IPS 国家委员会国家的个人或机构，可以寻求成为邻国的国家委员会成员而加入 IPS，也可以通过 IPS 秘书处经执行委员会批准后直接加入 IPS。

（二）组织架构

1.年度大会

IPS 的最高决策机构，由 IPS 每个国家委员会选派的 1 名正式代表组成。大会主要负责批准 IPS 的账目、年度报告、活动计划和预算，并选举主席和副主席以及执行委员会成员；通常在每年的 5 月或 6 月举行。IPS 的所有国家委员会都会被邀请申请在其国家举办 IPS 年度大会。

2.成员大会

每 4 年召开 1 次，IPS 的全体成员和各国家委员会代表均有权参加。成员大会主要听取离任主席关于过去 4 年 IPS 的工作报告和秘书长关于 IPS 未来工作计划。

3.执行委员会

由主席、第一和第二副主席以及 2~8 名普通成员组成，负责学会的日常管理。执行委员会普通成员的选举由 IPS 国家委员会提名并在年度大会上举行。每个国家可选举 1 名成员进入执行委员会。普通成员任期为 4 年。主席和副主席每 4 年选举 1 次，同样在年度大会上选举产生*。主席和副主席的任期也为 4 年。但经年度大会参会代表一致通过，主席任期可延长 1 届（4 年）。

4.国家委员会

一个国家允许设立一个 IPS 国家委员会。授予国家委员会地位的权力属于 IPS 执行委员会。在设有国家委员会的国家，所有感兴趣的组织、企业、基金会和个人都可以通过加入相关的国家委员会成为 IPS 的成员。IPS 国家委员会负责监督 IPS 在各自国家的活动，收取成员费，向 IPS 支付年费并组织代表大会、座谈会、研讨会和其他会议。

IPS 目前在 17 个国家设有国家委员会，这些国家为加拿大、中国、爱沙尼亚、芬兰、德国、印度尼西亚、爱尔兰、日本、拉脱维亚、立陶宛、马来西亚、荷兰、波兰、俄罗斯、英国、美国和乌克兰。

5.专项委员会

IPS 目前设有 3 个专项委员会，分别为泥炭地与经济委员会、泥炭地与环境委员会和泥炭地与社会委员会。委员会的职能是在国际层面实现 IPS 的目标，包括国际合作、开展联合项目、组织座谈会和研讨会。

此外，IPS 还设有科学顾问委员会，由各专项委员会的 3 位主席和 IPS 第二副主席组成，委员会利用各专项委员会和其他渠道提供的信息，为学会提供有关科学、技术、社会和文化重要事项的建议和信息，并推动和传播其研究成果。

* 国际泥炭地大会（International Peatland Congress）也在同年召开。

四、学术及沟通平台

IPS 每 4 年组织 1 次国际泥炭大会。至今已举办 16 届，是其成员和从事泥炭和泥炭地相关领域的专家进行学术交流的重要平台。

IPS 的会刊是《泥炭国际》(*Peatlands International*)，内容涉及泥炭和泥炭地的各类研究报告、会议评论、最新动态、书评以及有关 IPS 的研究结果、业务报告和内部信息。IPS 还出版有《泥炭新闻》(*Peatland Snippets*，月刊)、学会主办大会和研讨会的精选科学论文以及成员指南等出版物。

五、经费筹措

IPS 的运行经费主要来自会费收入、出版物收益和主办各类会议收入。

国际农业与生物系统工程学会（CIGR）

国际农业与生物系统工程学会（International Commission of Agricultural and Biosystems Engineering，CIGR），成立于 1930 年，素有农业和生物系统工程界的“奥林匹克”之称，是农业和生物系统工程界规模最大、学术地位最高的国际学术机构，其成员包括美国农业与生物工程师学会（ASABE）、亚洲农业工程师学会（AAAE）、欧洲农业工程师学会（EurAgEng）、拉丁美洲和加勒比地区农业工程师学会（ALIA）、东南非洲农业工程师学会（SEASAE）、欧亚洲农业工程师学会（EAAAE）和东南欧洲农业工程师学会（AAESEE）等区域会员，以及许多国家的国家级学会会员。

1989 年，中国农业工程学会与中国农业机械学会以中国农业机械-农业工程联合会的名义加入 CIGR，成为其国家会员，并在 2014 年在北京成功举办了 CIGR 第 18 届世界大会。2018 年，在 CIGR 第 19 届世界大会上，中国农业机械学会名誉理事长陈志当选 CIGR 主席。

国际农业与生物系统工程学会（CIGR）基本信息

中文名称	国际农业与生物系统工程学会	英文名称	International Commission of Agricultural and Biosystems Engineering
成立时间	1930 年	总部所在地	美国（现秘书处所在地）
组织属性	非政府、非营利性组织	官方语言	英语
组织标识	CIGR CIGR International Commission of Agricultural and Biosystems Engineering		
官方网址	https://cigr.org/		
关注议题	促进对可持续生物系统的理解，通过促进农业工程技术和相关科学的发展以保护自然和环境		

一、历史沿革

为了促进农业工程学研究人员的国际合作，1930 年国际农业工程委员会（Commission Internationale du Génie Rural，CIGR）在比利时列日成立，成员由来自比利时、法国、德国、荷兰、西班牙、瑞士和英国的农业工程科学家组成。20 世纪 70 年代前，CIGR 的成员组织主要来自欧洲国家。1989 年以来，CIGR 逐渐成为一个全球性交流平台。2008 年 9 月，CIGR 的英文名称更改为现在的“国际农业与生物系统工程学会”（International Commission of Agricultural and Biosystems Engineering），以适应农业工程的国际化趋势。

二、发展构想

CIGR 致力于促进对可持续生物系统的理解，通过促进农业工程技术和相关科学的发展来保护自然和环境，并将科研成果充分适用于农业、园艺、林业、水产养殖、景观和相关产品的加工等。主要开展以下业务：

（1）促进农业工程领域科学技术的发展；

（2）鼓励青年农业工程专业人员的教育、培训和流动；

（3）促进研究成果和技术的交流；

（4）引领全球农业工程专业领域发展方向；

（5）强化现有组织机构，扩大会员规模；

（6）开展其他有助于发展农业工程和相关科学的活动。

三、组织架构

（一）成员构成

CIGR 会员类型主要为国家会员、区域会员、个人会员、团体会员和荣誉会员 5 类。

（1）国家会员：具有与 CIGR 相同发展目标的国家级协会或机构。

（2）区域会员：将多个国家的农业和生物系统工程学会组织在一起的区

域或跨国组织。

（3）个人会员：在尚未设立国家级农业和生物系统工程学相关组织的国家，其专家可以申请个人会员资格。当一个国家存在相关国家级组织时，CIGR不再接受个人会员申请。

（4）团体会员：参与农业和生物系统工程活动并与 CIGR 发展目标相同的国际机构、企业和组织。

（5）荣誉会员：少数对 CIGR 具有重要贡献的人可被授予名誉会员头衔，成为 CIGR 终身会员。

（二）组织架构

1.CIGR 代表大会

主要由主席团成员，区域、国际和国家学会代表，个人和团体会员代表，联合国组织代表，技术部门主席和 CIGR 名誉主席组成。主要职能是批准和解除会员资格、选举 CIGR 主要官员和确定秘书处处所、提名审计员和名誉会员、审批奖励计划和财务预算等。

2.主席团

负责 CIGR 日常管理，由主席、前任主席、当选主席和秘书长组成。在大会选举后，当选主席在主席团内以当选主席名义任职两年，随后作为主席任职两年，然后作为前任主席任职两年。秘书长每届任期 4 年，可连选连任。

3.执行委员会

由主席团成员、区域和国家学会会员以及团体会员组成，每届任期 4 年，可以连选连任 1 次，主要负责在世界范围内协调区域和国家会员组织的活动，通过技术部门和工作组支持和实施 CIGR 计划，与主席团共同筹备 CIGR 大会和促进 CIGR 信息和服务的传播（CIGR 通信和网站维护）。

4.技术委员会

CIGR 设有 1 个技术委员会和 7 个技术服务部门。技术委员会由主席团和技术小组主席组成，主要开展技术指导并确保技术部门间的有效合作。7 个技术部门分别致力于农业工程领域的不同科学和技术发展，以实现CIGR的使命。目前设立的7个技术服务部门分别为土地和水、结构与环境、植物生产、农业能源、系统管理、生物过程、信息技术等。

5.工作组

负责对具有国际重要性和研究价值的特定主题进行研究。目前，CIGR共设立了炎热气候下的动物住房、农业工程大学课程协调、农村景观保护以及农村发展与文化遗产保护等11个工作组。

四、学术及沟通平台

从20世纪90年代开始，CIGR已开始运用网络资源免费为农业工程师提供信息服务。1999年以来，CIGR发行电子期刊——《农业工程国际》（*Agricultural Engineering International*）。同时，CIGR出版的《农业工程手册》（*Handbook of Agricultural Engineering*）涵盖了几乎农业工程应用的整个领域。此外，CIGR还设立了多个奖项，以表彰其会员和管理人员的工作成就。

五、经费筹措

CIGR的经费来源主要为成员组织和个人的会费、组织的各类会议注册费、货币资产利息、出售出版物和特许权使用费收入、开展服务业务收入和其他捐赠收入等。

国际热分析及量热学联合会（ICTAC）

国际热分析及量热学联合会（International Confederation for Thermal Analysis and Calorimetry，ICTAC）是一个国际性的非政府和非营利性科学组织，于 1965 年成立于英国苏格兰亚伯丁。ICTAC 其实是各国及地区热分析和量热学科学协会或理事会的联合组织。ICTAC 的目的是通过组织国际大会，以及依靠其科学委员会的工作，在全球范围内促进热分析和量热学领域的交流与合作。ICTAC 的前身是国际热分析联合会（ICTA），一直到 1992 年 ICTA 才正式更名为 ICTAC。目前，全球共有 24 个国家及地区的协会加入 ICTAC，其成员总数超过 5 000 人，另外还包括约 500 名个人成员。

1991 年，中国化学会正式申请，并于 1992 年经 ICTAC 大会表决通过。

国际热分析及量热学联合会（ICTAC）基本信息

中文名称	国际热分析及量热学联合会	英文名称	International Confederation for Thermal Analysis and Calorimetry
成立时间	1965 年	总部所在地	法国 马赛
组织属性	非政府、非营利性组织	官方语言	英语
组织标识	ICTAC		
官方网址	http://www.ictac.org/index.html		
关注议题	促进热分析和量热学这两个科学分支领域的国际交流与合作，推动热分析及量热学的方法及命名的标准化		

一、历史沿革

正如前文所述，ICTAC 的前身是 ICTA。ICTA 于 1965 年 9 月在苏格兰阿伯丁举行的第一届国际热分析会议上宣告成立。随着热分析和量热学两个领域不断表现出的密切联系，ICTA 于 1992 年正式更名为 ICTAC。

二、发展构想

ICTAC 的总体发展构想是构建一个全球性的合作网络，为所有致力于推动热分析和量热学发展的科学家及学者提供一个自由交换学术信息、分享学术成果、具有较高开放性和包容性的国际平台。鉴于热分析和量热学之间的密切联系，ICTAC 一直致力于促进热分析和量热学及其所有应用分支的协调发展，并通过开展形式多样的活动为科学家及学者提供交流与协同的途径。

三、组织架构

（一）成员类型

ICTAC 设置了个人成员、准成员和名誉成员等 3 种成员类型。

1.个人成员

ICTAC 的个人成员资格对所有感兴趣的个人、机构和公司开放。个人成员需按年度支付适当的成员费。未取得博士学位的学生也可申请加入 ICTAC，但须得到所在单位高级学术人员（如教授）的书面推荐，且成员资格有效期为 4 年。个人成员有权参加在举行 ICTAC 国际大会期间举办的所有业务会议（Business Meetings），同时在这些业务会议上拥有表决权。

2.准成员

准成员主要是指那些无需支付年度会费的个人成员。根据 ICTAC 的章程，准成员将在其所在国家或地区的热分析及量热学学术协会的引导下，参加 ICTAC 举办的活动。

3.荣誉成员

ICTAC 理事会可授予终身荣誉成员，以表彰对 ICTAC 事业发展作出持续性杰出贡献的知名学者。荣誉成员的数量保持在 6 名以内，荣誉成员会定期收到 ICTAC 寄送的年度工作报告和学术出版物。

（二）组织机构

ICTAC 行政管理事务由理事会及其下设的 4 个常设委员会负责；科学事务则由科学委员会和工作组负责。

1.理事会

理事会是 ICTAC 最高的议事机构。理事会由一个执行委员会和相关理事组成。理事分为两类：一类是由各加入国家或地区科学协会任命（每个国家或地区可任命 1 名）；另一类则是由 ICTAC 成员选举产生，以代表更为广泛的利益。理事会下设 4 个常设委员会，分别是执行委员会、咨询委员会、科学奖委员会、国际大会组委会。

2.执行委员会

执行委员会由 ICTAC 相关官员组成，分别是主席、副主席、秘书长（负责联系成员组织）、财政官、前任主席、各科学委员会的主席。执行委员会在两届 ICTAC 国际大会期间负责执行由理事会作出的相关决议。

3.国际大会

ICTAC 国际大会每 4 年举行 1 次，每连续两届国际大会的举办地点不得重复。每届国际大会期间还应至少举办 1 次全体大会，负责就 ICTAC 相关事务进行集体表决。全体大会的主席和秘书应为 ICTAC 理事会主席和秘书长。

4.科学委员会

ICTAC 理事会有权设立科学委员会、工作组和特别工作组，以根据不同的学科领域或方向或特定的学术事务，推进相关工作。科学委员会在处理学术事务上具有较高的自主性，能够自行设立工作计划，并确定相关工作的进度表。ICTAC 目前设立了 6 个科学委员会，分别是动力学委员会、热力学与热化学委员会、材料委员会、研究仪器及研究方法委员会、学术标准与术语委员会、教育委员会。

四、学术及沟通平台

ICTAC 的学术活动主要是举办 ICTAC 国际会议，以及由各科学委员会举办的学术研讨会；设立荣誉奖项以表彰对热分析及量热学作出重大贡献的学者，ICTAC 目前有两大奖项，分别是“年度贡献奖”和“青年科学家奖”；出版学术刊物，ICTAC 目前的学术刊物包括 *The ICTAC News*，*For Better Thermal Analysis and Calorimetry*，*Thermal Analysis Abstracts*，*ICTAC Handbook* 和 *ICTAC Directory of Members*。

五、资金筹措

ICTAC 的经费收入主要来源于成员费、国际大会的注册费、出版学术刊物的相关盈利等。

国际生物材料科学与工程学会联合会（IUSBSE）

国际生物材料科学与工程学会联合会（The International Union of Societies for Biomaterials Science and Engineering，IUSBSE）是一个致力于将生物材料、手术植入物、假肢、人造器官、组织工程和再生医学领域相关的国家和区域组织联系起来的国际组织。IUSBSE 目前拥有正式会员组织 10 个，分别来自澳大利亚、加拿大、中国、欧洲、印度、日本、韩国、南美和美国等国家。

2012 年 6 月，由 IUSBSE 主办的第九届世界生物材料大会在中国成都举行，这是自该大会创办以来首次在发展中国家举办。2016 年 5 月，在加拿大蒙特利尔举行的第十届世界生物材料大会上，中国工程院院士张兴栋正式接任 IUSBSE 主席。这是 IUSBSE 成立以来，首次由中国人担任主席，也是首次由发展中国家的代表担任该职。

国际生物材料科学与工程学会联合会（IUSBSE）基本信息

中文名称	国际生物材料科学与工程学会联合会	英文名称	The International Union of Societies for Biomaterials Science and Engineering
成立时间	1980 年	总部所在地	中国成都（现秘书处所在地）
组织属性	非政府、非营利性组织	官方语言	英语
组织标识	BIOMATERIA The International Union of Societies for Biomaterials Science and Engineering		
官方网址	http://www.iusbse.org/		
关注议题	促进世界范围内生物材料科学和工程发展		

一、历史沿革

1980 年，国际生物材料学会联络委员会（International Liaison Committee of Societies for Biomaterials，ILC）成立。为增进国际交流与合作，加拿大生物材

料学会、欧洲生物材料学会、日本生物材料学会和美国生物材料学会这 4 个 ILC 创始会员组织决定每 4 年举办 1 次世界生物材料大会（World Biomaterials Congress，WBC）。1980 年 4 月，第一届 WBC 在奥地利维也纳举行。1992 年，在第 4 届 WBC 大会上启动了生物材料科学与工程会士的评选工作。ILC 成员组织也由 4 个增加到 7 个，分别为 4 个创始协会和 3 个观察员协会（中国、印度和韩国）。1997 年，ILC 的会员组织建议将“国际生物材料学会联络委员会（ILC）”更名为“国际生物材料科学与工程学会联合会（IUSBSE）”。1998 年，在 ILC 的年度会议上，通过了新的管理规定，并在美国正式以“国际生物材料科学与工程学会联合会”名称进行了注册。

二、发展构想

作为致力于促进生物材料、手术植入物、假肢、人造器官、组织工程和再生医学相关领域发展的国际组织，IUSBSE 开展的主要业务：

（1）促进世界范围内生物材料科学和工程的发展；

（2）开展世界生物材料大会会址选址工作；

（3）监测世界生物材料大会组织进展；

（4）组织开展生物材料科学和工程会士评选。

三、组织架构

（一）成员构成

IUSBSE 会员由从事生物材料科学和工程学研究的国家和区域学会组成。会员资格向一个国家或区域代表生物材料科学与工程的主要组织开放。每个国家或区域允许有 1 个成员资格，而每个成员组织在 IUSBSE 中可以派出两名代表。

目前，IUSBSE 的正式成员组织为澳洲生物材料与组织工程学会、加拿大生物材料学会、中国生物材料学会、中国台北生物材料与控释学会、欧洲生物材料学会、日本生物材料学会、韩国生物材料学会、拉丁美洲生物材料和人工器官学会、美国生物材料学会、印度生物材料和人造器官学会。

（二）组织架构

IUSBSE 的管理机构主要为董事会。董事会由主席 1 名和秘书长 1 名组成。董事会每届任期 4 年，连续任职不超过两届，由 IUSBSE 年度会员大会选举产生。新届董事的选举在 WBC 召开前一年的年度会员大会上进行，即卸任董事与当选董事将有 1 年的任职过渡期。在 WBC 召开后，当选董事将正式接任董事职责。

四、学术及沟通平台

由 IUSBSE 主办的世界生物材料大会，是全球生物材料领域开展的规格最高的综合性会议，每 4 年举行 1 次。此外，IUSBSE 每年召开 1 次会员年度大会，对 IUSBSE 内部事务进行审议。同时，IUSBSE 还在全球范围内开展了生物材料科学与工程会士（Fellow，Biomaterials Science and Engineering，FBSE）评选工作。FBSE 授予在生物材料科学和工程领域做出重大贡献的个人，是生物材料领域全球认可度最高的荣誉称号，入选者均为生物材料科学与工程领域拥有杰出学术地位和成就的科学家。

五、经费筹措

IUSBSE 不收取会员年度订阅费和会员费，收入主要来自世界生物材料大会和年度会员大会的会议注册费。

国际声学委员会（ICA）

国际声学委员会（International Commission on Acoustics，ICA）于 1951 年成立，是致力于促进声学相关领域国际发展与合作的国际组织。ICA 是国际纯粹与应用物理学联盟（IUPAP）的国际专业委员会成员，同时还是国际应用理论力学联合会（IUTAM）和国际科学理事会（ISC）的成员组织。截至 2020 年 6 月，ICA 共有 47 个团体成员、8 个国际附属成员和 5 个观察员成员组织。

中国声学学会在 1987 年派代表参加 ICA 会议，并从 1998 年起成为 ICA 团体成员。1992 年，ICA 主办的第 14 届国际声学大会在北京举办。中国马大猷院士、张仁和院士、侯朝焕院士、田静研究员曾担任国际声学委员会委员。

国际声学委员会（ICA）基本信息

中文名称	国际声学委员会	英文名称	International Commission on Acoustics
成立时间	1951 年	总部所在地	美国
组织属性	非政府、非营利性组织	工作语言	英语
组织标识			
官方网址	https://www.icacommission.org		
关注议题	促进声学领域国际的广泛交流与合作		

一、历史沿革

ICA 成立于 1951 年，并一直作为 IUPAP 的成员组织运行。ICA 在 1996 年 3 月通过了新的组织章程。1998 年，改组后的 ICA 在美国西雅图举行第一届成员大会，其组织名称调整为“International Commission for Acoustics”。同时，ICA 也向 IUTAM 提出成为其成员组织的申请。IUTAM 在 1998 年 8 月德国斯图加特大学举行的大会上一致通过了接纳 ICA 为其成员组织的动议。ICA 在 2006 年成为 ISC 的成员组织。

二、发展构想

ICA 致力于促进声学相关领域的研究、开发、教育和标准化等和相关领域的国际合作，主要开展以下业务：

（1）与国家和地区声学协会以及其他相关专业组织保持密切联系，就共同关心的话题寻求共识；

（2）为声学领域的相关组织、专业会议、研究和教育组织等提供信息服务；

（3）主办国际声学大会，协调和支持召开声学领域国际会议并提供专业咨询。

三、组织架构

（一）成员构成

ICA 的成员类型主要有以下 3 类。

（1）团体成员：成员资格面向与 ICA 发展目标相同的非营利性国家和地区协会开放。

（2）国际附属成员：成员资格面向活跃在国际声学领域的国际组织开放。

（3）观察员成员：面向具有与 ICA 发展目标相同的国家协会和团体开放。观察员成员可参加成员大会，但无表决权。

（二）组织架构

1.成员大会

ICA 每年举行一次成员大会，通常与国际声学大会同期举行。大会主要讨论和批准执行委员会提交的财务报告和预算、选举执行委员会成员、修改章程

（包括变更机构注册地）、ICA 资产的安排或处置以及执行委员会提出的其他议题。

2.执行委员会

由成员大会选出的 15 名成员组成，负责执行成员大会的决议。成员包括 ICA 主席、前任主席、副主席、秘书长、财政官和 10 名其他成员组成。执行委员会每 3 年改选 1 次，通常每年召开 1 次例会。

四、学术及沟通平台

ICA 开展的主要活动是组织召开每 3 年 1 次的国际声学大会，至今已连续举办 23 届。ICA 还通过提供经费支持、允许成员组织和相关专业会议使用 ICA 徽标等方式鼓励和支持开展声学专业领域的相关研究和交流。此外，ICA 还设立了“早期职业奖”（Early Career Award）等专业奖项，授予在声学理论或实践领域做出重要贡献的个人。ICA 主要出版物为《国际声学杂志》。

五、经费筹措

ICA 的运行经费来自成员缴纳的会费和捐款捐赠。除成员年度会费外，ICA 还从国际声学大会等主办或组织的各类会议注册费中获得收入。

国际水协会（IWA）

国际水协会（International Water Association，IWA）是全球最大的非营利性水行业专业组织，致力于探索智慧用水，寻找解决世界水资源问题挑战的方案。作为一个由水务专家和从业人员组成的网络，IWA 的成员包括来自大学、研究机构、工程和咨询公司、公用事业单位的近 10 000 名专业人士，分布在全球 140 多个国家。IWA 的活动范围广泛，涉及整个水循环，有 4 个专项活动（数字水务、未来流域、未来城市、水和卫生服务），致力于实现可持续发展目标，并解决气候变化对可持续水供应的威胁。IWA 总部设在英国伦敦，全球秘书处设在中国南京，区域办事处设在印度清奈。

国际水协会（IWA）基本信息

中文名称	国际水协会	英文名称	International Water Association
成立时间	1999 年	总部所在地	英国 伦敦
组织属性	非政府、非营利性组织	官方语言	英语
组织标识			
官方网址	https://iwa-network.org/		
关注议题	促进水资源管理以满足人类活动的需求，创建公平、可持续的生态系统		

一、历史沿革

IWA 在 1999 年 8 月由创建于 1947 年的国际供水协会（International Water Supply Association）和创建于 1965 年的国际水质协会（International Association on Water Quality）合并成立。

二、发展构想

IWA 的发展愿景是促进明智地管理水资源以满足人类活动的需求和创建公平、可持续的生态系统。其组织使命是激励变革，为 IWA 成员、水相关的专业团体、组织和政策制定者就解决城市的可持续发展和与水相关问题提供解决方案。其发展战略为将最优秀的人才聚集在一起，分享关于最紧迫的水资源挑战和创新解决方案的知识和经验；通过激发前沿科学和发明，帮助科学家与同行建立联系，发布最新研究成果，促进相互交流学习，为水行业科学和技术做出贡献；激励技术创新，为水行业的创新者提供支持；开发和推广最佳实践以及国际框架和标准，实现社会可持续发展。

三、组织架构

（一）成员构成

IWA 的普通成员包括：企业成员、个人成员、学生成员和名誉成员。其中，学生成员需每年提交在学证明。为协会及其宗旨做出杰出贡献的任何个人（无论是个人成员还是企业成员的雇员）获得终身或短期名誉成员资格。名誉成员可以享有个人成员的基本福利，免费订阅 IWA 出版的期刊，在 IWA 主办的世界水大会和展览会上免费注册。同时，IWA 的所有卸任主席将获得与名誉成员相同的福利。

IWA 还将评选一定数量的会士或杰出成员，其评选条件为支持 IWA 的使命并实施其战略计划和活动；在相关场合代表 IWA，并以 IWA 会士身份展示自己；是 IWA 成员和水行业的榜样。

（二）组织架构

IWA 的运行管理通过董事会、执行委员会和专项工作委员会进行。协会的官员包括主席和两名副主席，日常事务通过一家在英国注册的、由协会自有的有限责任公司承担。

1.董事会

对协会的治理负有全面责任，包括 IWA 的发展方向、工作计划的审查和实施监控，以及政策和内部控制措施的制定和实施。董事会由协会的官员（主席和两名副主席）、财政官、前任主席、执行董事和其他董事组成。

2.执行委员会

负责对协会财务、行政等日常事务和 IWA 设立的公司进行日常管理，其成员包括主席、副主席、上届主席、大会主席、执行理事以及由董事会指定的 3 名董事会成员。

3.专业委员会

IWA 目前设有科学技术委员会、出版委员会、项目委员会、青年专业人才发展委员会以及管理和政策委员会这 5 个专项工作委员会，其各自职责具体为

（1）科学技术委员会，负责对 IWA 的科技活动项目制定计划、协调和监督，这些活动项目包括地区性和专题会议的项目和技术转让研讨会项目等。

（2）出版委员会，负责监督和管理协会的各类出版物，并把根据需要作出变更的情况向董事会提出建议。

（3）项目委员会，负责为两年一度的 IWA 大会制定科学项目，主要为大会遴选论文和进行大会宣传。

（4）青年专业人才发展委员会，致力于促进青年专业人才的发展，为工作在本领域内优秀的青年工作者提供发展机会。

（5）管理和政策委员会，关注于水行业的各领域对政策、战略、经营管理的需求，致力于帮助水行业专业人士制定水行业政策以满足全球对于持续可靠的公众健康和环境保护的需求。

四、学术及沟通平台

IWA 的沟通交流机制主要通过出版出版物、举办各类大会和设立基金会等方式进行。

IWA 出版社（International Water Association Publishing），是 IWA 的全资公司，提供关于水、污水和有关环境各领域的信息服务，是水行业顶级期刊和其他学术资料的出版机构，负责出版水行业技术和管理类刊物。IWA 的出版物是其成员了解行业动态、全球前沿科学技术和管理理念的重要窗口。

IWA 每年都会在世界各地组织和举办水管理和水技术相关的各类大会和研讨会，探讨前沿技术的研究成果，制定行业发展政策，设计和推行实用的水管理系统和制度。其中，世界水大会由 IWA 每两年举办 1 次，自 2000 年起已举办 12 届（2006 年在中国北京举办），是全球最高水平的水行业盛会，每次都会吸引来自世界各地的万余名水行业专业人士参与。

此外，为了响应世界对于安全和可持续的供水及卫生设施的需要，IWA 设立了基金会，主要致力于向发展中国家的水行业从业人员提供专业知识和管理技能，通过实施各种项目培养下一代专业人员。

五、经费筹措

IWA 的运行经费主要来自成员会费、出版物订阅费、举办各类会议的注册费和基金会募集经费等。

国际隧道与地下空间协会（ITA）

国际隧道与地下空间协会（International Tunneling and Underground Space Association，ITA）是一个国际性的非政府、非营利性科学组织，于 1974 年创建于瑞士洛桑。ITA 目前拥有 78 个国家成员和 266 个公司组织及个人成员，是全球公认的隧道与地下工程领域的权威性国际科技（学术）组织，同时也是联合国教科文组织在国际隧道与地下空间技术领域的咨询机构（拥有咨商地位）。

国际隧道与地下空间协会（ITA）基本信息

中文名称	国际隧道与地下空间协会	英文名称	International Tunneling and Underground Space Association
成立时间	1974 年	总部所在地	瑞士 洛桑
组织属性	非政府、非营利性组织	官方语言	法语（第一）、英语（第二）
组织标识			
官方网址	https://about.ita-aites.org/		
关注议题	鼓励成员国积极开发和共享技术以促进地下空间事业的发展；通过促进与国家成员和赞助商的互动和协同，以及使用更为先进的沟通模式，进一步助力各专业委员会和工作组在各工作领域发挥更大的作用；进一步加强研究与产业的协同，以及进一步加强研究、产业和公众之间的联系；通过实施更为广泛的教育和培训活动进一步促进知识的全球共享，以及提升加强隧道及地下空间研究的意识		

中国于 1979 年正式加入 ITA，中国土木工程学会隧道及地下工程分会作为 ITA 联系组织。中国土木工程学会隧道及地下工程分会于 1984 年 10 月协同 ITA 在北京召开了 ITA 执行委员会会议，并于 1990 年 9 月在成都西南交通大学召开了 ITA 第 16 届年会。此外，西南交通大学的高渠清教授于 1984—1990

年当选为国际隧道协会执委，并被聘为“地下结构的维修与维护”工作组的学术导师；2019 年 5 月 8 日，中国中铁科研院研究员、副总经理严金秀在意大利当选为最新一届 ITA 主席，这是中国隧道专家在该国际学术组织中首次当选主席。

一、历史沿革

ITA 于 1974 年创建于瑞士洛桑。作为全球知名的国际科技组织，ITA 也是隧道及地下空间领域最大和最为权威的国际组织。在其 40 多年的发展历程中，ITA 的国家成员从最初的 19 个发展为目前的 78 个，成员的类型也不断丰富，覆盖了学术组织、企业和个人。

二、发展构想

ITA 本着提升人类共同福祉，加强环境保护和促进可持续发展的原则，鼓励各国加强对地下空间的使用；鼓励加强对地下环境资源的开发利用以替代地面建设；引导制定积极的公共策略，以充分利用地下潜能；使用包括新技术、先进的风险管理准则等先进方法，制定更好、性价比更高的有关地下建筑规划、地质调查、设计、施工、运营、维护和安全管理的方法；通过举办讲习班，以及改善和协调全球各地的学术计划，强化隧道及地下空间领域专业人员（尤其是年轻的专业人员）的职业培训；为工程师、建筑师、规划师、主管部门、经济学家、律师等利益相关者交流想法和经验提供必要的平台，促进地下空间技术的发展。

三、组织架构

（一）成员类型

ITA 的成员分为国家成员、附属成员、国际组织成员、合作成员。

1.国家成员

根据 ITA 的章程，一国可以其国家级学术组织为代表加入 ITA，每个国家只能以一个学术组织作为其代表。这些学术组织可以是开放式或者封闭式的组织，例如具有相对独立性的、以促进隧道和地下空间知识产出为基本目标的科学协会，或者一些活跃于土木工程、采矿、岩土工程的科学委员会。目前，ITA 拥有 78 个国家组织。

2.附属成员

附属成员主要是指对隧道与地下空间领域感兴趣的公司及个人。ITA 与相关公司及组织建立了多层次的双赢关系，一方面 ITA 通过其国际会议体系及相关活动为提升这些公司及组织的全球影响力提供助力；另一方面这些公司及组织为 ITA 举办包括国际会议在内的各类科学活动提供支持。目前，ITA 拥有 173 个企业成员（CAM）、48 个支持组织（SUP）和 17 个主要赞助商（PS）。

3.国际组织成员

ITA 于 1987 年被联合国教科文组织（UNESCO）赋予“特别咨商地位”，并定期与联合国人居署（UN-HAbitat）、联合国国际减灾战略机构（UN-ISDR）、联合国欧洲经济委员会（UN-ECE）、联合国经济及社会理事会（ECOSOC）、联合国粮食及农业组织（FAO）等机构建立了积极的合作关系。

4.合作成员

ITA 还与其他国际科技组织建立了积极的合作关系，包括世界公路协会（PIARC）、国际土壤力学和岩土工程学会（ISSMGE）、国际岩石力学学会（ISRM）、国际市政工程师联合会（IFME）、国际隧道保险集团（ITIG）、国际道路联合会（IRF）和国际咨询工程师联合会（FIDIC）等。

（二）组织机构

ITA 的行政管理事务主要由全体大会、执行理事会、治理委员会、秘书处负责，而科学管理事务则由相关专业委员会负责。

1.执行理事会

执行理事会由 1 名主席、1 名前任主席、4 名副主席、1 名财政官，以及由执行委员会推选出的6名以内人员组成。执行理事会主要负责筹备ITA全体大会并执行全体大会的相关决议。执行理事会至少每3年举行1次。

2.秘书处

秘书处负责ITA的日常管理事务。秘书长的职能包括在国家成员之间传递文件及信息、保存协会档案、ITA会务工作，以及向国家成员发送ITA通信刊物等。

3.全体大会

ITA全体大会每年举行1次，主要负责批准收支预算、任命和组织ITA所有委员会、决定是否接纳新的国家成员等事务。

4.治理委员会

治理委员会负责督导执行理事会开展的相关活动是否与《章程》和《管理细则》保持一致，适时审查ITA的治理效率、道德操守和集体行为状况，并向全体大会报告。治理委员会包括3名委员，其中两名委员由全体大会在无执行理事会代表的国家成员中推选，另外1名委员则由这两个委员推选，并来自ITA以外的组织。

5.专业委员会及工作组

ITA围绕"新技术发展"（ITAtech）、"地下空间"（ITACUS）、"教育及培训"（ITA-CET）、"地下设施的操作安全"（ITA-COSUF）等工作领域设置了4个专业委员会。其中，"新技术发展委员会"负责为汇集工程师、制造商、供应商提供一个信息交流和资源共享的平台，汇聚全球经验和专业知识，开发和引入新技术和产品制造的新方法；"地下空间委员会"负责为城市利用地下空间提供一个整体性的解决方案，以加强城市的适应性和可持续性发展；"教育及培训委员会"负责加强隧道和地下空间领域的专业人员的职业素养；"地下设施的操作安全委员会"负责在全球范围内交换有关提升地下设施安全性的相关信息及专有技术。此外，ITA还设置了15个专业工作组和1个青年学者小组。

四、学术及沟通平台

ITA 开展的学术活动主要包括举办包括 ITA 国际大会在内的各类国际会议、在全球范围内组织并协调研究和相关实验、出版学术研究成果等。以“教育及培训委员会”（ITA-CET）为例，ITA-CET 目前实施的教育活动类型包括：与相关国家成员和企业联合组织及定制面向各个层次、覆盖多个主题的职业培训会；协助国家成员制定隧道及地下空间领域的硕士阶段课程；为攻读 ITA 定制硕士课程的学生提供奖学金支持；构建一个面向高校的交流合作网络，提供高校间的信息共享。

五、资金筹措

ITA 的经费主要来源于会费收入（国家成员、个人成员）、企业和基金会的捐赠。根据 2019 年度报告，ITA 在 2019 年获得了 17 个赞助商的支持，在全球范围内主持召开了 15 场国际会议。

国际无线电科学联盟（URSI）

国际无线电科学联盟（International Union of Radio Science，URSI）成立于 1919 年，是国际无线电科学领域的非政府性学术组织，也是国际科学理事会（ISC）成员之一。URSI 致力于推动无线电科学领域的国际合作，促进无线电领域科学观测方法和仪器的标准化运用。目前 URSI 拥有 44 个国家学会成员，93 000 余名个人成员。中国电子学会在 1982 年作为国家学会成员加入 URSI，并于 2014 年 8 月在北京主办了第 31 届 URSI 大会。

国际无线电科学联盟（URSI）基本信息

中文名称	国际无线电科学联盟	英文名称	International Union of Radio Science
成立时间	1919 年	总部所在地	比利时 布鲁塞尔
组织属性	非政府、非营利性组织	官方语言	法语、英语
组织标识			
官方网址	https://www.ursi.org		
关于议题	无线电科学领域的研究、应用与交流		

一、历史沿革

URSI 成立于 1919 年。1922 年召开了第一次成员大会，比利时、法国、英国和美国成为第一批加入 URSI 的国家。随后，URSI 在推动无线电相关领域的发展方面发挥了重要作用，无线电领域的多位科学家获得诺贝尔奖。目前，URSI 拥有国家成员 44 个，举办了 187 场国际会议，个人成员达 93 089 名。

二、发展构想

（一）组织使命

URSI 致力于在国际范围内促进和协调无线电科学领域的研究、应用、交流与沟通，主要开展以下活动：

（1）鼓励和促进国际范围内无线电科学的研究与应用。

（2）鼓励测量方法、测量仪器等的标准化运用。

（3）促进并协调电信科学、场和波的产生、发射、辐射、传播、接收和检测，以及嵌入信号处理等相关研究。

（4）向公众宣传无线电科学。

（二）主要活动

近年来，URSI 将关注领域聚焦在以下方面：

（1）电磁环境管理。监控电磁波传输、地球环境变化、电磁辐射等自然和人为的电磁辐射影响。

（2）电磁波对能量的传输研究。太阳辐射能由太阳能电池收集，然后转换为微波能，再传输到地球。URSI 致力于回答其中涉及的技术和环境问题。

（3）纳米科技。URSI 通过开发微电子机械系统投入纳米技术发展领域。

三、组织架构

（一）成员构成

1.正式成员

URSI 可以接纳在任何国家和地区开展无线电科学活动的委员会为其成员。委员会通常由一国或地区的科学院或研究理事会或由类似机构或协会组成。每个成员委员会可以任命理事会代表。每个成员委员会均可自由选择其加入 URSI 的类别。成员委员会每年向 URSI 支付的会费数以及在理事会会议上分配的票数由所选类别决定。连续两年不缴纳会费将视为自动退出 URSI。

2.准成员

尚不具备正式成员资格的委员会，或已是 URSI 正式成员，但由于财务原因，希望暂时转为准成员。准成员无须每年缴纳会费，在理事会会上没有投票权。每个准成员委员会可以任命 1 名理事会观察员，每个委员会任命 1 名观察员。

（二）组织架构

1.URSI 大会

URSI 大会每 3 年举行 1 次，出席大会的代表包括：董事会成员、各成员委员会主席和副主席、科学委员会主席、成员委员会的代表团、准成员委员会的代表团、URSI 名誉主席和前任主席。主要职能：负责审查 URSI 发展报告；选举董事会成员、委员会的主席和副主席、科学委员会主席、URSI 在其他国际机构的代表；设立或废除委员会和科学委员会，并决定这些机构的名称和职权范围；审议各委员会和科学委员会提交的工作计划和决议；审查成员资格申请；任命常设财务委员会；审查财务收支情况。

2.理事会

理事会由 URSI 主席以及成员委员会和科学委员会的代表组成。每个履行法定义务的成员委员会均可以任命 1 名理事会代表。科学委员会由委员会主席或其指定的人选出任代表。

3.董事会

董事会由主席、前任主席、4 名现任副主席和秘书长组成。董事会负责在两次成员大会之间以 URSI 的名义行使职权。

4.科学委员会

为实现无线电科学领域某些特定目标，科学委员会由理事会批准设立，其主要职能：审查在实现 URSI 发展目标和使命方面取得的进展；成立研究特定科学学科的工作组；在大会之间组织经理事会批准的科学专题讨论会和工作组会议；参加理事会的活动；对与 URSI 管理有关或具有财务影响的任何事项，都可向理事会提出意见和建议。

5.协调委员会

由各委员会主席、科学委员会主席和董事会成员组成协调委员会，其主要职能是在需要两个或更多委员会共同开展的情况下，协调各委员会的科学活动；规划 URSI 大会的科技项目。

四、学术及沟通平台

URSI 出版物为《无线电科学公告》，主要发表有关无线电科学的科学论文、评论论文和书评；与美国地球物理联盟合作出版《无线电科学》杂志。

五、经费筹措

URSI 的经费来源主要来自成员委员会缴纳的年度会费、成员大会以及举行各委员会专题研讨会的收入、成员委员会的捐赠以及其他形式的捐赠。

国际细胞生物学联盟（IFCB）

国际细胞生物学联盟（International Federation for Cell Biology，IFCB）是一个国际性的非政府、非营利性科学组织，于 1972 年创立。IFCB 是国际生物科学联合会（IUBS）的科学组织成员（Scientific Members），因此 IFCB 也隶属于国际科学理事会（ISC）。正如 IFCB 自身所言，IFCB 并不是一个强大的中心组织（话语能力相对较弱），而更多的是发挥一种促进、协调的作用，为来自全球各国及地区的细胞生物学家自由交流学术思想和分享学术经验提供一个国际平台。IFCB 的宗旨是促进细胞生物学领域的科学发现，倡导合理的、科学的研究政策及研究计划，着力改善细胞学领域的教育，促进细胞学领域的专业发展及强化科学工作人员的多样性。目前，IFCB 拥有 19 个国际成员，均为细胞生物学领域的国家级科学协会或科学理事会。

中国细胞生物学学会于 1982 年正式加入 IFCB，中国细胞生物学工作者积极参加 IFCB 的组织活动。当前，中科院生物物理所生物大分子国家重点实验室副主任、研究组长张宏教授任 IFCB 副主席一职。

国际细胞生物学联盟（IFCB）基本信息

中文名称	国际细胞生物学联盟	英文名称	International Federation for Cell Biology
成立时间	1972 年	总部所在地	巴西 坎皮纳斯
组织属性	非政府、非营利性组织	官方语言	英语
组织标识	ifcb International Federation for Cell Biology		
官方网址	http://www.ifcbiol.com/		
关注议题	在全球范围内支持和协调细胞生物学领域的各类学术活动，促进细胞生物学领域的国际交流与合作，集合国际社会广泛的力量和资源以推动细胞生物学的发展		

一、历史沿革

IFCB 的历史最早可追溯至 20 世纪 30 年代初期。随着电子显微镜的出现，细胞生物学的发展得到广泛提速。IFCB 于 1972 年在美国圣路易斯正式成立，其主要职能是协调和支持全球的细胞生物学学术活动，并在国际生物科学联合会（IUBS）框架下代表细胞生物学分支开展活动。正是 IFCB 与 IUBS 的这一隶属关系使得 IFCB 成为 ISC 的成员组织。IFCB 同时也授权国际细胞研究组织（ICRO）代表其参加联合国教科文组织的相关活动。

二、发展构想

IFCB 希望通过建立一个国际性的学术交流与合作网络，依托有效的国际学术合作，持续推进细胞生物学的研究。尤其是进一步拓展细胞生物学与其他学科领域的融合，完善跨学科研究的内容与途径，寻找涉及人类重大发展利益的议题。此外，IFCB 强调将细胞生物学领域的最新研究成果及时向公众公开，以便公众更好地了解细胞生物学的发展动向。

三、组织架构

（一）成员类型

IFCB 只有国家成员。一个国家或某个地区的多个国家可以依托某个组织加入 IFCB，前提是这个组织能够代表这个国家或地区的大多数细胞生物学家。国家成员根据其拥有的细胞生物学家的数量（能够间接反映其对细胞生物学发展所作出的贡献）被分为 4 个组，每个组具有相应的投票权及需缴纳不同数额的会费。每个国家成员均可就其职权范围内的工作事项向 IFCB 秘书处提交建议。

（二）组织机构

IFCB 的行政管理事务由全体大会和执行委员会负责。值得注意的是，IFCB

《章程》特别强调，涉及 IFCB 的所有合同和协议均须由秘书长和 IFCB 的主席或副主席签署。

1.全体大会

全体大会是 IFCB 的最高决策机构。国家成员可根据其所属的成员类别任命其代表参加全体大会。所有国家成员在全体大会上均有表决权。全体大会的职能包括：①IFCB 成员资格审查；②选举包括 IFCB 主席、秘书长在内的 IFCB 官员；③审议 IFCB 年度工作报告及各委员会的工作报告；④审议 IFCB 的年度预算和决算；⑤商定各成员组织所需缴纳的成员费数额；⑥修订 IFCB《章程》；⑦根据 IFCB 的行政管理和科学事务管理设立委员会。

2.执行委员会

执行委员会对全体大会负责，负责执行每两届全体大会期间由上一届全体大会作出的工作决策，并每年至少 1 次向各成员组织报告其工作开展情况。执行委员会成员在全体大会上无投票权，但如果作为国家成员任命的代表*则具有投票权（除了 IFCB 主席和秘书长）。执行委员会由主席、副主席、秘书长、国家成员委任的秘书或代表组成。

四、学术及沟通平台

IFCB 的学术活动包括召开“细胞生物学国际大会”（ICCB）在内的各类型国际会议、出版国际学术期刊、举办教育及短期培训课程活动、向细胞生物学领域的学术人员提供经费支持参加相关学术活动。

1.国际学术期刊

IFCB 目前出版的高水平国际学术期刊是《国际细胞生物学》（*Cell Biology International*），由美国的约翰威立（Wiley）出版社出版。

---

* 与其他国际科技组织不同，按 IFCB 的《章程》规定，IFCB 执行委员会成员可以为国家成员任命的代表。

2.教育及短期培训课程活动

自 2009 年起，IFCB 每年举办 1 次教育及短期培训课程活动，主要是面向细胞及分子生物学领域，培训人数为 30~40 人。

3.学术支持计划

IFCB 面向全球的年轻细胞生物学家提供经费支持计划（Travel Awards），以资助其参加 IFCB 短期培训课程活动、细胞生物学国际大会、各类型的学术研讨会等。

五、资金筹措

IFCB 的主要收入来源于各国家成员每年缴纳的会费、召开细胞生物学国际大会所取得的相关收入，以及社会组织持续性的经费支持（需获得 IFCB 全体大会的批准，并签署相关合同）。

国际显微学联合会（IFSM）

国际显微学联合会（International Federation of Societies for Microscopy，IFSM）是一个国际性的非政府、非营利性科学组织，于 1951 年创建于法国巴黎。IFSM 起初是由国际科学理事会（ISC）创建的一个代表电子显微镜领域的专业委员会。IFSM 一直到 1995 年才以独立的国际科技组织的身份运作，并于 2002 年以国际科技组织的身份与国际科学理事会（ISC）建立工作联系。IFSM 目前拥有 37 个国家成员和 9 个准成员，并组建了 3 个区域委员会，即亚太显微学会委员会、欧洲显微学会委员会和美洲显微学会委员会。中国于 20 世纪 80 年代加入 IFSM。

国际显微学联合会（IFSM）基本信息

中文名称	国际显微学联合会	英文名称	International Federation of Societies for Microscopy
成立时间	1951 年	总部所在地	法国 巴黎
组织属性	非政府、非营利性组织	官方语言	英语
组织标识	International Federation of Societies for Microscopy IFSM		
官方网址	http://ifsm.info/index.html		
关注议题	促进显微镜技术的应用，在全球范围内促进显微镜专家的国际交流合作		

一、历史沿革

作为全球显微镜专家交流合作的国际平台，IFSM 的成立代表了各个国家及地区电子显微镜学会的共同利益，但 IFSM 的成立并非一帆风顺。由于受到各种社会因素的影响，IFSW 长期在国际科学理事会（ISC）的框架下开展工作。从 20 世纪 70 年代开始，电子显微学突飞猛进，电子显微学的广泛应用和新分支学科“高分辨电子显微学”的崛起，带动了电子显微镜的发展。也正是在这一历史节点，IFSM 不断扩大其活动范围，不断提升其国际影响力，并于 2002 年正式更名为国际显微学联合会，与国际科学理事会（ISC）建立起正式的工作关系。

二、组织架构

IFSM 的成员主要分为 3 类，分别是正式成员、准成员和区域成员。根据 IFSM《章程》规定，任何对显微镜感兴趣的组织，并代表一个地区或国家显微镜学家或显微镜行业的组织，都有资格申请成为 IFSM 成员。成员组织可以是科学院、研究理事会及其类似的机构，也可以是科学学会或此类学会的团体，或者是显微镜行业团体。任何希望加入 IFSM 的组织均应向 IFSM 秘书长提出书面申请。

（一）成员类型

1.正式成员

正式成员分为 4 类（由申请组织在提出申请时自行决定），分别拥有不同数量的表决权及需缴纳不同数额的会费。

2.准成员

准成员无需缴纳会费，也无表决权。准成员的申请程序和正式成员的申请程序相同。

3.区域成员

由显微学家组成的区域组织也可申请成为 IFSM 的正式成员。区域组织需根据 IFSM 的《章程》制定其《章程》，并于 IFSM 召开全体大会之前至少 3 个月将其《章程》提交至 IFSM 执行委员会。区域组织应以书面形式明确指明其准备开展的相关科学活动。

（二）组织机构

IFSM 的行政管理事务主要由全体大会、执行委员会负责；科学事务则由全体大会设立的相关专业委员会负责。

1.全体大会

全体大会是 IFSM 的最高决策机构，IFSM 每 4 年举行 1 次，IFSM 执行委员会确定会议议程及地点。各类型的组织成员均可派出代表出席全体大会，但代表人数则是由每个成员组织根据其所属的类型（1~4 级）派出相应数量的代表。IFSM 执行委员会可邀请 IFSM 各专业委员会的主席、科学机构的代表和学者参加全体大会，但受邀嘉宾均没有表决权。

全体大会的职能包括：审议各类型组织的加入申请；选举 IFSM 主席、副主席、秘书长、财政官和其他官员；审议执行委员会等各委员会提交的工作报告；任命独立的专业审计人员，审计 IFSM 每两届全体大会之间的经费使用情况；审议 IFSM 的年度经费预算和决算报告；设立专业委员会或其他机构并确定其职权范围等。

2.执行委员会

执行委员会对全体大会负责，并积极参与相关审议工作。但执行委员会的成员不得代表其所属的成员组织出席全体大会，也无表决权。执行委员会由 1 名主席、1 名副主席、1 名秘书长、1 名财政官、8 名委员组成、1 名显微学国际大会执行委员会成员、1 名贸易小组执行委员会成员。

执行委员会的职能：执行全体大会作出的相关决定；向各成员组织提供年度工作报告；从相关官员中任命 1 名助理秘书或财政官；指定相关代表与其他国际科技组织建立联合委员会。

三、学术及沟通平台

IFSM 的学术活动包括每 4 年举行 1 次的国际显微镜大会，资助区域性会议，赞助显微镜领域的国际出版物，发起和促进需要国际合作的显微学研究。同时，为表彰在显微学领域的卓越成就，IFSM 还设立了 4 大奖项，分别是“约翰·考利奖”（The John Cowley Medal）、“弗农·考斯莱特奖”（Vernon Cosslett

Medal)、“桥本初次郎奖”(Hatsujiro Hashimoto Medal)(物理学应用)和“爱德华·凯伦伯格奖章”(Eduard Kellenberger Medal)(生命科学)。中国西安交通大学国际电介质研究中心贾春林教授在第 18 届国际显微学会议获得“桥本初次郎奖”。值得注意的是，IFSM 还专门设立经费(主要是国际旅费和注册费)以支持学术和青年研究人员参加 IFSM 显微学国际大会及各区域组织召开的会议。

四、资金筹措

IFSM 的资金来源主要是各成员组织所缴纳的会费和举办各类国际会议所收取的注册费等。会员会费划分为四个类别，其中，第一类是 115 美元、第二类是 260 美元、第三类是 420 美元、第四类是 680 美元。

国际宇航联合会（IAF）

国际宇航联合会（International Astronautical Federation，IAF）是一个国际性的非政府、非营利性科学组织，于 1951 年创立。IAF 的宗旨是通过科学技术的交流，推动空间技术和外层空间的研究与合作，促进宇航事业的发展及和平利用外层空间活动的开展，促进先进技术和知识的传播，奖励有突出贡献的航天工作者，开展青年工作者培训等。目前，IAF 拥有来自 72 个国家及地区的 433 个成员单位，均来自各类政府组织、工业专业协会及学术团体，包括中国宇航学会、美国航天局、日本航天局、美国波音公司、法国空中客车公司、SpaceX、麻省理工学院等。同时，IAF 是负责联合国下属航天事务的唯一的非政府组织，也是联合国和平利用外层空间委员会（COPUOS）的技术咨询机构。

国际宇航联合会（IAF）基本信息

中文名称	国际宇航联合会	英文名称	International Astronautical Federation
成立时间	1951 年	总部所在地	法国 巴黎
组织属性	非政府、非营利性组织	官方语言	英语 法语
组织标识	INTERNATIONAL ASTRONAUTICAL FEDERATION		
官方网址	https://www.iafastro.org/		
关注议题	持续促进全球合作，通过打造一个综合性的平台，为来自太空工业领域和研究领域的专家提供支持；加强知识分享；进一步丰富面向学生和年轻专业人员的活动；提升公众主动参与太空研究的意识，加强专业性和科普性读物的出版		

中国宇航学会于 1980 年正式加入 IAF。从 1983 年至今，经中国宇航学会推荐，中国共有 11 位专家担任过 IAF 的副主席，分别为杨嘉墀（1983—1987

年)、陆元九(1987—1990 年)、陈芳允(1990—1994 年)、梁思礼(1994—1998 年)、陈怀瑾(1998—2002 年)、袁家军(2002—2006 年)、吴燕生(2008—2010 年)、袁洁(2010—2014 年)、于登云(2014—2017 年)、杨保华(2017—2020 年)、王小军(2020 年至今)。

此外，中国宇航学会充分利用 IAF 的国际化平台，积极组织航天专家参加国际宇航大会(IAC)及其他相关学术会议等，推动中国航天科研工作者与国外同行的交流与合作。其中，中国宇航学会曾于 1996 年与 IAF 共同举办第 47 届 IAC 大会，于 2010 年 5 月在北京共同举办首届世界月球会议，于 2013 年共同举办第 64 届 IAC 大会。值得注意的是，中国探月工程总设计师吴伟仁、中国探月工程副总设计师于登云(曾任 IAF 副主席)、嫦娥四号工程探测器系统总设计师孙泽洲等获得了由 IAF 颁发的 2020 年度“世界航天奖”。这是自 IAF 成立 70 年来，首次把最高奖授予中国航天科学家。

一、历史沿革

第二次世界大战结束以后，由于意识形态的分裂而造成的世界“两极化”，美国、苏联及其追随者均设法在军事上超越对方，掌握更多的战略先机。在这样一种紧张对峙的冷战氛围里，科学家们发现政治经济上的两极分化已外溢至科学研究领域，包括科学国际交流在内的大国对话渠道已悄然关闭。正是在这样一个背景下，空间研究领域的科学家创建了 IAF，试图重建国际的学术对话机制，共同致力于空间事业的发展。IAF 于 1951 年 9 月在英国伦敦举行的第二届国际航天大会(International Congress of Astronautics)上宣布正式成立。虽然 IAF 是东西方在太空竞赛期间仍可保持常态化国际学术交流、为数不多的国际平台之一，但 IAF 在发展初期所拥有的成员数量较少(仅仅有 10 个成员组织且主要是西方发达国家)。随着越来越多的新兴太空国家的崛起，尤其是随着全球经济的复苏和一体化进程的开启，空间事业发展迅速，涉及的各类型社会组织也大量增加，IAF 的成员数量在 20 世纪 80 年代以后迅速扩大，影响力也快速提升。

二、发展构想

IAF 的发展构想包括 6 个方面：①为来自航天研究机构、工业制造机构、学者及学生提供一个开放、包容的交流与合作平台，促进更为广泛的国际交流与合作。②不断丰富 IAF 的全球合作网络，持续拓宽信息交流渠道，在全球范围内促进知识的分享。③通过构建更具有显示度的荣誉体系，进一步强化学术共同体建设。④面向学生和年轻的学术人员提供必要的教育培训活动，鼓励学生和青年专业人员参与 IAF 的所有活动，为世界航天事业的可持续发展提供助力。⑤进一步加强航天的科普化宣传，持续促进社会公众对航天事业的了解。⑥鼓励新兴和发展中国家参与 IAF 的各项活动，并促进他们与世界航天界的联系。

三、组织架构

（一）成员类型

IAF 的成员类型分为 4 种，均为社会组织或单位，无个人成员。这 4 种成员组织分别是各类型航天机构、航天工业企业、航天领域的研究协会或专业性协会，航天领域的各类研究与开发组织，高校及有关太空的博物馆。IAF 成员有权参加 IAF 旗下的所有活动，并可派出代表参加 IAF 全体大会，以及在 IAF 全体大会上参加讨论，就 IAF《章程》中列明的相关工作事项进行投票表决。同时，根据 IAF《章程》规定，所有类型的成员须支付年度会费之后，才享有相关权利，包括在 IAF 全体大会上的表决权。

（二）组织机构

IAF 的行政管理事务主要由全体大会、执行局、各行政管理委员会负责；科学事务则是由各科学委员会负责。

1.全体大会

IAF 的最高管理机构是全体大会，由 IAF 所有成员组织派出的代表组成。全体大会的职能包括：审议及批准成员组织准入申请、审议执行局、全体会议的议程、审议由IAF执行局提交的年度工作报告和预决算等、讨论国际宇航大会（IAC）议程及筹备安排、根据工作需要任命相关工作委员会、选举IAF相关官员（包括1名主席和12名副主席）、审议由IAF执行局提交的关于设立相关实体工作机构的指南（Guidelines）等。

2.执行局（Bureau）

执行局由1名主席、12名副主席、1名前任主席、1名准主席、1名执行主任*（秘书长）、1名法律顾问、1名“名誉秘书长”组成。其中，IAF主席和12副主席在执行局会议上拥有表决权，其他执行局成员在执行局会议上无表决权。执行局会议每年至少举行两次**。执行局的职能包括：接受新成员组织的加入申请并将推荐意见报告至下一届全体大会；建议并督导全体大会的筹备安排；准备需在全体大会进行决策的工作事项；编制IAF年度预决算；代表IAF接受来自某个国家或国际组织或政府的捐赠；代表IAF与其他国际组织开展在“和平利用外层空间”领域的合作。

3.委员会

IAF的委员会分为行政管理委员会和科学委员会。目前，行政工作委员会共有15个，包括“国际组织及发展中国家联系委员会”（CLIODN）、“国际大会及学术研讨会咨询委员会”（CSAC）、“财务委员会”（FC）等；科学委员会共有26个，包括“天体动力学委员会”“商业航天安全委员会”“空间文化利用委员会”“近地天体委员会”“空间安全委员会”等，涵盖了空间科学与空间开发、空间应用与操作、空间技术、空间基础设施、空间活动与人类社会五大专业。

* IAF执行主任（Executive Director）相当于其他国际科技组织的“秘书长”一职，但不同之处在于，IAF围绕“执行主任”组建了一个秘书团。

** 执行局会议，每年分别于IAF春季（Spring Meetings）会议期间和国际宇航大会（IAC）期间举行。

四、学术及沟通平台

IAF主要通过举办各类国际会议及学术研讨会、设立国际研究计划、发布通信刊物等途径增强各成员组织的交流以及强化航天领域的共同体意识。

1.举办国际会议

为促进成员组织之间的交流及促进学术工作的开展，IAF 建立了主题丰富、形式多样、面向不同人员的国际会议体系，包括“国际宇航大会”“IAF系列国际会议”（IAF Global Conferences）、“IAF 春季会议”（IAF Spring Meetings）、“部长级国际空间论坛”（ISF）、“IAF全球网络论坛-空间对话系列”（IAF-GNF Space Conversations Series），以及与联合国和平利用外层空间委员会（United Nations Committee on the Peaceful Uses of Outer Space，COPUOS）联合举办的年度学术研讨会等。根据IAF《2019年度报告》显示，每年在IAF各类学术会议上宣读的论文数超过2 000篇。

2.设立国际研究计划

为促进空间研究领域的国际交流合作，IAF设立了一系列国际研究计划，包括“IAF 全球网络论坛”（IAF Global Networking Forum）、“IAF太空经济平台计划”（IAF Space Economic Platform）、“IAF‘发射台’指导计划”（IAF Launchpad Mentorship Program）、“‘抽象’导师计划”（Abstract Mentor Program）、“‘地理-下一代-性别’国际平台计划”（IAF Geography-Generation-Gender International Platform）。值得注意的是，IAF的“航天大学管理委员会”（SUAC）与中国宇航学会（CSA）、大连理工大学合作，推出了一项关于“免费发射立方体卫星*”的竞赛活动（IAF-CSA Space Universities CubeSat Challenge）。该项活动由中国运载火箭技术研究院主持，旨在邀请各国高校学生自由地展示他们的科学创意，激发他们在空间研究领域的兴趣。

* “立方体卫星”的设计、开发和应用是一项系统工程，融合了机电工程、电信、电子、控制、材料等多个研究领域，其应用涉及工业、农业、环境、交通等领域。

3.出版通信刊物

IAF旗下没有公开出版的学术刊物,而主要是各类介绍IAF最新工作进展、年度研究亮点（IAF Highlights）的通信刊物，以及收录每届国际宇航大会会议论文的论文集。

五、资金筹措

IAF的经费来源主要是各成员缴纳的年度会费、各类会议的注册费、举办航空航天展览的收入。IAF将各成员所需缴纳的年度会费划分为4个层级(“铂金”成员、“黄金”成员、“白银”成员、“青铜”成员)，因而属于每个大类的成员需要缴纳不同数额的年度会费（最高为50 000欧元/年，最低为5 000欧元/年）。欧洲空间局（ESA）属于第一层级，中国宇航学会属于第二层级。

国际运筹学联合会（IFORS）

国际运筹学联合会（International Federation of Operational Research Societies，IFORS）是一个国际性的非政府、非营利性科学组织，于 1959 年创立。IFORS 的宗旨是联合全球的运筹学研究组织，从方法论和实践上促进运筹学的发展。IFORS 代表着全球运筹学界的共同利益，包括拉丁美洲伊比利亚运筹学协会（ALIO）、亚太运筹学协会（APORS）、欧洲运筹学协会（EURO）和北美运营研究学会（NORAM），涵盖了 54 个国家级学会和 30 000 多名运筹学研究专业人员。IFORS 还是国际学会协调委员会（FIACC）的成员之一。

中国数学会于 1980 年成立中国运筹学会，并于 1982 年 5 月正式加入 IFORS。1999 年 8 月，第 15 届 IFORS 全体大会在北京举行，来自 49 个国家和地区共 1 000 多人出席会议。这次大会是 IFORS 成立 40 年来规模最大的一次大会。正是本届大会的召开，进一步拉近了中国运筹学会与 IFORS 以及各国运筹学界的联系，使世界更了解中国，对中国运筹学的发展产生了深远影响。

国际运筹学联合会（IFORS）基本信息

中文名称	国际运筹学联合会	英文名称	International Federation of Operational Research Societies
成立时间	1959 年	总部所在地	丹麦 哥本哈根
组织属性	非政府、非营利性组织	官方语言	英语
组织标识	IFORS International Federation of Operational Research Societies		
官方网址	https://www.ifors.org/		
关注议题	利用运筹学理论研究和实践推动可持续发展（北美地区）；促进运筹学的理论向实践转化（拉美地区）；使用体系化、跨学科性的运筹学研究解决疫情后的挑战（欧洲地区）		

一、历史沿革

IFORS 是一个拥有 60 多年历史的国际科技组织，其历史最早可追溯至 1955 年。美国运筹学学会（ORSA）、英国运筹学学会（ORS）和法国运筹学学会（SOFRO）是 IFORS 的初创成员组织。当时的美国运筹学学会（ORSA）副主席向英国运筹学学会（ORS）秘书长发出了关于召开运筹学领域国际会议的倡议。法国运筹学学会（SOFRO）则以支持方的身份加入到会议的筹备中。于是第一届 IFORS 国际大会于 1957 年在英国牛津举行。这次会议对 IFORS 的成立具有关键意义，IFORS 于 1959 年 1 月正式成立。IFORS 成立后的第一届会议于 1960 年 9 月在普罗旺斯地区艾克斯举行，来自 10 个成员协会（包括澳大利亚、比利时、加拿大、印度、荷兰等）的代表参加了会议。IFORS 在成立之初的行政管理结构较为简单，没有主席和副主席之类的高级管理人员，仅由某一个国家的运筹学学会履行“代管”之职。虽然运筹学这门学科是在 20 世纪 30 年代激烈的意识形态之争中孕育的，但 IFORS 在 20 世纪最后 20 年的时间里一直致力于推动运筹学与其他应用学科的联合，因此运筹学成为人类解决重大挑战的基础性关键学科。

二、发展构想

IFORS 希望通过推动多角度、跨学科、面向实际应用的运筹学研究，依靠数学建模、优化选择、大数据分析和其他多元的分析方法，从最广泛的意义上进一步吸引世界各国更加关注人类的可持续发展议题，并依托运筹学研究为人类可持续发展做出更多的贡献。

三、组织架构

（一）成员类型

IFORS 的成员有两种，分别是正式成员和准成员（Kindred Societies）。

1.正式成员

正式成员主要是指运筹学领域的国家级科学学会。IFORS 也接纳来自于一个区域、能够代表多个国家运筹学研究者群体的科学学会。为进一步促进地区性学术力量的联合，IFORS 相关正式成员也可被认定为地区性团体，包括欧洲运筹学协会（EURO）、伊比利亚美洲运筹学协会（ALIO）、亚太运筹学联合会*（APORS）和北美运筹学会协会（NORAM）。

2.准成员

任何对运筹学研究感兴趣或支持 IFORS 开展相关活动的组织，在得到大多数正式成员同意的前提下，可以准成员的身份加入 IFORS。准成员无表决权，但享有和正式成员相同的其他权利，包括参加执行局代表会议。

（二）组织机构

IFORS 的行政管理事务由执行局和行政委员会负责，科学事务则是由工作组负责。

1.执行局

IFORS 执行局由各正式成员任命的代表组成。执行局会议是 IFORS 的最高决策机构，负责决策 IFORS 的重大事项。各正式成员任命的代表将在执行局会议上履行投票权。执行局会议每 3 年举行 1 次，于运筹学国际大会会议期间举行。执行局下设行政委员会和提名委员会，分别负责 IFORS 的日常行政管理事务和 IFORS 的官员选拔工作。

2.行政委员会

行政委员会由 IFORS 主席、副主席、前任主席、财政官组成。行政委员会通常每年至少召开 1 次会议。行政委员会的职能包括批准 IFORS 年度财政预算、协同 IFORS 秘书制定执行局会议议程、审议秘书提交的相关会议纪要、审议由 IFORS 财政官提交的经费使用报告、委托第三方审计 IFORS 经费使用情况、设立专门委员会实施 IFORS 相关活动、向理事会提交关于促进 IFORS 愿景实现的相关重大活动。

---

* 亚太运筹学联合会成立于 1985 年，其下属亚太运筹中心（APORC）设在中国科学院应用数学所，每 1~2 年召开一次国际会议。

四、学术及沟通平台

IFORS 主要通过出版学术期刊、举办国际会议、开展教育培训活动和提供奖学金等途径促进运筹学领域的交流与发展。

1.出版学术期刊

IFORS 旗下共有两种学术期刊，并建设 1 个数据库。这两种学术期刊分别是《国际运筹学交易》（ITOR）和《可持续分析与建模》（SAM）。前者是 IFORS 的官方期刊，体现了 IFORS 希望在全球范围内促进运筹学研究的初衷；而《可持续性分析与建模》（SAM）是 IFORS 新创办的开源学术期刊。此外，IFORS 建立了名为“国际运筹学摘要”（IAOR）的数据库。

2.举办国际会议

IFORS 希望通过举办各类型的国际会议在全球范围内促进运筹学领域的研究者和工作者彼此交流思想、知识和经验。此外，IFORS 还自 1999 年起开始实施“杰出讲习者”计划（IDL），为运筹学领域的会议提供专家指导，以助力提升会议的专业性。

3.举办教育培训活动

自 2000 年起，IFORS 开始实施“青年学者计划”（Young Scholars Program），专门赞助学生参加由欧洲运筹学协会（EURO）、伊比利亚美洲运筹学协会（ALIO）举办的“暑期学校”（Summer School）。此外，IFORS 还专门面向发展中国家开发了“慕课”（MOOCs）资源（免费）。

五、资金筹措

IFORS 的经费来源主要是会费、举办 IFORS 国际大会的注册费收入，以及出版其官方学术期刊所获取的收入。

世界科学工作者联合会（WFSW）

世界科学工作者联合会（World Federation of Scientific Workers，WFSW）是一个国际性的非政府、非营利性科学组织，于 1946 年创建于英国伦敦。WFSW 的宗旨是发展科学，利用科学为人类利益服务。WFSW 所关注的议题主要包括：维护世界和平环境和推进裁军运动，促进世界人民的团结，促进全球社会的可持续发展，促进全球经济秩序的有序发展。WFSW 希望通过组建囊括研究人员、教师、工程师、技术人员在内的全球合作网络，以利用科学的力量强化人类社会对共同福祉的追求。

世界科学工作者联合会（WFSW）基本信息

中文名称	世界科学工作者联合会	英文名称	World Federation of Scientific Workers
成立时间	1946 年	总部所在地	法国 巴黎
组织属性	非政府、非营利性组织	官方语言	英语、法语
组织标识	FMTS WFSW		
官方网址	https://fmts-wfsw.org/		
关注议题	倡导全面发展科学、工程和技术，关注和解决当代面临的紧迫问题；促进科学信息、研究成果、工作经验交流等领域的国际合作，为发展中国家的科技社会进步提供多样化帮助；研究科学家、工程师、技术人员和高等教育工作者的社会经济地位、职业培训等问题		

一、历史沿革

1946 年，当两种世界性的“关切”—— 阻止另一个“广岛核事件”的发生和推动科学更好地服务于人类福祉—— 交织在一起的时候，WFSW 应运而生。在成立之初，WFSW 只是一个小的区域性组织，仅有不足 10 个国家级组织参与其中，包括国家工会、非商业性行业联合会等。这些组织来自英国、法国、荷兰，其中一些组织还仅仅是观察员。WFSW 最初的关注点在于反对世界分裂为“两大阵营”及反对在全球开始涌现的军备竞赛，其中最为重要的关切是抵制世界性的分裂浪潮。到了 1969 年，在来自于法国和英国的一些组织的影响下，WFSW 开展了一些结构性调整，以便在科学界的精英人群中寻求更为广泛的支持，但其关注的核心议题仍然在抵制各国的军备竞赛。当然，WFSW 也积极投身于由联合国发起的在全球范围内推动科学和技术均衡发展的事业中。冷战结束后，WFSW 框架下一些促进“两大阵营”沟通的机构也随之被撤销，WFSW 的国际影响力也随之减小，因而 WFSW 所关注的议题也发生了变化，开始更加关注科学如何促进人类共同福祉。WFSW 从 2013 年开始重建其国际影响力。总而言之，WFSW 是一个伴随世界政治和经济格局演变（或理解为“深受影响”）的国际科技组织，进入 21 世纪以后，其议题构成较为综合。

二、发展构想

WFSW 希望通过汇集全球的研究人员、工程师、技术人员、教师等，强化其在科学发展过程中的引领性作用，利用科学研究成果实现对社会发展的牵引。

三、组织架构

（一）成员类型

WFSW 的成员类型主要包括组织成员和个人成员。

1.组织成员

根据 WFSW 的《章程》，任何拥护 WFSW 价值理念和发展目标的国际或地区科技组织（联合会）均可申请成为其成员。目前，WFSW 拥有来自全球 17 个国家的 23 个组织成员。

2.个人成员

WFSW 也吸纳个人成为其个人成员，包括研究人员、工程师、技术人员、教师等。

（二）组织机构

WFSW 的行政管理机构包括全体大会、理事会、国际秘书处。

1.全体大会

全体大会是 WFSW 的最高行政管理机构，每 4 年至少举行 1 次。全体大会的参加者是各组织成员派出的代表和 1 名个人成员代表（具有表决权）以及由各组织成员派出的观察员（无表决权）。其中，各成员组织根据其所拥有的个人成员数量将派出至多不超过 4 名代表参加全体大会。全体大会将对 WFSW 的所有事务进行决策，并有权根据相关具体事务设立委员会或工作组。

2.理事会

理事会由 WFSW 全体大会选举产生，由成员组织代表、个人成员和国际秘书处组成。执行委员会负责推动落实全体大会所作出的相关决策，审议 WFSW 的预算和决算报告等，发挥着引导和督导的作用，以确保 WFSW 愿景的实现。

3.国际秘书处

WFSW 国际秘书处的职能和其他国际科技组织的执行委员会类似。国际秘书处由主席、两名副主席、理事会副主席、秘书长和财政官组成。所有这些成员由全体大会选出，至少应来自于 3 个不同的国家。国际秘书处负责 WFSW 的日常行政事务。

四、学术及沟通平台

WFSW 的学术活动类型主要是国际会议、组织学术研讨会、发行出版物等。WFSW 当前主要围绕 3 个主题开展相关学术活动，分别是“裁军和国际合作”（科学的“武器化”、核武器、国际合作）、“可持续发展”（气候变化、自然资源、能源、水资源）、“就业研究”（教育、学术自由、知识产权、社会责任、社会伦理、女性科学家、青年科学家）。

五、资金筹措

WFSW 的经费主要来自于组织成员和个人成员所缴纳的会费、出版物的销售收入、科学机构的捐赠以及根据与联合国教科文组织等其他国际或地区政府组织签署的伙伴关系协议所获得的经费赞助。WFSW 也接受准成员为开展特定活动的捐款。

世界设计组织（WDO）

世界设计组织（World Design Organization，WDO）是一个国际性的非政府、非营利性科技组织，于 1957 年创立。WDO 与国际平面设计协会（ico-D）和国际室内建筑师暨设计师团体联盟（IFI）一道成为世界 3 大专业设计师团体。WDO 倡导为更美好的世界而设计，致力于促进和分享由工业设计驱动的知识创新，以提高经济、社会、文化和环境的生活质量。自 1974 年起，WDO 具有联合国经社理事会的特别咨商地位。目前，WDO 在全球 40 多个国家，拥有 170 多个成员单位，包括工业设计组织、专业协会、教育机构和公司等，代表着超过全球 150 000 名工业设计师。

中国工业设计协会、中国国际设计产业联盟、北京工业设计促进中心、西安交通大学分别作为专业成员和教育成员身份加入 WDO。

世界设计组织（WDO）基本信息

中文名称	世界设计组织	英文名称	World Design Organization
成立时间	1957 年	总部所在地	法国 巴黎
组织属性	非政府、非营利性组织	官方语言	英语
组织标识	WDO WORLD DESIGN ORGANIZATION		
官方网址	https://wdo.org/		
关注议题	促进成员组织间的交流与合作；在地区与国际的层面支持和保护专业的工业设计实践、支持设计理论研究、调查与实践在不同层次教育中的进展、与设计从业者及其他国际组织展开合作，以提升全球范围对工业设计的认识		

一、历史沿革

WDO的历史可追溯至1953年。1953年，雅克·维诺特（Jacques Vienot）在国际工业研究院（Institut d'Esthetique Industrielle）国际会议上提议应创建一个能够广泛代表工业设计师利益的国际机构。1957年6月，WDO的前身“国际工业设计师协会联合会”（Icsid）在伦敦正式成立。1959年，第一届Icsid国际大会（Congress）和全体大会（General Assembly）在瑞典的斯德哥尔摩举行，来自17个国家及地区的23个成员组织参会。进入20世纪60年代以后，Icsid实现快速发展，其成员组织已扩展至来自30多个国家及地区的40多名成员组织。Icsid逐渐发展为一个超越政治界限、具有包容性、能够真正聚焦科学实质的国际组织。1974年，Icsid获得联合国经济及社会理事会（ECOSOC）的特别咨商地位，秘书处也随即搬到比利时的布鲁塞尔。进入20世纪90年代以后，Icsid持续发挥国际科技组织的独特优势，在世界各地举办大会和国际设计研讨会，推动全社会日益重视商业设计的价值、环境的可持续性发展和知识产权保护等问题。2003年，Icsid和国际平面设计协会理事会（Icograda）联合创建了国际设计联盟（IDA），并于2008年邀请国际室内建筑师（设计师）联合会（IFI）参加联盟。虽然该联盟在2013年被解散，但这3大设计领域的主流国际科技组织的影响力得到实质性提升。2015年10月在韩国光州召开的第29届Icsid大会上，沿用近60年的“国际工业设计协会”（ICSID）正式更名为“国际设计组织”（WDO）。

二、发展构想

推动工业设计领域的系统发展，通过设计的力量提高社会、文化和经济的协调发展，助力环境保护；举办形式更多样、更具有包容性的工业设计领域的活动，以解决目前人类共同面临的社会和环境问题。此外，WDO还将致力于促进成员组织间的交流与合作；在地区与国际的层面支持和保护专业的工业设计实践；支持设计理论研究、调查与实践在不同层次教育中的进展；与设计从业者及其他国际组织展开合作，以提升人类社会对设计的认识。

三、组织架构

（一）成员类型

WDO 的成员分为 4 类，分别是企业成员、教育成员、专业成员和支持成员。这 4 类成员均在 WDO 全体大会上拥有表决权。

1.企业成员

WDO 企业成员主要是面向那些向消费者提供服务的营利性公司或企业，同时这些公司或企业至少须雇用 1 名全职的、专业的工业设计师。企业成员可指派 1 名具有较多经验的工业设计师任 WDO 的代表。

2.教育成员

教育成员主要是面向那些提供工业设计教育认证课程及开展工业设计研究的教育组织或教育机构。

3.专业成员

任何国家协会或国家协会的分会或专业工业设计师协会均可申请成为 WDO 的专业成员。前提是该协会通过一定的形式设定了必要的准入标准，能够确保其加入成员是受过科学训练的工业设计师且具有适当的专业能力。

4.支持成员

任何通过开展相关项目支持并促进 WDO 目标实现的地方性工业设计组织。

（二）组织机构

WDO 的行政管理事务主要通过全体大会、理事会负责。

1.全体大会

WDO 的全体大会是 WDO 的最高决策机构，每两年举行 1 次。WDO 的 4 类成员均可派出不超过两名代表参加全体大会。

WDO 全体大会的职能包括：选举并任命理事会成员、审议各委员会的报告、审议 WDO《章程》变动、审议 WDO 主要工作计划等。

2.理事会

理事会是 WDO 的行政管理执行机构，每两年选举 1 次。WDO 理事会负责 WDO 的所有业务，并有权行使 WDO 的所有权力。WDO 理事会由 11 名理事组成，包括主席、准主席、财政官和 8 名理事会成员组成。理事会下设执行委员会，由主席、准主席、财政官、执行主任组成。理事会的职能包括：监督 WDO 相关工作的落实、避免或尽量减少各成员组织之间的潜在的利益冲突、筹备 WDO 全体大会等。

此外，根据 WDO《章程》，前 WDO 理事会成员可被任命为区域顾问（Regional Advisors），以特别加强某个区域的工业设计事业的发展。同时，区域顾问还将向 WDO 理事会提供必要的咨询。区域顾问可受邀参加 WDO 全体大会。

四、学术及沟通平台

WDO 主要是通过举办形式多样、具有高度包容性的国际活动来增强社会公众对工业设计的了解和重视，发挥工业设计对促进人类可持续发展目标（SDGs）的实现。

1.设计工坊（Interdesign）

WDO 的“设计工坊”活动创建于 1971 年。这个活动召集来自世界各地的设计师为具有全球意义的本地问题制定解决方案，通常为期两周。每次活动都在不同的城市主办。目前，共计在 25 个不同的国家举办了 38 场研讨会，议题范围包括解决气候变化、城市交通、人口老龄化、绿色空间、医疗保健和水资源管理等。

2.世界设计大会（World Design Assembly）

自 1959 年以来，世界设计大会每两年举行 1 次。会议为期两天，主要分为研究活动和教育论坛两个部分,以讨论 WDO 的未来发展方向及相关政策等。

3.世界设计之都（World Design Capital）

世界设计之都每两年举行 1 次评选，旨在表彰相关城市通过有效利用“设计的力量”来推动经济、社会、文化和环境的可持续发展。获得世界设计之都称号的城市，将用一年的时间向世界展示以可持续为主导的城市政策和创新实践。曾获得世界设计之都称号的城市包括都灵（意大利，2008 年）、首尔（韩国，2010 年）、赫尔辛基（芬兰，2012 年）、开普敦（南非，2014 年）、中国台北（中国台湾，2016 年）、墨西哥城（墨西哥，2018 年）、里尔（法国、2020 年）、瓦伦西亚（西班牙，2022 年）。

4.“企业圈”计划（Corporate Circles Program）

WDO 的“企业圈”计划是一个面向 C 级（C-Level）设计专业人士的信息和网络平台，旨在提供独特的领导经验，促进具有类似专业背景的设计师之间的交流及分享他们的实践经验、解决挑战的有效方案，尤其是帮助打破高级企业设计师的孤立状态。

5.世界设计影响力奖（WDIP）

世界设计影响力奖创立于 2011 年，旨在表彰和提升以工业设计为内核的相关项目。评选标准在于，这些项目的设计方法、设计思维、产品效应是否能够对我们的社会、经济、文化、环境、生活质量产生积极的影响。

6.世界工业设计日（World Industrial Design Day）

一年一度的世界工业设计日于每年的 6 月 29 日举行。活动旨在促进社会公众对工业设计的关注，鼓励国际工业设计协会成员与非成员举办形式丰富的工业设计的展览、座谈、研讨会、实践工坊等相关活动；鼓励世界各地的设计师以批判的眼光看待他们的设计，并反思他们可以采取哪些步骤来挑战现状，为更加多元化、包容性的工业设计行业做出贡献。

五、资金筹措

WDO 的经费主要来源于各成员缴纳的会费、咨询费以及举办各类活动所取得收入。

铁路合作组织（OSJD）

铁路合作组织（Organisation for Cooperation between Railways），简称 OSJD，其工作是在世界经济和欧亚国家运输经济发生明显结构性变化的条件下开展的。OSJD 成立于 1956 年，并于 1957 年 1 月 1 日开始工作。加入成员是成员国的铁路公司、运输部或负责铁路的中央机构。截至 2022 年 6 月，OSJD 有 29 个成员国。OSJD 成员国国土面积总和达 3 700 万 km^2，人口总数约 20 亿，铁路网总长 33 万 km，每年运送旅客超过 55 亿人次，运送货物约 56 亿 t。

铁路合作组织（OSJD）基本信息

中文名称	铁路合作组织	英文名称	Organisation for Cooperation between Railways
成立时间	1956 年	总部所在地	波兰 华沙
组织属性	政府间国际组织	官方语言	英语、俄语、汉语
组织标识			
官方网址	http://en.osjd.org/		
关注议题	提高 OSJD 成员国铁路运输综合体效益，完善和发展国际铁路客货运输，提高欧亚大陆铁路运输竞争力，推动完善铁路运输政策		

值得关注的是，OSJD 见证了国际贸易大幅增长，贸易地域显著改变，经济潜力增长地区不断涌现，经济界限日渐消除，亚欧铁路集装箱运量增加，欧亚其他运输方式货流快速增长等。同时，随着电子商务的迅猛发展，OSJD 成员国（加入单位）不仅为集装箱运输，也为邮政专列小件邮包和零散货物的快速运输带来

了巨大的商机。在物流运输各领域，从电子过境海关申报单和运输文件，到很有前景的机车车辆“电子贸易平台”和“电子列车”项目，全部实现了向数字技术的过渡。同时，为提高 OSJD 成员国铁路运输综合体效益，同时满足成员国客货运输需求，OSJD 在完善和发展国际铁路客货运输，提高欧亚大陆铁路运输竞争力，强化标准法律基础方面开展了工作。各有关国际组织、行业协会和铁路公司之间开展的密切合作，为提高国际铁路运输效益创造了最有利的条件。

一、历史沿革

OSJD 的发展大致可以分为两个阶段：第一阶段是从 20 世纪 50 年代初至 90 年代中期；第二阶段是从 20 世纪 90 年代中期至现在。

20 世纪 50 年代初，为保证国际联运客货运送，迫切需要制定统一的法律和经济标准。在华沙（1950 年 12 月 22 日）、布拉格（1951 年 4 月 23 日）、布达佩斯（1951 年 7 月 10 日）等地举行的会议上，编制并商定了办理国际客货运送的第一批基本文件，包括“国际铁路直通联运旅客及行李运送协定（国际客运协定）及其办事细则”“国际铁路直达联运货物运送协定（国际货运协定）及其办事细则”“国际铁路直通联运旅客、行李、包裹运送运价规程”“国际铁路直达联运货物运送协定参加国铁路货物运送统一过境运价规程”“国际联运车辆互用规则（车规）”“国际客运协定和国际货”。

1953 年，中华人民共和国、朝鲜民主主义人民共和国、蒙古人民共和国三国铁路加入上述协定。1955 年，越南民主共和国铁路也加入了该协定。当时，参加上述协定的铁路总数达到了 12 个。1956 年上半年成立了下列技术专门委员会：“第一技术专门委员会——关于车辆和建筑接近限界、车辆及车辆配件统一化问题”“第二技术专门委员会——关于信号问题”“第三技术专门委员会——关于电气化问题”“第四技术专门委员会——关于线路上部建筑和桥隧建筑物问题”。

1956 年 6 月，在索非亚举行了部长会议，与会部长一致决定成立铁路合作组织。这次会议被视为 OSJD 历史上的第一届部长会议。这次会议通过了铁路合作组织章程，并委托事务所编制部长会议议事规则草案和 OSJD 执行机关——OSJD

委员会办事细则。

铁路合作组织的第二活动阶段自1993年到现在。20世纪90年代初新的地缘政治形势产生了新的任务，而这些任务需要国际铁路运送所有参与者协调行动且共同完成，才能保证在欧亚间开展定期的洲际铁路联运。

在这个时期，OSJD开始贯彻新的OSJD基本文件，使委员会新的组织机构适应因常设专门委员会数量减少、改组及其办事细则的制定引起的变化。尤其是在OSJD第21届部长会议（1993年，华沙）上，修改了铁路合作组织章程，扩大了加入OSJD的可能性，并允许那些直接从事铁路活动的公司和企业作为观察员或加入企业参加OSJD工作。

二、加入成员

OSJD的加入成员大致分为三类：一是OSJD成员国（国家行为体）；二是拥有观察员身份的各类跨国企业（主要是指拥有国家股份的大型跨国公司）；三是加入企业单位（包括高校及科研机构）。

铁路成员国方面，OSJD成员国共有29个，其中积极成员25个，分别是阿塞拜疆共和国、白俄罗斯共和国、保加利亚共和国、匈牙利共和国、越南社会主义共和国、格鲁吉亚、伊朗伊斯兰共和国、哈萨克斯坦共和国、中华人民共和国、朝鲜民主主义人民共和国、吉尔吉斯共和国、拉脱维亚共和国、立陶宛共和国、摩尔多瓦共和国、蒙古国、波兰共和国、俄罗斯联邦、罗马尼亚、斯洛伐克共和国、塔吉克斯坦共和国、土库曼斯坦、乌兹别克斯坦共和国、乌克兰、捷克共和国和爱沙尼亚共和国。如表1所示。

OSJD观察员企业方面，包括德国铁路股份公司（DBAG）、希腊铁路（OCE）、法国国有铁路公司、芬兰铁路（BP）、塞尔维亚铁路国有企业及吉厄尔—肖普朗—埃宾富尔特铁路股份公司，如表2所示。加入企业方面，共有29家铁路运输公司、高校及科研机构，分别来自中国、奥地利、德国、格鲁吉亚、摩尔多瓦、波兰、俄罗斯、罗马尼亚、乌克兰、斯洛伐克、法国、捷克和瑞士，如表3所示。

表 1　OSJD 成员国和成员国铁路

国家	铁路公司/管理局
阿塞拜疆	阿（塞）铁——阿塞拜疆铁路股份公司
阿尔巴尼亚	—
阿富汗	阿（富）铁——阿富汗铁路局
白俄罗斯	白铁——白俄罗斯铁路
保加利亚	保铁——保加利亚国家铁路控股公司
匈牙利	匈铁——匈牙利国家铁路股份公司
越南	越铁——越南铁路总公司
格鲁吉亚	格铁——格鲁吉亚铁路股份公司
伊朗	伊铁——伊朗伊斯兰共和国铁路
哈萨克斯坦	哈铁——哈萨克斯坦铁路国有股份公司（哈萨克斯坦铁路）
中国	中铁——中国国家铁路集团有限公司（中国铁路）
朝鲜	朝铁——朝鲜民主主义人民共和国铁路
韩国	韩铁——韩国国营铁路公司
古巴	—
吉尔吉斯	吉铁——吉尔吉斯斯坦铁路国有公司（吉尔吉斯斯坦铁路）
拉脱维亚	拉铁——拉脱维亚铁路国家股份公司
立陶宛	立铁——立陶宛铁路股份公司
摩尔多瓦	摩铁——摩尔多瓦铁路国家企业
蒙古	蒙铁——乌兰巴托铁路股份公司
波兰	波铁——波兰国家铁路股份公司
俄罗斯	俄铁——俄罗斯铁路股份公司
罗马尼亚	罗铁——罗马尼亚国有铁路股份公司
斯洛伐克	斯铁——斯洛伐克共和国铁路
塔吉克斯坦	塔铁——塔吉克斯坦铁路国家单一制企业（塔吉克斯坦铁路）

续表

国家	铁路公司/管理局
土库曼斯坦	土铁——土库曼斯坦工业和交通通信部铁路运输署
乌兹别克斯坦	乌（兹）铁——乌兹别克斯坦铁路股份公司（乌兹别克斯坦铁路）
乌克兰	乌（克）铁——乌克兰铁路股份公司
捷克	捷铁——捷克铁路股份公司
爱沙尼亚	爱铁——爱沙尼亚铁路股份公司

表 2　OSJD 观察员

国家	OSJD 观察员
德国	德铁——德国铁路股份公司
芬兰	芬铁——芬兰铁路
希腊	希铁——希腊铁路
塞尔维亚	塞铁——塞尔维亚铁路股份公司
法国	法铁——法国国营铁路公司
俄罗斯	联邦客运股份公司

表 3　OSJD 加入企业

国家	加入企业（含高校与科研机构）
波兰	AXTONE 机械设备股份公司
波兰	CTL Logistic 股份公司
波兰	Track Tec 股份公司
波兰	PESA 比得哥什轨道技术股份公司
俄罗斯	CTM 有限公司
俄罗斯	OTJIK EPA 股份公司
俄罗斯	EBpoc и 6 股份公司

续表

国家	加入企业（含高校与科研机构）
俄罗斯	中俄交通高校联合会
俄罗斯	集装箱运输公司集装箱货物运输中心
俄罗斯	TBEMA 股份公司
俄罗斯	Ruscon 有限公司
俄罗斯	Digital Logistics 有限公司
俄罗斯	NHrepTpaHc 股份公司
俄罗斯	Ecoline 有限公司
俄罗斯	Maxima Logistic 有限公司
俄罗斯	俄罗斯邮政股份公司
俄罗斯	国际物流协会（MAJIBИ）
俄罗斯	Ecoline 有限公司
中国	吉林省东北亚铁路集团股份有限公司
中国	北京交通大学
中国	西南交通大学
中国	中国外运股份有限公司
中国	中国中铁二院工程集团有限责任公司
捷克	Enteria 股份公司
捷克	OLTIS 股份公司
斯洛伐克	BETAMONT 有限公司
罗马尼亚	FEROVIAR ROMAN 集团股份公司
罗马尼亚	Unicom Transit 股份公司
乌克兰	PLASKE 股份公司
乌克兰	第聂伯罗彼得罗夫斯克道岔厂股份公司
拉脱维亚	Baltijas Ekspresis 股份公司

续表

国家	加入企业（含高校与科研机构）
拉脱维亚	Baltijas Tranzita Serviss 股份公司
拉脱维亚	Euro Rail Cargo 有限公司
哈萨克斯坦	KA3ΦOCΦAT 有限公司
哈萨克斯坦	Freightliner 集团有限公司
匈牙利 / 奥地利	匈牙利铁路货运股份公司
亚美尼亚 / 俄罗斯	南高加索铁路股份公司
拉脱维亚	SIGIS 股份公司
蒙古	蒙古铁路国家股份公司
立陶宛	Gargždu geležinkelis 股份公司
意大利	DBA 集团
波洛尼亚	METRANS 有限公司

三、机构设置

OSJD 主要由领导机关、执行机关、工作机关三大类别的机构开展相关工作。根据 OSJD《章程》，部长会议和总局长会议为领导机关，是 OSJD 的最高决策机构；OSJD 委员会是执行机关；工作组作为落实相关具体工作的执行机构单元（工作机关）（见图 1）。

（一）领导机关

1.部长会议

OSJD 部长会议（以下简称部长会议）是 OSJD 的最高领导机关，并根据 OSJD 章程和 OSJD 部长会议议事规则开展相关活动。部长会议成员是 OSJD 成员国主管铁路运输的权力执行机关的领导人，或者是拥有相应授权的铁路中央机关的领导人。

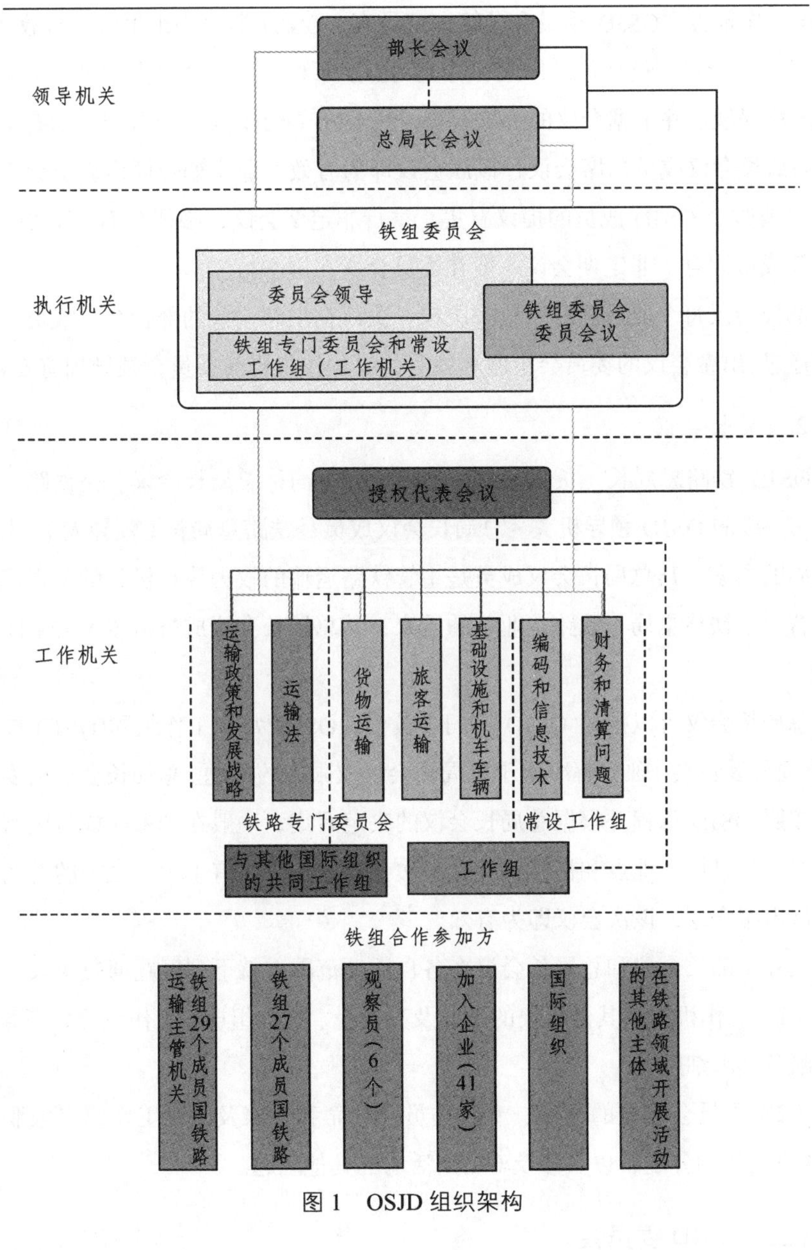

图 1　OSJD 组织架构

部长会议审查属于 OSJD 活动方向的问题，首先是 OSJD 章程中列明的相关问题，并参考 OSJD 铁路总局长（负责代表）会议的建议就这些问题通过决议：

OSJD 工作报告、OSJD 委员会预算和定员表、OSJD 监察小组报告、接收 OSJD 新成员、赋予观察员地位、修改和补充 OSJD 章程。部长会议由委员会主席按照 OSJD 章程规定并根据会议的决议召集，一般在 OSJD 成员国召开。如有不少于 2/3 的部长会议成员出席会议，该届会议即为有效。非定期会议由委员会主席根据 1 个或数个 OSJD 成员的提议召集。举行非定期会议，必须有不少于 2/3 的部长会议成员同意。非定期会议一般在委员会所在国举行。

部长会议每个成员拥有 1 票表决权。决议在出席会议的部长会议成员一致同意下通过。出席会议的委员会主席和就有关议程作报告的委员会领导拥有发言权。

2.总局长会议

OSJD 铁路总局长（负责代表）会议（以下简称总局长会议）是铁路（铁路企业）一级的 OSJD 领导机关。总局长会议成员是铁路总局长（领导人）。未设铁路总局的国家，其总局长会议成员是主管铁路运输的权力执行机关的负责代表。拥有若干个铁路总局（铁路企业）的国家，其总局长会议成员由该国 OSJD 成员确定。

总局长会议可以授权 OSJD 专门委员会、OSJD 常设工作组和 OSJD 委员会（以下简称委员会）独立解决属于总局长会议权限内的问题。总局长会议由委员会秘书按照 OSJD 章程并根据总局长会议的决定召集，一般在 OSJD 成员国召开。会议召开的日期、地点和初步议程由上次会议规定。如有不少于 2/3 的总局长会议成员出席会议，该次会议即为有效。

此外，部长会议和总局长会议在各自活动范围内就下列问题通过决议。

（1）工作机关和其他机关的设立及其数量、机构组成、工作纲要、任务、活动期限及办事细则；

（2）委员会领导的任命、专门委员会主席和专家及常设工作组专家职位在 OSJD 成员间的分配，以及涉及 OSJD 活动的其他问题。

（二）OSJD 委员会

委员会是 OSJD 的执行机关，根据 OSJD 章程和 OSJD 委员会办事细则开展相关活动。委员会由委员会主席领导。除委员会主席外，委员会领导还包括领导委员会相应组织部门的委员会副主席和委员会秘书。从委员会委员中任命的委员会主席和副主席由部长会议参考总局长会议的建议核准，任期四年。委员会秘书由总局长会议核准，任期相同。委员会由 OSJD 成员派往委员会的专家组成，他们同时也是委员会委员。OSJD 成员有权根据协议另行委派驻会代表。

委员会下设 4 个组织机构，分别为委员会官员、部长会议工作机构、总局长会议工作机构、《OSJD 通信》杂志编辑部。

委员会的职能：筹备 OSJD 部长会议、铁路总局长（负责代表）会议；在由委员会主席和秘书召集的部长会议成员和总局长会议成员授权代表会议上履行秘书处职责；负责 OSJD 范围内与执行协定和其他法律文件有关的事务；协调和执行 OSJD 工作计划；向部长会议和总局长会议报告其决议执行情况；同国际组织建立并保持联系和合作；根据部长会议和总局长会议的委托，与观察员、加入企业和国际组织签订协议；出版《OSJD 通信》杂志和统计资料简报等；组织和管理 OSJD 官方网站；在部长会议和总局长会议休会期间履行秘书处职能；执行部长会议和总局长会议委托的其他工作。

（三）OSJD 工作机关

1.专门委员会

（1）运输政策和发展战略专门委员会；

（2）运输法专门委员会；

（3）货物运输专门委员会；

（4）旅客运输专门委员会；

（5）基础设施和机车车辆专门委员会。

2.常设工作组

（1）编码和信息技术常设工作组；

（2）财务和清算问题常设工作组；

（3）在各专门委员会和常设工作组范围内还有一些其他工作组和联合工作组。

（四）临时工作组

1.主要临时工作组

（1）铁路运输领域职业教育培训问题临时工作组；

（2）OSJD 运输政策和发展战略专门委员会 OSJD 铁路运输统计问题临时工作组；

（3）OSJD 运输法专门委员会修订危险货物运送规则临时工作组；

（4）OSJD 运输法专门委员会编制货物装载加固技术条件临时工作组。

2.与其他国际组织的联合工作组

（1）OSJD/欧洲铁路署关于“两组织就分析欧盟和非欧盟 1 520/1 524 mm 和 1 435 mm 轨距铁路系统相互关系开展合作”联络组；

（2）国际铁路运输委员会/OSJD 协调国际货约/国际货协运输法共同工作组（法律组）OSJD/铁盟编码和信息技术共同工作组；

（3）OSJD/铁盟关于有关铁路公司将列入优先一览表的 OSJD/铁盟共同备忘录编制成 OSJD/铁盟国际技术解决方案（自愿采用）草案共同工作组。

四、OSJD 活动

OSJD 当前开展的工作是解决铁路运输政策问题，落实完善 OSJD 运输走廊运输和发展、简化国际铁路旅客和货物联运过境手续及提高铁路竞争能力的综合措施，以吸引更多的国际过境运量、提高铁路运输业在运输市场的份额。

（一）铁路领域改革的主要方向

（1）发展和完善国际铁路运输，首先是包括多式联运在内的欧亚运输；

（2）确立开展国际铁路联运的运输政策，制定铁路领域活动战略和 OSJD 活动战略；

（3）完善国际运输法，负责国际旅客联运协定（国际客协）、国际铁路货物联运协定（国际货协）及与国际铁路联运有关的其他法律文件的事务；

（4）为解决铁路领域经济、信息、科技和生态方面有关的问题开展合作；

（5）制定旨在提高铁路较其他运输方式的竞争力的措施；

（6）在铁路运营及进一步发展国际铁路运输的相关技术领域开展合作；

（7）与从事铁路运输（包括多式联运）问题的国际组织开展合作。

（二）相关工作构想

（1）促进 OSJD 成员国在科技经济信息方面开展国际合作，包括就铁路运输问题及科学和技术交叉问题进行科技信息的交换和传播。建立和改善 OSJD 成员国信息机关之间的业务联系，创建 OSJD 统一的检索系统，以便通过互联网交换信息。

（2）与国际铁路运输组织（OTIF）合作是当前 OSJD 工作的一个重要方面。2003 年 2 月，OSJD 和国际铁路运输组织签署了"OSJD 和国际铁路运输组织间合作的共同观点"文件，这是 OSJD 在不同运输法体系—— OSJD 和国际铁路运输组织体系共存的条件下开展合作的基本文件。

（3）科技合作在 OSJD 工作中占有重要位置。OSJD 创建以来，编制了 200 多个涉及迫切解决的工作专题，如改善机车车辆的技术维护，创建新的线路结构、信号和通信设备等，在各国铁路间建立运输数据自动交换系统的基础，将信息技术推广至机车车辆站段和其他方面。

国际冻土学会（IPA）

国际冻土协会（International Permafrost Association，IPA）于 1983 年在美国成立，其创始成员国为中国、加拿大、美国和苏联。IPA 在 1989 年成为国际地质科学联盟（International Union of Geological Sciences）的附属组织。自成立以来，IPA 致力于推动冻土领域相关研究，促进国际学术交流和项目合作，为冻土研究和保护做出了重要贡献。IPA 现有国家会员 27 个。

国际冻土协会（IPA）基本信息

中文名称	国际冻土协会	英文名称	International Permafrost Association
成立时间	1983 年	总部所在地	加拿大 渥太华
组织属性	非政府、非营利性组织	官方语言	英语
组织标识	International Permafrost Association Fostering permafrost research to the ends of the Earth		
官方网址	https://www.permafrost.org/		
关注议题	促进冻土学科发展，推动冻土领域国际学术交流和项目合作		

一、历史沿革

1963 年，第一届国际冻土会议在美国普渡大学举行。会议旨在促进苏联和北美冻土科学家和工程师间的交流。1983 年，在美国阿拉斯加费尔班克斯大学举行的第四届国际冻土会议上，加拿大代表团团长 Hugh French 召集了来自美国、苏联和中国的官方代表团团长召开特别会议。美国 Troy L.Péwé 教授、苏联 P.I. Melnikov 院士和中国施雅风教授出席会议。四国代表提议成立国际冻土协会，并在大会闭幕式上宣布成立国际冻土协会（IPA），同时宣布成立了 IPA 理事会。IPA 在 1989 年 7 月成为国际地质科学联盟的附属组织，并开始向其提供年度报告，每 4 年参加 1 次国际地质大会。1996 年，IPA 与国际地理联盟签署协议，双方成立联合委员会，就共同关心的话题开展合作。

二、发展构想

IPA 致力于在全球科学和工程界促进冻土及相关领域的研究，支持冻土学科研究人员的相关活动，并将冻土有关研究成果提供给相关决策者、公众和教育者。IPA 开展的主要活动：

（1）通过成立行动小组和兴趣小组等形式，促进全球范围内冻土及相关领域的科学和工程研究活动。

（2）为全球科学和工程界、决策者和政界人士、媒体和公众以及生活在永久冻土区的居民提供冻土信息。

（3）协助有关组织解决冻土有关问题。

（4）开发有关冻土的研究成果。

（5）开发教育和宣传产品，以增加青年对冻土和相关主题的了解。

（6）定期召开国际和区域冻土会议以及多学科会议，分享知识和交流经验。

（7）设立冻土领域研究奖项。

三、组织架构

（一）成员构成

1.团体会员

能够代表一个国家冻土研究领域科学家和工程师的国家组织或委员会。一个国家可以在 IPA 申请 1 个团体会员资格。

2.个人会员

在 IPA 或 IPA 团体会员注册的个人。个人会员在理事会上没有投票权。

3.准会员

主要来自不具有 IPA 团体会员资格的国家组织。

（二）组织架构

1.执行委员会

由主席和最多两名副主席以及普通会员组成，总人数为 6~7 人。执行委员会由理事会选举产生。执行委员会成员通常应来自不同国家，并具有冻土科学和工程领域的相关专业知识。

2.理事会

理事会由执行委员会委员、团体会员代表（每个团体会员不超过两名）和 1 名准会员代表组成。其他会员以观察员身份参加理事会。理事会通常在国际冻土会议或区域性冻土会议期间，在主席召集下举行。理事会选举执行委员会成员，并在执行委员会的建议下审定 IPA 年度预算。

3.国际冻土大会和区域会议

国际冻土大会通常每 4 年举行 1 次。区域会议由 IPA 理事会提议并提供赞助，在国际冻土大会召开的第二年举行。理事会批准设立国际会议咨询委员会，以保持会议政策的连续性，并根据会议主办方的要求协助处理会议相关事项。会议主办方需将部分会议注册费等会议收入捐赠给 IPA。

四、学术及沟通平台

IPA 通过国际冻土大会和区域会议等平台，促进冻土学科领域的信息交流与合作。IPA 还创办有刊物《冻土》（*Frozen Ground*），每年发行 1 期。另外，国际冻土大会的会议录也是冻土界重要的学术成果。近年来，IPA 在全球气候观测系统和全球陆地观测网络支持下，开发了监测永冻土基本气候变量计划。同时，IPA 还与国际冰冻科学协会合作开展了高山冰川和多年冻土灾害计划。自 2009 年开始，与南极研究科学委员会合作开展了南极和南极次大陆岛冻土、土壤和冰川环境项目，与北极科学委员会合作开展了将侵蚀的冻土转移到北极大陆架项目等。

五、经费筹措

IPA运行经费主要来自会员会费、主办或指导会议注册费以及出版物收入等。

国际密码协会（IACR）

国际密码协会（International Association for Cryptologic Research，IACR）成立于 1983 年，是一个非营利性的国际性科研组织，致力于密码学及相关领域的研究。IACR 每年主办有美密会（CRYPTO）、欧密会（EUROCRYPT）、亚密会（ASIACRYPT）等密码学综合性年会以及快速软件加密会议（FSE）、加密硬件和嵌入式系统会议（CHES）、公钥密码学实践与理论国际会议（PKC）和密码学理论会议（TCC）等密码学专业性年会，是国际密码学术研究的引领者。根据 IACR 官网统计数据，截至 2021 年年底，IACR 拥有各类成员 2 996 名，其中普通成员 1 947 名、学生成员 1 024 名、高级成员 25 名。

自 2004 年起，IACR 每年开展 1 次会士评选，授予在国际密码学及相关领域有卓越学术成就、重大发明创造或对 IACR 发展有重要贡献的人士。中国先后有姚期智院士、王小云院士和来学嘉教授入选 IACR 会士。

国际密码协会（IACR）基本信息

中文名称	国际密码协会	英文名称	International Association for Cryptologic Research
成立时间	1983 年	总部所在地	美国
组织属性	非政府、非营利性组织	官方语言	英语
组织标识			
官方网址	https://www.iacr.org/		
关注议题	促进密码学及相关领域的理论和实践，维护成员利益		

一、历史沿革

在 1982 年召开的美密会年会（Crypto'82）上，著名密码学者 David Chaum 倡议建立一个专门的从事密码研究的组织。1983 年 6 月，IACR 正式成立，并制定了组织章程，组建了理事会。1983 年开始，美密会和欧密会由 IACR 赞助和主办。1986—1990 年，美密会主席和欧密会主席分别成为 IACR 的董事会成员。1988 年，IACR 创办了《密码学杂志》（*Journal of Cryptology*）。2000 年开始，亚密会接收 IACR 的赞助。

二、发展构想

IACR 的组织宗旨是推进密码学及相关领域的理论和实践，维护其成员的利益，并为公共福利服务。为实现其组织宗旨，IACR 通过主办和赞助密码学领域的各类会议、开展专业培训、出版学术期刊、维护电子通信门户，并采取其董事会认为适当的行动实现其发展目标。

三、组织架构

（一）成员构成

IACR 的成员资格面向所有从事密码学及相关领域研究的人士开放，具体分为学生成员、普通成员和高级成员这 3 类。其中，高级成员须年满 65 岁并成为 IACR 普通成员或学生成员 20 年以上（成员时间可不连续计算）。所有成员均可获得电子版《密码学杂志》和 IACR 近期会议的出版物。

（二）组织架构

IACR 的管理架构主要由董事会和各专项工作委员会组成。

1.董事会

由主席、副主席、财政官、秘书和 9 名通过选举产生的董事以及直接任命的董事组成。董事会在全体大会的监督下管理和指导 IACR 各项事务（包括资金和财产事务)。董事会每年至少召开 1 次会议。

2.专业委员会

董事会和 IACR 主席可根据需要任命各专项工作委员会，以协助管理 IACR 日常事务。目前，IACR 共设有 6 个专项委员会，分别是

（1）指导委员会：负责协助组织各类常规会议，并作为观察员身份参加董事会会议。

（2）审计委员会：负责建立问责机制，检查和审查内部管理和运行机制（尤其是财务机制），确保 IACR 遵守法律和相关法规。

（3）选举委员会：董事会任命 3 名或以上成员组成选举委员会，负责提名主席、副主席、秘书和财政官候选人，并负责组织选举。

（4）投资委员会：负责监督 IACR 的投资行为。

（5）道德委员会：负责向期刊主编、专项工作委员会成员和审查员提供 IACR 所有业务的公平和道德方面的建议。

（6）学校委员会：2014 年开始，IACR 赞助和支持部分密码学学校开展了密码学强化培训，学校委员会主要负责密码学学校相关培训业务。

四、学术及沟通平台

IACR 主办有 3 个密码学领域的综合性年会，分别为美密会、欧密会和亚密会。其中，美密会自 1981 年以来每年在美国加利福尼亚州圣巴巴拉举行。欧密会从 1987 年开始每年在欧洲不同的地点举行，会议主题侧重密码技术理论与应用研究领域。亚密会自 2000 年起接受 IACR 赞助，每年在亚太地区的不同地点举行，会议主要聚焦密码学与信息安全理论与应用领域。

IACR 还主办有 4 个密码学专业性年会，分别是快速软件加密会议（FSE）、加密硬件和嵌入式系统会议（CHES）、公钥密码学实践与理论国际会议（PKC）和密码学理论会议（TCC）。其中，PKC 自 2003 年起由 IACR 主办，主要关注公钥密码学各个方面。自 2004 年以来，FSE 和 CHES 一直由 IACR 赞助。其中，CHES 侧重嵌入式系统中密码硬件和安全性的各个方面，FSE 专注于对称

密码学的快速和安全原语。TCC 自 2004 年以来每年举行 1 次，侧重于概念化、定义和提供自然密码问题解决方案的范式、方法和技术。

《密码学杂志》（*Journal of Cryptology*）是 IACR 的官方期刊，1988 年创刊，每年出版 4 期，由 Springer 出版，是发表现代信息安全相关领域研究成果的重要平台。同时，IACR 还维护有一个资料库——密码学电子资料库（Cryptology ePrint Archive），收集了当前密码学最新的科研论文，供科研人员免费下载。

五、经费筹措

IACR 运行经费主要来自成员会费、出版期刊订阅费、举办各类会议注册费和开展专业培训收益。

国际系统研究联合会（IFSR）

国际系统研究联合会（International Federation for Systems Research，IFSR）成立于 1981 年，是一个非营利性科学和教育组织，由来自世界各地的 23 个成员组织组成（截至 2022 年 6 月），致力于促进和协调国际上一切关于系统科学领域的研究和活动。

中国系统工程学会自 1994 年开始参加 IFSR 活动，成为其团体成员。2002 年，中国著名运筹学和系统工程专家顾基发当选为 IFSR 理事会主席（任期 2002—2006 年）。

国际系统研究联合会（IFSR）基本信息

中文名称	国际系统研究联合会	英文名称	International Federation for Systems Research
成立时间	1981 年	总部所在地	奥地利 维亚纳
组织属性	非政府、非营利性组织	官方语言	英语
组织标识			
官方网址	https://ifsr.org/		
关注议题	促进和协调国际上一切关于系统领域的研究和活动		

一、历史沿革

IFSR 于 1981 成立于奥地利首都维也纳，由奥地利控制论研究会、美国国际系统科学学会和荷兰系统研究会等共同发起成立。1981 年出版《IFSR 通信》，1984 年出版《系统研究》杂志。2010 年 4 月，经过两年多筹备，IFSR 正式成立国际系统与控制科学院。

二、发展构想

IFSR 致力于促进和协调国际上一切关于系统科学领域的研究和活动，开展的主要业务有组织开展国际科学会议，举办研讨会、培训班、讲座和相关展览；在世界范围内推动系统研究相关组织和协会的合作，尤其是国家和国际层面的科学合作；支持科学家参加国际科学活动；支持科学出版物出版；支持系统研究和系统工程领域的教育和培训；向决策者、相关领域专家和公众提供有关系统思维、系统研究和系统设计的资源信息。

三、组织架构

（一）成员构成

IFSR 的成员分为两类：正式成员和联系成员。

1.正式成员

只有法人实体才可成为正式成员，又细分为以下 4 类：

（1）科学成员：主要为非营利性研究组织；

（2）教育成员：主要为从事与系统领域相关业务的组织；

（3）企业成员：主要为从事系统相关业务的营利性组织；

（4）赞助成员：向 IFSR 提供资金或实物支持的组织。

2.联系成员

法人或法人实体都可以成为联系成员。

（二）组织架构

IFSR 的管理机构主要由董事会、执行委员会和审计员构成。

1.董事会

IFSR 的最高决策机构，正式成员均可派出 1 名代表出席董事会会议并拥有 1 票表决权，同时还可以派出 1 名代表（无表决权）列席董事会会议。联系成员可派 1 名代表列席董事会（无表决权）。董事会由执行委员会负责召集，通常在每个偶数年的上半年举行，主要负责审议 IFSR 工作报告、财务报告和审计报告；审议预算和财务报表；选举执行委员会委员；解聘执行委员会和审计员；取消成员资格；解决 IFSR 内部争端；审议和修订 IFSR 章程和细则；确定成员会费标准；对 IFSR 的解散进行投票。

2.执行委员会

由主席、1~3 名副主席和秘书长组成，负责 IFSR 运行和管理，具体负责准备财务报告、活动报告和项目报告；筹备、召集和组织董事会会议；管理 IFSR 财务事务；管理 IFSR 聘用的员工；准备活动计划、财务计划和项目计划；接收成员申请，并提交董事会审议。

3.审计员

由董事会选举产生，任期两年，可连选连任，主要负责审计执行委员会的财务活动、财务报告，并向董事会报告。

四、学术及沟通平台

IFSR 的会刊为《系统研究与行为科学》（*The Journal of Systems Research and Behavioural Science*），还出版有系统科学与工程丛书和 IFSR 内部通信刊物。2010 年，IFSR 成立了国际系统与控制论科学研究院（International Academy for Systems and Cybernetic Sciences，IASCYS）。IASCYS 致力于为世界各国的系统控制学专家提供交流平台，促进学术研究，加强教学指导，制定标准规范，并为有关决策机构提供咨询与服务。IASCYS 院士由 IFSR 的成员组织按照学术水平、论文数量、论文被引用率、世界知名度等严格的学术标准推荐，并由 IFSR 理事会表决产生，代表着系统与控制学领域的最高国际学术水平。在 2010 年 4 月首批当选的 IASCYS 院士中，中国系统工程协会理事长陈光亚、副理事长徐玖平和中国科学院数学与系统科学研究院副院长汪寿阳、研究员顾基发 4 人入选。随后，香港中文大学（深圳）教授蔡小强（2018 年）和四川大学教授徐泽水（2019 年）相继当选 IASCYS 院士。

五、经费筹措

IFSR 的运行经费主要来自成员的会费、其他形式的捐赠以及通过举办活动、会议和出版学术出版物等获得收益，同时还有参与科研项目和项目评审收益。

国际信息系统协会（AIS）

国际信息系统协会（Association for Information Systems，AIS）是一个国际性的非政府、非营利性科学组织，于 1994 年创建于美国亚特兰大。AIS 是当前信息系统领域最有号召力的国际科技组织，学科领域及方向涉及信息技术（IT）、信息系统（IS）、信息管理（IM）。截至 2021 年年底，AIS 拥有来自全球 106 个国家及地区的 4 700 余名成员（包括 3 031 名在职学术成员、1 602 名博士生成员、79 名退休学术成员、58 个专业组织成员）。

作为一个年轻的国际科技组织，AIS 已成为全球信息系统领域学者分享学术信息和交流思想的重要平台，而 AIS 也强调促进思想的自由交流，促进多样性与包容性，鼓励各成员积极加入到各工作组中开展合作，同时要求各成员之间相互尊重、相互谅解。

国际信息系统协会（AIS）基本信息

中文名称	国际信息系统协会	英文名称	Association for Information Systems
成立时间	1994 年	总部所在地	美国 亚特兰大
组织属性	非政府、非营利性组织	官方语言	英语
组织标识	AIS Association for Information Systems		
官方网址	https://aisnet.org/		
关注议题	促进信息系统领域的科学研究和应用，向全球分享信息系统领域的知识成果，为服务人类社会共同福祉的提升做出贡献		

一、历史沿革

AIS 的历史可追溯至 1980 年在美国费城举行的第一届国际信息系统会议。

在那次会议上，来自全球各地的信息系统专家就建立一个全球学术组织，扩大信息系统领域的学术共同体范围进行了初步讨论。为更好地契合信息化时代的发展需求，进一步拓展信息系统科学的影响力，以及更好地服务人类社会发展，AIS 于 1994 年正式宣告成立，AIS 的初始成员近 1 000 人。在 AIS 框架下举办的第一场国际会议是 1995 年在美国匹茨堡举行的“美洲信息系统会议”。经过 20 余年的发展，AIS 已发展为集产业、研究、教育培训为一体的综合性国际科技组织，在信息科学领域发挥着不可替代的作用，通过多种平台和丰富的学术成果，引领世界信息科学的发展。

二、发展构想

AIS 的战略关切主要集中在 3 个方面：开展信息系统领域的教育培训活动；通过组织并实施奖学金等资助项目，促进信息系统领域的知识创新与应用拓展；形塑一个能够提供高质量服务和科学产品的学术共同体，从而满足 AIS 成员及其他共同体的多样化需求。为落实这些战略关切，AIS 主要从 7 个方面开展相关工作：①不断在信息系统教育者、研究人员和专业人员的内部创建并维护专业或学术认同感；②促进各成员之间的沟通与互动；③在政府部门、私营部门和教育界之间创造必要的切入点，这些社会机构或功能性组织均是信息系统领域的利益相关者；④改善信息系统教育的课程、教学法等；⑤为信息系统领域和行业的未来创建愿景；⑥将 AIS 打造成为一个专业性的、包容性强和多样化的国际科技组织；⑦构建信息系统领域的实践、道德和教育标准。

三、组织架构

（一）成员类型

AIS 的成员主要由个人成员和组织成员两类构成。个人成员又分为普通个人成员、学生成员（主要是博士生）、退休成员。

1.普通个人成员

从事信息系统相关研究的学术人员均可提请加入 AIS。普通个人成员需按自然年度缴纳会费，并有权对 AIS 的所有事项进行表决、有权参选 AIS 所有类别的官员、及时获取由 AIS 理事会、执行委员会发布的相关信息。

2.学生成员

学生成员是指在一个高等教育机构注册的全日制博士生，同时拥护 AIS 的发展愿景。学生成员需按自然年度缴纳会费。

3.退休成员

根据 AIS 的《章程》和《管理细则》，处于退休状态的专业人员可申请加入 AIS，但需按照自然年度缴纳会费。退休成员无表决权和参选权，但享受其他与普通个人成员的权利。

4.组织成员

组织成员主要是与信息系统科学相关的各类社会组织。组织成员也需按照自然年度缴纳会费。

5.发展中国家成员

AIS 理事会将根据联合国发布的人类发展指数，为生活在发展中国家的个人会员减免相应的会费。发展中国家成员享受其他与普通个人成员的权利。

（二）组织机构

AIS 的行政管理机构主要由理事会、区域组织、委员会负责；学术事务则由各工作组负责。

1.理事会

理事会是 AIS 最高的议事和决策机构，由 1 名主席、1 名准主席、1 名前任主席、数名副主席、1 名财政官、1 名秘书，以及 6~12 名理事组成。理事会会议通常在信息系统国际大会期间举行。理事主要由每个区域分会的 1 名代表、信息系统国际大会的代表（拥有表决权）组成。与其他国际组织不同的是，AIS 在学术事务上推进精细化管理理念，共设置了 7 名副主席，分别负责学术刊物出版、会议组织与实施、对接工作组和研究机构、会员服务和分会事务、对外联系、教育拓展事务和技术发展事务。

2.区域组织

AIS 按照地理区域共分为 3 大区域组织，分别是美洲区域，欧洲、中东及非洲区域，亚太区域。AIS 赋权各区域组织自行建立起管理结构，并组建自己的管委会。每个区域组织在理事会都有 1 个席位。各区域组织可独立安排其工作计划，开展相关学术活动。

3.委员会

AIS 的委员会分为常设和特设两种类型。常设委员会由 AIS 理事会设立，并对 AIS 理事会负责。常设委员会主席和委员需经理事会批准后，由 AIS 主席任命。AIS 的常设委员会又细分为行政委员会和功能委员会，包括执行委员会、ICIS 执行委员会、财务委员会、计划委员会、出版物委员会、研究行为委员会、技术委员会、AMCIS 执行委员会、组织和章程委员会、提名委员会等。协会的任何官员可任命和组建特设委员会协助其履行职责。任何委员会均须按照理事会确立的行为规则处理事务。

四、学术及沟通平台

AIS 的学术活动包括组织信息系统的国际会议、支持来自发展中国家的访问学者、出版学术期刊等。

1.国际会议

AIS 的国际会议主要包括信息系统国际大会（ICIS）和信息系统美洲大会（AMCIS）。ICIS 和 AMCIS 均是每年举行 1 次。此外，地区组织还召开各种专业会议。

2.学术学刊

AIS 目前拥有 6 种学术期刊。根据 AIS《章程》，各地区组织可以自行发展学术期刊。

3.开展教育培训

AIS 面向发展中国家设立了信息系统领域的专业课程，定期举办线上学术研讨会，搭建在线图书馆，以促进信息系统专业知识的分享。

五、资金筹措

AIS 的经费来源主要是国际会议注册费、会费、期刊收入和社会捐赠。

国际植物-微生物分子互作学会（IS-MPMI）

国际植物—微生物分子互作学会（The International Society for Molecular Plant- Microbe Interactions，IS-MPMI）是一个专注于植物和微生物相互作用的国际性组织，目前拥有来自 50 多个国家的 1 000 多名成员，成员代表的学科涵盖微生物学、线虫学、植物病理学、植物育种等领域。

中国科学院遗传与发育生物学研究所周俭民研究员现任 IS-MPMI 执委（2016—2022 年）。

国际植物— 微生物分子互作学会（IS-MPMI）基本信息

中文名称	国际植物—微生物分子互作学会	英文名称	The International Society for Molecular Plant-Microbe Interactions
成立时间	1990 年	总部所在地	美国 圣保罗
组织属性	非政府、非营利性组织	官方语言	英语
组织标识	IS-MPMI		
官方网址	https://www.ismpmi.org/		
关注议题	微生物与植物相互作用相关研究		

一、历史沿革

IS-MPMI 的历史可以追溯到 1982 年由 Alf Puhler 在德国比勒费尔德组织的一次会议。这次会议把有兴趣将分子遗传学应用于微生物与植物相互作用问题的科学家聚集在一起。随后，参加座谈会的人数不断增加，并就建立一个致力于促进科学进步的学会进行了非正式讨论。在 1988 年墨西哥阿卡普尔科举行的座谈会上，与会者投票成立了一个临时委员会，着手建立 IS-MPMI。大部分谈判和起草章程的工作由 IS-MPMI 的创始主席 Desh Pal Verma 承担。1990 年，临时委员会在瑞士因特拉肯举行的会议上批准了学会章程。同年 9 月 7 日，IS-MPMI 正式宣告成立。

二、发展构想

IS-MPMI 的组织使命是通过提供的交流平台、在全球范围内建立的专业网络、与公众和政策制定者接触的渠道以及用于教育和指导年轻科学家的资源来支持和促进其成员成就，以确保对植物和微生物相互作用的理解不断进步。其发展愿景是成为一个由科学家、教育工作者和其他利益相关者组成的多元化、广泛参与的国际组织，以创造和分享植物与微生物相互作用的知识，以更好地理解、欣赏和可持续利用植物及其生长环境。

IS-MPMI 开展的活动：①赞助出版物，包括原创研究和评论，介绍分子植物-微生物相互作用领域的进展；②定期组织国际大会，向任何对分子植物-微生物相互作用感兴趣的个人开放；③开发可在科学家之间交换的分子数据库，以促进植物-微生物分子相互作用研究；④赞助与分子植物-微生物相互作用相关的研讨会和会议；⑤表彰在分子植物-微生物相互作用领域取得杰出成就的科学家；⑥鼓励国家和地区组织加入 IS-MPMI；⑦定期向学会成员提供分子植物-微生物相互作用领域的信息和新闻。

三、组织架构

（一）成员构成

IS-MPMI 的成员资格面向任何对促进和传播分子植物-微生物相互作用相关知识感兴趣的个人或组织开放。按照规定标准缴足一年会费的个人或组织，即被视为 IS-MPMI 当年度的成员。

IS-MPMI 成员分为 5 类，分别是正式成员、博士后成员、学生成员、退休成员和企业成员。学生成员资格，须为高等教育学校注册的在校生，且须每年所在学校教授或系主任进行身份认证。博士后成员资格，须在高校从事博士后研究，且须每年由所在学校的相关教授或系主任对其博士后身份进行核定。免收会费的退休成员资格，须成为 IS-MPMI 成员 25 年以上且已退休。会龄不满 25 年的退休人士，也将获得一定的会费优惠。

（二）组织架构

IS-MPMI 的组织架构主要由董事会和各专项工作委员会构成。董事会成员由成员选举产生。IS-MPMI 的成员均有权投票选举董事会成员。随后，由董事会选举学会主席，并任命或选举其他官员。

1.董事会

IS-MPMI 的最高决策机构，由主席、当选主席、前主席、秘书、财政官、《分子植物-微生物相互作用》（*Molecular Plant-Microbe Interactions*）杂志主编和其他 7 位董事组成。当选主席任职两年后，再以主席身份任职两年。即将离任的主席将为董事会继续服务两年，并享有投票权。即将离任的财政官也将继续服务两年，但在此期间无投票权，仅担任学会顾问。董事（除担任主席、秘书和财政官外）每届任期 4 年，连续任职不超过 8 年。董事会任命 1 名执行官负责管理学会日常业务和各办公室，还可以授权雇用任何可能需要的长期或兼职岗位来处理学会事务。

2.专项委员会

IS-MPMI 目前设有 4 个专项工作委员会。

（1）财务委员会，由主席、财政官、秘书、执行官和至少 1 名由主席任命的其他董事会成员组成。财务委员会负责每年向董事会提交年度会费和预算建议报告，包括学会出版费用。批准会费和预算需董事会 2/3 票数。

（2）提名委员会，由主席、当选主席和其他至少两名董事会成员组成。提名委员会负责组织选举董事会成员候选人，并将名单提交董事会批准。提名委员会推荐的候选人名单须董事会全体会议 2/3 的票数通过。

（3）会议委员会，成员由主席任命，并至少包括当选主席、财政官以及会议承办组织的负责人。会议委员会负责协调各类会议的会期、会址，并为董事会、会议承办方和与会代表的沟通交流提供支持。

（4）奖项委员会，成员由主席任命，并由至少 3 名董事会成员组成。奖项委员会负责组织对 IS-MPMI 奖和 IS-MPMI 青年科学家奖的候选人进行评审，并将获奖推荐人选提交董事会批准。

四、学术及沟通平台

IS-MPMI 每两年召开 1 次 IS-MPMI 大会。在此期间，各行各业的与会者都有机会与知名科学家交流并学习。为了体现学会的国际性，大会通常在不同的大陆和国家之间流动召开。

IS-MPMI 的会刊是《分子植物-微生物相互作用》。该杂志主要发表关于微生物与植物之间病理、共生和相互作用的分子生物学和遗传学相关的研究成果和评论。同时，IS-MPMI 还出版有《IS-MPMI 互动》（*IS-MPMI Interactions*）季刊，主要刊登行业热门话题、《分子植物-微生物相互作用》杂志发表的研究成果的背景故事以及学会组织的相关活动介绍等。

五、经费筹措

IS-MPMI 的运行经费主要来自成员会费、出版期刊版税收入和主办的各类会议收益。

欧洲化学工程联盟（EFCE）

欧洲化学工程联盟（European Federation of Chemical Engineering，EFCE）是一个国际性的非政府和非营利性科学组织，于 1953 年创立。EFCE 一直致力于推动化工科技进步，并支持来自 30 个欧洲国家的超过 10 万名工程师和科学家开展工作。EFCE 不仅与来自欧洲及非欧洲地区的成员组织建立了合作关系，还与诸多国际科技组织开展了合作，包括亚太化学工程师联合会（APCChE）、美洲化学工程联合会（IACCE）、世界化学工程理事会（WCEC）等。

EFCE 拥有一批机构成员，主要针对欧洲以外的化工机构组织，包括来自巴西、加拿大、印度、日本、尼日利亚、南非、美国等国的化工组织。中国化工学会于 2015 年正式成为 EFCE 的机构成员。

欧洲化学工程联盟（EFCE）基本信息

中文名称	欧洲化学工程联盟	英文名称	European Federation of Chemical Engineering
成立时间	1953 年	总部所在地	英国 伦敦
组织属性	非政府、非营利性组织	官方语言	英语
组织标识	EFCE		
官方网址	https://efce.info/		
关注议题	本着增进社会公众共同利益的目的，在欧洲及全球范围内促进非营利性的专业科学组织和技术协会之间的合作，以协同推动化学工程科学的发展，并提升社会公众对化学工程的了解		

一、历史沿革

1953年6月，来自欧洲8个不同国家的18个化学工程学会的代表在巴黎召开会议，成立了EFCE。1957年，EFCE的第一个工作组——EFCE化学反应工程工作组在阿姆斯特丹举行的第一届化学反应工程大会上正式成立。到了20世纪60年代末期，捷克斯洛伐克化学工程协会作为东欧地区第一个科学协会加入了EFCE，随后波兰化学工程师协会也于1972年加入，标志着EFCE的“全面欧洲化”进程的正式开启。第一届欧洲化学工程大会于1997年在意大利佛罗伦萨举行，吸引了来自近40个欧洲和非欧洲国家的800多名化学工程师参会。事实上，EFCE全力推动了世界化学工程理事会（WCEC）的成立，为世界化学工程事业的发展贡献了卓越的力量。2014年，EFCE在英国注册为慈善法人组织（Charitable Incorporated Organization）。

二、发展构想

EFCE的发展构想主要体现在4个方面：①为欧洲化学工程共同体提供一个能够自由表达观点和发表意见的国际平台，以在全球化学工程学界寻求更多的学术共鸣。②提供多样化、广覆盖的学术活动，包括建立工作组或涉及不同学术主题的工作单元、举办各类国际学术会议、举办各类教育培训活动等，支持EFCE框架下的化学工程师寻求更多的个人学术发展机遇。③通过助力完善政策体制、促进社会公众对化学工程的了解、促进学术界和行业界之间的联系，进一步增强EFCE学术话语体系的建设。④在化学工程界设定更多的前沿议题，在欧洲化学界形成更为广泛的共识，强化欧洲化学学术网络体的建设。

三、组织架构

（一）成员类型

EFCE共有3种成员类型，分别是协会成员、机构成员、荣誉成员。

1.协会成员

根据 EFCE《章程》，协会成员首先须具备非营利性的身份资质，同时需要成为 EFCE 机构成员达 5 年以上，并较为了解 EFCE 的相关活动，也按时定期出席了 EFCE 全体大会。协会成员面向那些非营利性专业科学技术协会，其活动全部或部分涉及化学工程科学领域。

2.机构成员

EFCE 机构成员需支付年度会费，并有权了解 EFCE 的所有活动、定期接收 EFCE 内部通信刊物，以及出席 EFCE 全体大会。

3.荣誉成员

荣誉成员主要是指那些为 EFCE 做出重大贡献或在化学工程领域取得杰出贡献的个人。

（二）组织机构

EFCE 的行政管理事务由全体大会、董事会、管理委员会负责；科学事务则是由科学委员会和工作组负责。

1.全体大会

根据 EFCE《章程》，出席 EFCE 全体大会的人员包括 EFCE 主席、各成员协会的代表（每家成员协会仅有 1 名代表）、EFCE 副主席、EFCE 董事会成员、各科学委员会和工作组的主席等。其中，EFCE 主席和各成员协会的代表具有表决权。EFCE 全体大会的职能包括：审议 EFCE 主席和副主席所作的报告，通常涉及经费预算、科研工作开展情况，以及其他工作开展情况等；选举 EFCE 董事会成员、EFCE 主席和副主席、审议 EFCE《章程》修订等。

2.董事会

EFCE 董事会成员由 EFCE 全体大会选出。EFCE 董事会的职能包括：确定 EFCE 的总体政策架构和战略发展方向；制定由全体大会作出的相关决议；审议新成员的加入资格；决定与其他政府或非政府组织的合作关系；审议负责科学事务的 EFCE 副主席提交的工作报告，并根据其建议，决定维持或解散科学委员会及工作组；设定 EFCE 荣誉体系及拓展其合理性和引导性；决定荣誉成员的资格等。

3.管理委员会

EFCE 董事会将下设管理委员会，以直接负责开展相关行政管理事务。EFCE 管理委员会由 EFCE 主席、执行副主席、负责科学事务的副主席、3 位秘书长（或由其提名的代表）组成。管理委员会每年至少举行两次会议。管理委员会的职能包括：协调 EFCE 相关官员（包括 EFCE 主席、副主席等）的活动安排；筹备董事会会议；就战略和政策问题向董事会提供建议。

4.科学委员会和工作组

EFCE 通过设立科学委员会来处理具有跨学科或跨领域特征的科学议题，以及通过组建工作组来推进某项具体工作。科学委员会和工作组的工作形式主要是开展问卷调研和举行座谈会，产出形式主要是工作报告。

四、学术及沟通平台

EFCE 目前旗下有 5 种学术刊物，分别是《化学工程研究与设计》《过程安全和环境保护》《食品和生物制品加工》《化学工程师教育》《可持续生产和消费》。EFCE 还通过出版专著和发布“白皮书”促进对化学工程领域的知识分享。此外，EFCE 还针对不同的人群和学术议题，设立了多达 7 种奖励项目，以表彰并鼓励在化学工程领域的研究人员，特别是青年研究人员获得的成就。非常值得一提的是，为促进化学工程领域学生的国际流动，EFCE 设立了“EFCE 学生奖学金”，每两年评选 1 次。受到资助的学生可赴外国开展为期 1 个学期的交换学习，增强其国际学术能力。

五、资金筹措

EFCE 的经费主要来源于各类成员所缴纳的年度会费、外部机构的赞助经费、相关资本的投资性收益等。

国际动物学会（ISZS）

国际动物学会（International Society of Zoological Sciences，ISZS）是经中国外交部和中国科学技术协会批准，在中国民政部正式登记注册的首个学科级国际学术团体，是首个落户中国的二级学科国际组织，同时也是覆盖动物科学所有分支领域的国际组织。ISZS 致力于通过增进动物学家和动物组织间的交流，扩展动物学领域的研究资源，增进动物学不同领域间的协作，以促进动物学的发展，同时致力于构建人与自然的和谐关系。目前，ISZS 的成员遍布世界各大洲的科学院、大学、非政府组织、自然保护区、动物园和专业协会，拥有 112 个团体成员（涵盖 3 万多名科技人员）和 1 086 名个人成员。

国际动物学会（ISZS）基本信息

中文名称	国际动物学会	英文名称	International Society of Zoological Sciences
成立时间	2004 年	总部所在地	中国 北京
组织属性	非政府、非营利性组织	官方语言	英语
组织标识	ISZS International Society of Zoological Sciences		
官方网址	http://www.globalzoology.org.cn/		
关注议题	增进从事动物科学的学者、教育者以及各国动物学专业组织的交流与合作，推动动物学的发展		

一、历史沿革

1889 年，在法国巴黎举办了国际博览会。会议期间，法国动物学会发起了召开动物学大会的倡议。随后，国际动物学大会定期组织召开代表大会，出席大会的人数最初只有几十人，到 1927 年已增加至 700 人。为开好国际动物学大会，国际生物科学联合会（International Union of Biological Science）在 2004 年 1 月接受了由中国科学家张知彬、澳大利亚科学家 John Buckeridge、以色列科学家 Francis Dov Por 共同提出的关于成立国际动物学会提案。2004 年 8 月 24 日，在北京召开的第 19 届国际动物学大会上，经各国动物学家投票，一致同意成立国际动物学会。由此，国际动物学会正式宣告成立。大会还通过决议，国际动物学会秘书处落户中国。

二、发展构想

国际动物学会的宗旨是团结从事动物科学的学者、教育者以及各国动物学专业组织，促进不同专业领域的协作，以推动动物科学的发展。开展的业务主要包括：出版科学杂志《整合动物学》（*Integrative Zoology*）；组织国际动物学大会；主办动物学系列国际研讨会；为相关科学研究提供赞助；发起和开展国际科学研究计划；举办研修班和开展教育培训；为生态学研究提供平台；为成员提供动物学前沿信息；发布 ISZS 内部通信。

三、组织架构

（一）成员构成

任何对动物研究感兴趣的个人或组织均可加入 ISZS。ISZS 成员分为两类：团体成员和个人成员。

1.团体成员

成员资格面向任何对动物研究感兴趣的专业协会、研究组织、大学或大学院系、科学研究院、动物园、自然保护区或非政府组织开放。

2.个人成员

成员资格面向不从属于相关协会、研究组织等的个人开放。

（二）组织架构

1.成员大会

职责是讨论和解决 ISZS 重大问题，包括：讨论有关 ISZS 的宏观政策和发展规划；修改 ISZS 章程；审议成员普遍关心的事项；选举执行委员会；投票决定下届国际动物大会会址。

2.执行委员会

由主席、2~3 名副主席和 5~7 名其他成员组成。负责按照成员大会的决定管理 ISZS 的内部事务。主席由成员大会选举产生，最多连任两届。两位副主席分别是来自国际动物大会当届和下届举办地所在国的代表。ISZS 常设秘书处所在国的法定代表人将直接成为执行委员会的成员。

3.常设秘书处

在执行委员会指导下负责 ISZS 的日常事务，包括维护 ISZS 网站、撰写新闻通讯和发行会刊等。

四、学术及沟通平台

自 ISZS 正式成立以来，先后开展了包括出版会刊《整合动物学》（*Integrative Zoology*），主办动物学系列国际研讨会，召开国际动物学大会，开展“全球变化的生物学效应”国际研究计划，举办高端研修班、教育培训、科普宣传等系列国际学术活动。此外，ISZS 还设立并组织评选了各类专业奖项，包括 ISZS 杰出贡献奖和青年科学家奖等。

五、经费筹措

ISZS 的经费来源主要包括内部成员会费、外部捐赠等。目前，团体成员会费标准为每 4 年 500 欧元，个人成员为每 4 年 40 欧元。付费成员在 ISZS 成员大会上享有投票权。如成员放弃投票权，可不交会费。

国际环境问题科学委员会（SCOPE）

国际环境问题科学委员会（Scientific Committee on Problems of the Environment，SCOPE）是一个国际性的非政府、非营利性科学组织，于 1969 年由国际科学理事会(ISC)创立，并于 2019 年以国际科技组织的身份加入 ISC。SCOPE 是在 ISC 框架下，专门研究重大全球性环境问题的机构，其宗旨是增强人类对环境影响的了解，认识环境变化对人类健康和福利的影响。SCOPE 与联合国环境署（UN Environment)、联合国教科文组织（UNESCO）建立了合作关系。

1988 年 4 月，中国科协批准组建了 SCOPE 中国委员会筹委会，并于 6 月派出了时任中国科协国际部长卢景霆等出席在匈牙利召开的 SCOPE 第 7 届全体大会，标志着中国正式加入 SCOPE。

国际环境问题科学委员会（SCOPE）基本信息

中文名称	国际环境问题科学委员会	英文名称	Scientific Committee on Problems of the Environment
成立时间	1969 年	总部所在地	法国 巴黎
组织属性	非政府、非营利性组织	官方语言	英语、法语
组织标识	SCOPE		
官方网址	https://scope-environment.org/		
关注议题	生物地球化学循环、生物生态学、核战争的环境影响、全球气候变化、海湾和河流三角洲、痕量气体在大气与陆地生态系统间的转化、人工放射性核素的生物地球化学途径、世界大河流的地球化学、化学短期毒性对人体健康及生态的重要性和气候变化等问题		

一、历史沿革

探索建立 SCOPE 国际科学合作模式，源于 1960 年以来公众对环境质量的普遍性、持续性关注。这样的关切反映在国家立法中，如美国在 1969 年颁布了《国家环境政策法》以及国际社会对 1972 年在瑞典斯德哥尔摩举行的联合国人类环境会议的支持。ISC 建立 SCOPE 的主要目的是促进和协调针对环境质量提升与环境保护的相关研究；作为 ISC 的咨询机构，SCOPE 为联合国及其机构、地区政府和政府间组织提供政策和业务咨询；和其他国际非政府机构开展合作；进一步增强公众对环境质量提升和环境保护的意识。

二、发展构想

SCOPE 希望能够促进在一个跨部门、跨学科和具有一定独立性的全球知识网络系统中加强协同，以更好地识别和分析对人类和环境造成影响、新出现的环境挑战与机遇；适度地从科学的角度反思当前对环境问题的理解与评判，并以此确定未来研究的切入点与重点；解决政策和发展需求，并提供对环境保护有利的政策和管理策略建议。

三、组织架构*

（一）成员类型

1970—2009 年，SCOPE 的成员仅限于特定的组织。2010 年开始，SCOPE 的成员资格进一步对外开放，以便更好地推动 SCOPE 的发展，进一步制定基于科学的方案与建议，识别新出现的问题和制定新的政策。目前，SCOPE 的成员包括以下类型：政府和政府间组织、科学技术研究和评估机构（研究院）、

* 由于一直未能获取 SCOPE 的章程及管理细则（其官方网站未公布），故此部分信息相对较少。

科学理事会或科学协会、高等教育机构、非政府和民间社会组织、工业和私营部门。

（二）组织机构

SCOPE 的行政管理事务主要由全体大会和执行委员会负责。

1.全体大会

全体大会是 SCOPE 的最高决策和行政管理机构。全体大会每 3 年举行 1 次。全体大会负责选举执行委员会，负责指导和监督 SCOPE 的科学计划以及与其他组织合作开展的活动，并就相关财务事项作出决策。

2.执行委员会

执行委员会由 1 名主席、1 名副主席、1 名前任主席、1 名财政官和 1 名秘书长组成。执行委员会的职责包括执行全体大会的决议、审议 SCOPE 的相关活动、建立工作组或推行新的工作举措、决定是否吸纳新成员等。

四、学术及沟通平台

SCOPE 作为非政府、跨学科和科学家之间的国际性组织，开展的主要活动有推动现存和潜在的环境科学问题的交叉融合研究；引导推动主要国际研究项目；促进科学和决策的交叉融合，为顾问层、政策制定层和决策层提供分析工具，促进科学管理和政策实践，同时就环境问题向各国政府以及非政府组织提供咨询和建议。其主要研究领域为：社会和自然资源的管理、生态系统过程和生物多样性、健康与环境。

学术出版物是 SCOPE 的一大亮点。目前，SCOPE 共出版了 14 个系列的政策概览，涉及生物能源与可持续性、全球碳循环、强化生物多样性等领域。同时，SCOPE 还出版了共计 72 卷的编著，涉及生物多样性可持续发展、促进生态系统服务建设等多个议题。学术期刊方面，SCOPE 与爱思唯尔合作出版有学术期刊《环境发展》。

五、资金筹措

SCOPE 的经费来源主要是会费收入、社会组织的捐赠和举行各类国际会议的注册费收入、学术期刊版面费收入等。

国际燃烧学会（CI）

国际燃烧学会（The Combustion Institute，CI）是一个国际性的非营利性教育和科学组织，成立于 1954 年，致力于在世界范围内促进燃烧科学和技术领域的活动和研究。CI 主办的国际燃烧会议（International Symposium on Combustion）是燃烧科学与技术领域内规模最大、影响力最广的国际学术会议。自成立以来，CI 对燃烧科学的发展以及发现更清洁、更高效的能量转换过程产生了深远的影响。目前，CI 拥有 35 个国家和地区分会。

从 1978 年开始，中国科学家和燃烧科学研究人员出席国际燃烧会议，并参与国际燃烧学会的各项活动。在 1980 年加拿大滑铁卢大学召开的第 18 届国际燃烧会议上，中国正式提出了加入国际燃烧学会的申请。1982 年在第 19 届国际燃烧会议期间召开的国际燃烧学会理事会正式通过了中国的申请，中国工程热物理学会燃烧学分会成为国际燃烧学会的正式团体成员，并成立了中国分会。

国际燃烧学会（CI）基本信息

中文名称	国际燃烧学会	英文名称	The Combustion Institute
成立时间	1954 年	总部所在地	美国 特拉华州
组织属性	非政府、非营利性组织	官方语言	英语
组织标识			
官方网址	https://www.combustioninstitute.org/		
关注议题	促进燃烧科学及其相关领域的研究活动		

一、历史沿革

1928 年，与燃烧相关领域的科学家和实践者在美国马萨诸塞州举行了第一届燃烧研讨会。随后，系列区域和国际燃烧专题讨论会的召开推动了国际燃烧领域专业组织的成立。1954 年，在美国匹兹堡大学举行的第 5 届国际燃烧研讨会上，Bernard Lewis 和 Hoyt Hottel 等人倡导将燃烧学会（The Combustion Institute）作为一个科学学会成立，国际燃烧学会由此成立。如今，CI 在全球已拥有 35 个成员组织。

二、发展构想

作为一个非营利性的科学与工程学会，CI 致力于促进燃烧科学及相关领域的研究活动，包括清洁能源的转换和运用。为实现其组织目标，CI 开展的主要活动有召开两年一次的国际燃烧会议，并组织召开燃烧科学相关领域的区域和国家专题会议；举办暑期学校以及出版 *Combustion and Flame*，*Progress in Energy and Combustion Science Combustion Science and Technology*，*Combustion Theory and Modeling* 等学术刊物。

三、组织架构

（一）成员构成

CI 的成员资格向从事燃烧或相关学科领域的科学研究、工程研究或教育活动或对此感兴趣、并承认 CI 组织宗旨的所有人员开放。CI 国家和地区分会的成员自动成为 CI 成员。如果没有加入 CI 国家或地区分会，可直接与 CI 联系申请成为其成员。CI 还设立“燃烧学会会士”称号，用于表彰全球范围内在燃烧研究领域做出突出贡献的杰出科学家。

（二）组织架构

1.董事会

负责 CI 的组织管理、财产和权益等事务。成员包括执行委员会委员、理事和名誉成员（历届主席）。

2.执行委员会

在董事会会议间隔期间，执行委员会负责 CI 的管理事务。执行委员会由 6 名成员组成，任期 4 年，成员包括主席、副主席（当选主席）、副主席（分管国家和地区分会事务）、财政官、会议秘书（负责会议记录等会务工作）和日常事务秘书（协助副主席负责分会事务）。

3.行动委员会

负责为 CI 的特定业务和有关事务提出建议，以维护 CI 在燃烧科学领域的领导地位。行动委员会内设多个工作小组，负责就具体事务审议解决方案并提出战略建议。

4.财务委员会

负责 CI 财务活动，并提出财务政策建议，目前由 5 名成员组成，由主席与执行委员会协商任命，任期 4 年。

5.奖项委员会

负责在国际燃烧科学家和相关组织中，根据评选条件提名和甄选相应类别的获奖者。

四、学术及沟通平台

CI 的主要活动是召开两年一次的国际燃烧会议，目前已举办 38 届，是世界各国的科学家、教授、学生和从业人员分享燃烧科学和应用领域思想和经验的国际交流平台。同时，CI 还组织开展了广泛的科学活动，包括召开区域性科学会议、创办暑期学校、开展系列讲座以及设立针对早期研究人员的支持计划。CI 还指导出版了 *Combustion and Flame*（每月出版 1 次）和 *Proceedings of The Combustion Institute*（每两年出版 1 次）科学期刊，并合作出版了 *Progress in Energy and Combustion Science*，*Combustion Science and Technology*，*Combustion Theory and Modeling* 等学刊，以推动燃烧学科的学术研究。

五、经费筹措

CI 的运行经费主要来自成员会费，通过组织会议、举办暑期学校、举办讲座、出版学术出版物等方式获取收益，同时还接受来自成员和社会机构的各类捐赠或捐助。

国际医学物理与工程科学联盟（IUPESM）

国际医学物理与工程科学联盟（International Union of Physical and Engineering Sciences in Medicine，IUPESM）是一个国际性的非政府、非营利性科学组织，于1980年成立。作为国际科学理事会（ISC）的成员组织，IUPESM本身也是一个“伞状”的国际科技组织。IUPESM由两个拥有相对较高独立性的国际科技组织——医学物理国际组织（IOMP）和国际医学和生物工程联合会（IFMBE）组成。IOMP和IFMBE均拥有自己的章程和治理机构，相对独立地开展相关学术活动。IUPESM现在代表着来自全球100多个国家及地区的140 000多名专业人员。虽然与IFMBE（120 000余名）和IOMP（20 000余名）的成员数量有所不同，但IUPESM一直基于公平分享的原则对相关资源进行分享。

国际医学物理与工程科学联盟（IUPESM）基本信息

中文名称	国际医学物理与工程科学联盟	英文名称	International Union of Physical and Engineering Sciences in Medicine
成立时间	1980年	总部所在地	加拿大 渥太华
组织属性	非政府、非营利性组织	官方语言	英语
组织标识			
官方网址	https://www.iupesm.org/		
关注议题	为医学物理和工程科学的发展做出贡献，助力提升人类福祉；鼓励、支持、代表、联合世界范围内的医学和生物工程界，通过促进研究、发展、应用和管理相关技术以进一步促进人类健康和生命质量的提升（IFMBE）；加强与其他国际组织的互动，以提高医学物理学在临床体系中的显示度与认可度，促进医学物理学各个方面的进步，特别是面向发展中国家（IOMP）		

中国生物医学工程学会于 1986 年加入 IFMBE，并于 2012 年 5 月在北京举办了 IFMBE 第 12 次大会。

一、历史沿革

20 世纪下半叶，医学物理国际组织（IOMP）和国际医学和生物工程联合会（IFMBE）分别于 1959 年和 1963 年成立。这两个国际科技组织在利益分配和资源拓展上均存在一定的重合。伴随着生物力学、生物材料、医学计算、医学信息学、医院工程、核医学、辐射研究、辐射防护、医学中的磁共振等领域形成了自己的国际组织，IOMP 或 IFMBE 与他们建立了合作关系，但同时也形成了一定的竞争关系。关于优化调整 IOMP 和 IFMBE 的讨论始于 20 世纪 70 年代，这两个组织的国家成员对是否合并成为一个更大的国际科技组织意见不一致，但事实上当时有不少国家或地区同时加入了这两个组织。经过数年的探索，IFMBE 与 IOMP 一致决定开展合作，并于 1973 年在瑞典哥德堡举行的第 3 届国际医学物理学会议上，详细讨论了合作或合并的可能性。在以色列耶路撒冷 1979 年举行的第 12 届联合会议上，IFMBE 和 IOMP 联合宣布了关于合并的决定。IUPESM 于 1980 年正式宣告成立，并于 1982 年在德国汉堡举行了首次全体大会。

二、发展构想

IUPESM 希望通过与其他国际科技组织和专业机构建立广泛的合作关系，促进医学物理和工程科学的发展，以造福人类福祉；组织国际合作并促进从事健康科学的专业人员之间的交流；协调卫生领域与工程和物理科学共同感兴趣的活动，包括举办国际和区域科学会议、举办研讨会、实施区域支持计划和发行学术出版物等；更好地代表健康护理界的工程师和物理科学家的专业兴趣和观点。

三、组织架构

（一）成员类型

IUPESM 的成员分为 3 个层级：第一层级是 IUPESM 的两大分支组织（即 IOMP 和 IFMBE）；第二层级是加入 IOMP 或 IFMBE 的国家成员，均属于 IUPESM 的国家成员；第三层级是观察员成员。

1.分支成员

IOMP 和 IFMBE 是 IUPESM 的两大分支组织。

2.国家成员

一个国家及地区应以科学研究院、研究理事会、科学机构等为代表，加入 IUPESM。

3.观察员成员

观察员成员主要分为两类：一是科学协会，主要是指在医学物理和工程科学领域开展相关活动的非政府科技协会；二是公司，主要是指对医学物理学或生物医学工程感兴趣的公司。

（二）组织机构

IUPESM 的行政管理工作主要是由全体大会和理事会负责；相关业务活动则是由委员会或工作组负责；学术事务则是由两大分支组织下设的专委会负责。

1.全体大会

全体大会是 IUPESM 的最高决策机构，每 3 年举行 1 次会议。全体大会将审查由理事会提出的建议、选举理事会的官员及其他委员、审阅预算和决算。两个分支组织均可派出 100 名代表参加表决，而每个国家成员可派出两名代表参加表决。

2.理事会

理事会由 1 名主席、1 名副主席、1 名秘书长、1 名财政官和 1 名前任主席，以及数名委员组成。理事会负责执行全体大会的决策，主要工作包括为IUPESM编制预算、制订会费缴纳方案、设立委员会或工作组及任命相关官员、筹备全体大会等。

3.委员会

IUPESM针对常规性工作和相关专业性事务设立了委员会。其中，常设委员会包括：大会协调委员会，主要负责协调举办大会的相关工作；提名委员会，主要负责提名IUPESM的主要官员；评奖委员会，负责监督和管理各类评奖计划。其他专设委员会还包括“教育和培训委员会”“健康科技工作组”等。

四、学术及沟通平台

IUPESM作为一个典型的“伞状”国际科技组织，其主要活动包括促进与其他国际科技和专业机构的合作；为两大分支组织和协调国际会议，包括3年1次的世界医学物理学和生物医学工程大会；传播、促进和制定医学物理学和生物医学工程领域的实践标准，以提高全球卫生保健的质量；协助发展中国家在医学物理学和生物医学工程方面达到适当的科学和技术水平；构建必要的信息平台，促进各国及地区加强学术信息分享。

五、资金筹措

IUPESM 的经费收入主要来自各类别成员缴纳的会费；理事会代表IUPESM所接受的捐赠，以及投资性收入等。其中，会费收入占比最高。

电气与电子工程师协会（IEEE）

电气与电子工程师协会（Institute of Electrical and Electronics Engineers，IEEE），创立于 1963 年，致力于电气、电子、计算机工程等领域的开发和研究，是目前全球最大的非营利性专业技术学会（成员人数）。截至 2022 年 12 月，IEEE 拥有来自 160 多个国家的 40 多万名成员，设有 39 个专业技术协会和 7 个专业技术委员会，在全球拥有 343 个办事处，在超过 100 个国家的学院和大学设有 3 565 个学生分会。

自 1984 年起，IEEE 在中国先后成立了 8 个分会，分别是北京分会、上海分会、西安分会、哈尔滨分会、成都分会、武汉分会、南京分会和广州分会。同时，设立的中国学生分会已达 63 个。2007 年，IEEE 获中国政府批准在北京设立代表机构。2008 年 1 月，IEEE 中国代表处在北京成立，主要为 IEEE 在中国的分会承担联络协调工作，同时还负责协调 IEEE 下属各分支协会和其他办事机构的活动。2022 年 1 月，美国马里兰大学终身教授、华人学者刘国瑞（K.J.RAY LIU）就任 IEEE 主席，这是 IEEE 历史上首位华人主席。

电气与电子工程师协会（IEEE）基本信息

中文名称	电气与电子工程师协会	英文名称	Institute of Electrical and Electronics Engineers
成立时间	1963 年	总部所在地	美国 纽约
组织属性	非政府、非营利性组织	官方语言	英语
组织标识	IEEE Advancing Technology for Humanity		
官方网址	https://www.ieee.org/		
关注议题	促进电气、电子、通信、计算机工程和计算机科学的理论和实践研究，推动工程和相关分支学科研究		

一、历史沿革

1884 年春，为推进新技术发展，美国电气工程师协会（AIEE）创立，兴趣领域主要为有线通信（电报和电话）、照明和电力系统。在通过标准制定、组织技术会议和出版物发行等方式服务电气行业的同时，AIEE 也促进了电气工程在教育领域的发展。20 世纪 20 年代，许多美国大学开设了电气工程教育专业。1912 年，美国无线电工程师协会（IRE）创立。IRE 以无线电研究为核心，后又将研究领域扩展至电子学。由于各自专业领域的不断扩大，AIEE 和 IRE 双方力求合作建立一个共同的组织来满足发展需求。1963 年 1 月，AIEE 和 IRE 合并成立 IEEE。成立之初，IEEE 拥有成员 150 000，其中 140 000 居住在美国，成为美国规模最大的专业协会。进入 21 世纪，IEEE 的兴趣领域逐步扩展到微纳米技术、超声波、生物工程、机器人技术、电子材料和其他领域。

二、发展构想

IEEE 长期致力于科学和教育领域，旨在促进电气、电子、通信和计算机工程以及计算机科学的理论和实践研究，以及工程和相关的艺术和科学分支学科研究。IEEE 以“鼓励技术创新，为人类谋福祉”为宗旨，将“成为全球技术团体和各地专业技术人员必不可少的助手”和“在改善全球环境方面做出公认的科学技术成就”作为发展使命。IEEE 确立的 2020—2025 年发展目标为通过广泛的合作和知识共享推动全球创新；提高公众对工程和技术的认识，并为其实际应用制定标准；成为值得信赖的教育服务和资源来源，支持终身学习；提供职业发展机会；通过建立网络促进科技发展，为公共政策提供信息和知识积累。

三、组织架构

（一）成员构成

IEEE 的成员多数为电气、计算机科学、工程学和其他相关学科的工程师、科学家和专业技术人员。主要分为以下 7 类。

1.普通成员

在 IEEE 所涉及的学科领域具有 6 年以上的教育和工作经历，可申请成为普通成员。

2.学生成员

主要面向专业为 IEEE 所涉及学术领域的本科生和研究生。学生成员毕业后，其学生成员资格随之终止，并根据实际情况升级至相应成员等级。学生成员的成员年限最长不超过 8 年。

3.准成员

未达到 IEEE 成员资格的技术和非技术申请人。

4.高级成员

要求申请者需是 IEEE 相关领域的工程师、科学家、教师、技术主管或发明家，从业经验需达到 10 年。

5.会士

IEEE 授予成员的最高学术荣誉，授予在 IEEE 所涉及的各行业领域做出杰出成绩和突出贡献的个人。

6.终生成员

年龄达到 65 岁，同时其年龄和 IEEE 会龄之和大于 100 的个人。

7.荣誉成员

由 IEEE 董事会授予在指定领域做出杰出贡献的个人。

IEEE 成员可以免费获得 IEEE 出版的杂志，按成员优惠价格订购 IEEE 的出版物，参加 IEEE 举办的所有会议，并可享受会议注册费优惠，同时可以查阅 IEEE Xplore 数据库中的文献目录和摘要。

（二）组织架构

IEEE 设代表大会、理事会和执行委员会。重大事项由理事会和代表大会决策，日常事务由执行委员会处理。

1.代表大会

由现任理事长、候任理事长、前任理事长和来自 10 个大区、10 个分委会的代表共计 23 人构成，主要职责是选举协会主要官员和审议财务报告等工作报告。

2.理事会

除 3 位理事长（现任理事长、候任理事长和前任理事长）、8 位副理事长外，还包括地区代表 10 人（每大区 1 人），专业协会代表 10 人（专业协会划分为 10 组，每组 1 人），共计 31 人组成。理事会聘请执行董事，并设管理委员会。管理委员会由执行董事和高级行政人员组成，负责 IEEE 日常运行管理。

理事会下设教育活动委员会、IEEE 美国部、成员及地区活动委员会、出版活动委员会、标准协会和技术活动委员会这 6 个附属委员会。各委员会委员分布在大区、地区分会、专业协会和学组中，有权投票决定 IEEE 重大决策。

（1）教育活动委员会，负责向董事会提供教育相关政策，为 IEEE 成员、工程和科技团体及大众提供教育服务，代表 IEEE 开展工程教育，承担大学预科教育、继续教育资源、教育政策、认证等相关业务。

（2）IEEE 美国部，IEEE 在美国本土划分 6 个大区：美国东北部、美国东部、美国中部、美国南部、美国西南部、美国西部，再按地域设立分会。IEEE 美国部主要为 IEEE 美国成员、专业人士和公众服务。

（3）成员及地区活动委员会，负责 IEEE 成员招录和成员的发展。IEEE 把全球分为 10 个大区：美国本土 6 个，加拿大 1 个，拉美 1 个，欧洲、中东和非洲 1 个，亚洲和大洋洲为 1 个。大区按地域设立分会，全球共有 300 多个地区分会。对应 IEEE 总部设置模式，IEEE 每个大区和地区分会设有执行委员会；对应 IEEE 的专业协会，每地区分会下设专业分部，并在拥有一定数量学生成员的大学和科研机构内设立学生分会。

（4）出版活动委员会，负责召开会议、出版期刊和杂志等业务。

（5）技术活动委员会，负责向董事会和成员提供专业理论和实践指导。IEEE 设有 39 个专业技术协会和 7 个专业委员会。专业委员会为暂不具备成立专业协会的学术组织开展学术活动而设立，下设多个专业分部。

（6）标准委员会，负责制定、批准和修订 IEEE 标准，设有两个分委员会——新标准制定委员会和标准审查委员会。作为全球最大的专业技术组织，IEEE 非常重视标准的制定工作，已制定 1 200 多个现行标准，涵盖电气与电子设备、试验方法、元器件、符号以及测试方法等多个领域。

四、学术及沟通平台

IEEE 的出版物主要有《IEEE 学报》（月刊）、《IEEE 杂志》（月刊）、《IEEE 指南》（每年出版 1 次），各专业协会还出版各种期刊杂志和会议论文集。IEEE 每年出版的电气电子和计算机科学领域的技术文献约占世界总量的 1/3，且其文献的引用率在电子、通信和其他相关领域也名列前茅。IEEE 数字图书馆库藏丰富，文献目录最早可至 1988 年，部分内容还可上溯至 1950 年。

IEEE 还是世界权威的标准制定机构，先后为通信、信息技术、发电产品等领域制定了 1 200 多个现行产业标准，其中包括著名的 IEEE“802 标准”*。

此外，通过开展在线学习、推出培训活动和开展技术认证，IEEE 不断满足成员继续学习的要求，同时还积极和产业界、大学和政府合作来提升青少年的科学及工程素养。IEEE 还设有基金会，每年提供约两百万美元的慈善资金开展教育和公众信息项目，支持历史研究公共服务，推动技术创新，增加公众对工程学社会影响的认知等活动。

* IEEE“802 标准”是指关于局域网和城域网的一系列标准，广泛应用于以太网、无线局域网等。

五、经费筹措

IEEE 的运行经费主要来源于会费、出版物订阅费、主办会议注册费、制定行业标准等。

国际供电会议组织（CIRED）

国际供电会议组织（英文名称“International Conference on Electricity Distribution”，法文名称“Congrès International des Réseaux Electriques de Distribution”，CIRED），是国际供电领域技术和管理方面最具影响力的学术会议组织。CIRED 由英国和比利时两国发起并于 1971 年成立于比利时，致力于提高供电领域及相关行业的竞争能力以及相关人员的技术能力和知识。

中国自 1978 年以来就有正式代表参加国际供电会议，并从 1987 年开始成为其联络成员国。2007 年，在奥地利维也纳召开的 CIRED 指导委员会正式同意中国成为 CIRED 的指导成员国，并进入指导委员会。2009 年 4 月，科技部正式批复同意由中国电机工程学会、中国电工技术学会、中国可再生能源学会共同成立 CIRED 中国国家委员会，并由中国电机工程学会牵头筹建。2010 年 9 月，CIRED 中国国家委员会成立大会及第 1 次全体会议在南京召开。从此，CIRED 中国国家委员会成为 CIRED 组织在中国地区的执行机构。

国际供电会议组织（CIRED）基本信息

中文名称	国际供电会议组织	英文名称	International Council on Electricity Distribution
成立时间	1971 年	总部所在地	比利时
组织属性	非政府、非营利性组织	官方语言	英语、法语
组织标识			
官方网址	http://www.cired.net/		
关注议题	促进工业、服务业和运输业等领域公共供电系统和大型装置的设计、建造和运行，提高参与 CIRED 活动相关人员的业务能力、技能和知识		

一、历史沿革

CIRED 由比利时蒙特菲尔电气工程师协会（Association des Ingénieurs de Montefiore，AIM）和英国工程技术学会（The Institution of Engineering and Technology，IET）共同发起成立。CIRED 第 1 届大会于 1971 年 5 月由 AIM 在比利时组织召开。此后，为避免重大会议之间的重叠，AIM 和 IET 决定每两年以 CIRED 名义轮流在比利时和英国举办会议。随着公众对供电会议的日益关注及其主办展览的不断增加，自 1999 年起，CIRED 大会会址不再局限于比利时和英国，而是每年在欧洲范围内变化。

二、发展构想

CIRED 致力于促进工业、服务业和运输业等领域公共供电系统和大型装置的设计、建造和运行，同时提高参与 CIRED 活动相关人员的业务能力、技能和知识。为实现其目标，CIRED 每两年召集 1 次由电力供应、制造、咨询和研究领域的工程师和专家参与的国际会议，讨论供电技术的发展和管理问题。CIRED 通常在奇数年举办面向制造商和供电行业公司的展览，偶数年就特定主题组织专业研讨会。

三、组织架构

（一）成员构成

CIRED 的成员分为指导成员和联系成员两类。

1.指导成员

拥有一个能够代表该国在供电领域活动的国家委员会，并致力于推进供电工程发展、支持 CIRED 的发展目标和活动的国家，称为“指导成员国”。

2.联系成员

与 CIRED 合作但没有设立国家委员会的国家可以设立联络委员会，设有联络委员会的国家称为准成员国。

（二）组织架构

CIRED 的管理机构由指导委员会、咨询委员会和技术委员会构成

1.指导委员会

负责 CIRED 的总体治理，同时负责选举 CIRED 的主要官员，包括指导委员会主席、咨询委员会主席和技术委员会主席，其中指导委员会主席同时任咨询委员会主席。各委员会主席每届任期两年，可连选连任。

2.咨询委员会

负责筹备指导委员会相关会议，并执行指导委员会安排的任务。

3.技术委员会

负责 CIRED 的技术活动，并为 CIRED 组织的会议提供技术支持。

此外，CIRED 支撑机构由指导成员国的国家委员会、联络成员国的联络委员会和专题咨询小组构成。国家委员会和联络委员会负责执行 CIRED 分配的任务，专题咨询小组还负责向 CIRED 提供相关工作建议。

四、学术及沟通平台

CIRED 的主要活动是每两年召集一次国际供电大会暨展览会，由 AIM 和 IET 交替组织，目前已举办 25 届。按照 CIRED《章程》约定，国际供电大会的会址应在欧洲区域内。此外，CIRED 还出版有《CIRED 会议论文集》等出版物。

五、经费筹措

根据 CIRED《章程》约定，CIRED 所有运营费用均由承担开展 CIRED 活动的个人或公司承担，CIRED 不承担任何费用，因此无需收入。

国际护士理事会（ICN）

国际护士理事会（International Council of Nurses，ICN）是由各国护士协会组成的非政府联盟组织，成立于 1899 年，是医药卫生界历史最悠久也是影响最广泛的专业性国际组织。ICN 致力于提升国际社会护理水平、健全全球卫生政策、丰富护理知识和提升护士地位，其对护士的定义被国际社会广泛接受。截至 2022 年 6 月，ICN 共有 135 个国家护士协会成员，代表全球 2 700 多万名护理人员。

1922 年，中华护士会加入 ICN，中国成为 ICN 最早的成员国之一。中华护理学会在 2013 年 5 月获准加入 ICN，成为其成员。

国际护士理事会（ICN）基本信息

中文名称	国际护士理事会	英文名称	International Council of Nurses
成立时间	1899 年	总部所在地	瑞士 日内瓦
组织属性	非政府、非营利性组织	官方语言	英语、法语、西班牙语
组织标识			
官方网址	https://www.icn.ch/		
关注议题	提升国际社会护理水平，健全全球卫生政策，丰富护理知识，提升护士地位		

一、历史沿革

ICN 于 1899 年在英国护理学家 Ethel Gordon Fenwick 倡导下创立。1900 年 7 月，在英国伦敦召开的 ICN 第一次正式会议，通过了其组织宪章。

二、发展构想

ICN的使命是代表全世界的护理行业，推动护理专业化，促进护士的福祉。其发展愿景是推动全球社会认可、支持并投资于护士和护理工作，并为所有人带来健康。ICN开展的活动主要有①影响全球范围内的护理、卫生和相关的社会政策、专业和社会经济标准制定；②协助国家护士协会提高护理标准和护士业务能力；③促进国家护士协会的发展；④代表国际护士和护理人员；⑤建立、接收和管理有助于护理和ICN发展的基金和信托。

三、组织架构

（一）成员构成

ICN的成员资格不面向个人开放，其成员分为两类。

1.国家成员

通常为一个国家最具代表性的护理组织。一国通常允许有1个ICN成员名额。如果该组织拥有的成员数量没有达到所在国护士人数的6%，则可以允许该国其他的护理组织加入ICN。第一个附加成员组织的成员规模应超过该国ICN现有成员组织规模的10%，之后的附加成员组织的规模则需超过该国现有ICN成员组织总规模的50%。

2.联盟成员

来自一个国家的多个护理组织基于国际化的目的共同组建1个新的护理组织联盟，并被ICN接纳为成员。

（二）组织架构

ICN的组织架构主要由理事会和董事会构成，理事会是最高管理和决策机构，董事会则负责在理事会休会期间代表理事会行使职权。

1.理事会

由主席、3名副主席和10名根据ICN划定的选区投票选举产生的成员组成。理事会所有成员须为符合 ICN 对护士定义的人员，并在 ICN 成员协会中具有良好的信誉。理事会的主要职责：提供政策指导以实现 ICN 的目标；确定成员类别和成员相应的权利义务及会费标准；根据董事会提交的候选人建议人选，选举董事会；修订 ICN 章程；根据董事会的建议审定会费标准；研究解散 ICN 事宜。理事会通常每两年召开 1 次会议。

2.董事会

由主席和按 ICN 划定的选区选举的代表组成。董事会成员须为护士，且在 ICN 成员协会中保持良好的信誉。董事会的主要职责：制定和执行各项政策；向理事会推荐成员协会；视情况暂停、终止和恢复成员协会资格，并向理事会报告；审议并向理事会提交对 ICN 章程的修订建议；确定理事会会议和 ICN 大会的主办协会和地点，并向理事会报告；制定和监控财务政策；向理事会推荐成员协会的会费标准。董事会通常每年至少召开 1 次会议。

此外，董事会可根据特定工作需要任命 1 个或多个委员会。其中，审计与风险委员会为其常设机构，其主要职能：向董事会报告对其组织的风险管理、内部控制和运行机制有效性的监督情况；监督并评估外部审计师的工作；评估财务和非财务报表；在理事会会议上就董事会是否履行其职责提出建议等。

四、学术及沟通平台

ICN 的会刊是《国际护理评论》（*International Nursing Review*），主要关注与护士相关的护理和健康政策问题，每期使用英语和西班牙语出版，部分使用中文出版。同时，ICN 还出版有护理领域专业性书籍，颁布并定期修订《护士准则》（*Code for Nurses*）。

ICN 目前设有两个基金会，分别是弗洛伦斯南丁格尔国际基金会（FNIF）和国际护士理事会基金会（ICNF）。其中，FNIF 致力于推动护理教育、研究和公共服务的进步，其标志性项目是女童教育基金。FNIF 在推动 ICN 工作和目标实现方面发挥了重要作用。ICNF 则主要围绕慈善、科学、文学和教育等领域开展工作。

五、经费筹措

ICN的运行经费主要来自会费、基金会募集资金和各类出版物收益。

英国工程技术学会（IET）

英国工程技术学会（Institution of Engineering and Technology，IET）是一个国际性的非政府、非营利性科技组织，于 1871 年在英国伦敦创立。IET 旨在促进全球工程技术领域知识的共享与交流，以提高世界人民福祉，以及在个人、企业和学术团体的支持下，构建全球范围知识网络。IET 最早可追溯至 1871 年成立的电报工程师学会（STE），STE 于 1888 年正式更名为英国电气工程师学会（IEE），IEE 于 2006 年与国际工业工程师学会（IIE）合并，并更名为 IET。IET 是工程技术领域全球领先的专业学术学会，目前在全球 148 个国家拥有超过 155 000 名成员。IET 的专业分类涉及能源电力、交通运输、信息与通信、设计与制造、建筑环境 5 大行业的 40 多个专业领域。

英国工程技术学会（IET）基本信息

中文名称	英国工程技术学会	英文名称	Institution of Engineering and Technology
成立时间	1871 年	总部所在地	英国 伦敦
组织属性	非政府、非营利性组织	官方语言	英语
组织标识	IET The Institution of Engineering and Technology		
官方网址	https://www.theiet.org/		
关注议题	持续加强工程技术的应用以解决人类共同面临的挑战（如气候变化等）；进一步强化工程技术知识的创新，并在全球范围内建立更有效的知识传播网络；设计更多的工程技术整体性解决方案；进一步支持开展工程技术创新的政策环境；加强工程技术教育活动，拓宽工程技术人员的职业发展道路		

自 2005 年起，IET 以外商独资企业的身份在中国开展业务，涉及工程技术咨询服务；主办各类经济技术展览会和会议；技术开发、技术推广、技术转

让等。2016 年，IET 与国家外国专家局（现为科技部外国专家服务司）下属的中国国际人才交流协会签订合作协议，将 IET 国际注册工程师项目引入中国。该项目面向国家电网有限公司、中国铁路工程集团有限公司、中国能源建设股份有限公司、中国广核集团等多家大型企业的工程师骨干。此外，中国电机工程学会（CSEE）于 2018 年与 IET 签署《国际工程师资质认证项目合作协议》，在国际工程师资质认证、在中国举办国际性行业会议等方面开展合作。

一、历史沿革

IET 最早可追溯至 1871 年成立的电报工程师学会（STE）。STE 的成立是为了促进电信科学的普遍发展，并促进其成员之间的信息和思想交流。1880 年，为充分反映当时电气工程技术的新变化和新趋势，STE 决定更名为电气工程师协会（IEE）。1895—1914 年，IEE 的成员数量从 2 064 人增长到 7 045 人，足以反映当时电气工程技术的迅速发展。IEE 于 1963 年在英国伦敦注册为慈善机构。国际工业工程师学会（IIE）于 1998 年 4 月由美国电子电气工程师学会、英国机械工程师学会、工程师与技术员学会合并而成。IEE 和英国企业工程师学会（IIE）于 2006 年 3 月合并，并更名为 IET。

二、发展构想

从总体上讲，根据联合国 17 项可持续发展目标、英国《工业战略大挑战》（*Industrial Strategy Grand Challenge*），IET 希望通过促进工程技术的发展系统解决 5 个方面的问题，分别是可持续发展与气候变化、数字化未来、健康生活、以人为本的基础设施建设、具有高产出的制造业。此外，根据 IET《2030 发展战略》，IET 希望在 3 个方面实现突破：①通过不断加快科技发展的步伐和加强对相关技术的应用，全力支持人类步入零碳未来的新时代；②通过应用标准的建立、法律法规的完善与实施、典型案例的分享，在人类社会的变革时期加强社会公众对数字化这一趋势和数字化从业者的信任；③通过打造更为多元的课程体系，显著提升工程师、技术人员等工程领域劳动力的整体水平。

三、组织架构

（一）成员类型

IET的成员主要面向个人开放，共计分为5种类型，分别是荣誉会士、会士、正式成员、附属成员、学生成员。

1.荣誉会士

由IET董事会选举产生。荣誉会士授予那些为实现IET目标而做出重大贡献的个人。

2.会士（Fellows）

IET董事会在其个人成员中选举会士。成为会士的要求是在助力IET实现发展利益的过程中，表现出足够的责任心和专业精神，并持续做出成就。

3.正式成员

根据IET《章程》规定，申请成为IET正式成员需根据IET董事会列出的基本要求，满足必要的知识要求和工作经历。

4.非正式成员

IET非正式成员主要是那些愿意参加IET相关工作，但未能达到成为成员要求的个人。

5.学生成员

工程相关领域的博士、博士后等处于学术发展初级阶段的个人可申请成为IET学生成员。

（二）组织机构

IET行政管理事务主要由全体大会、董事会和理事会负责；相关科学事务则是由IET理事会下设的委员会负责。

1.全体大会

IET全体大会是IET的最高决策机构，通常每年举行1次。IET全体大会将对涉及 IET 重大发展利益的事项进行决策，并审议 IET 前一年度的经费使用情况和 IET 年度发展报告，任命 IET 审计师等。IET 全体大会可由 IET 董事会随时发起，前提是需要得到 50 名荣誉会士的共同支持。IET 所有类型的成员均可参加全体大会，但只有荣誉会士、会士和正式成员拥有表决权。

2.董事会

IET 董事会由 1 名主席、两名常务副主席、6 名副主席、前任主席、6 名董事组成。其中，IET 主席和常务副主席均由 IET 董事会任命，副主席则由 IET 全体大会选举产生。董事会是 IET 的最高行政机构，有权根据 IET《章程》处理无需 IET 全体大会决策的事项。同时，董事会有权对相关下设的委员会进行直接管理，包括听取工作汇报。董事会还可根据工作需要，设立工作小组。

3.理事会

IET 理事会主要负责向 IET 董事会提供咨询及监督 IET 内部治理工作。按照 IET 董事会的工作安排，IET 理事会负责就相关工作事项提出建议，包括制定 IET 发展战略等。IET 理事会还负责预审 IET 的年度工作报告和经费账目，并在年度全体大会上对报告进行陈述。IET 理事会下设了一个执行工作组（Executive Team），该工作组将具体处理相关管理工作。

4.委员会

根据不同的工作属性和工作内容，IET 董事会设立了 9 个委员会，分别是审计和风险流程管理委员会、金融投资委员会、提名和继任委员会、成员和专业发展委员会、知识服务和解决方案委员会、志愿者参与委员会、纪律委员会、政策小组和部门执行委员会、薪酬委员会。其中，成员和专业发展委员会还下设了 10 个专委会，包括中国小组委员会（China Development Panel）、质量保障委员会等。

四、学术及沟通平台

IET 的主要学术活动包括举办国际会议、开展教育培训、出版学术资料、建立荣誉奖项、设立多种奖学金等。

1.举办国际会议

IET 每年在全球举办超过 1 200 个会议，包括专题研讨会、专家讲座等。会议涵盖了全球各地的工程师和技术人员关注和讨论的热点话题，涉及能源电力、交通运输、信息与通信、设计与制造、建筑环境 5 大行业 40 多个专业领域，会议的内容、专业范围以及质量对全球工程技术领域都颇有影响力。

2.开展教育培训

IET 致力于推广工程师培养的国际标准，该标准是由英国工程理事会（EC-UK）组织专业技术学会、政府、企业和高等教育机构联合制定，是工程教育、单位实习和企业培训质量的评价标准。起源于英国的这种多元创新工程科技人才培养体系，目前在中国实行的两类工程师项目分别是 CEng 特许工程师项目和 IEng 主任工程师项目。

3.出版学术资料

IET 出版的学术资料分为专业技术期刊和快报期刊（均被 SCI、Inspec 和 EI 收录）。在工程技术领域，IET 出版的学术期刊一直保持较高水平，学科覆盖电子、电气、制造、生物、物理等多个工程技术领域。此外，Inspec 是理工学科最重要、使用最为频繁的数据库之一，也是全球在理工科领域最权威的二次文献数据库之一。目前在网上可以检索到自 1969 年以来全球 80 个国家出版的近 4 500 种科技期刊、3 000 多种会议论文集以及大量的著作、报告和论文。Inspec 数据库目前有超过 2 000 万条的文献（自 1969 年以来），并以每年近 100 万条新文献的速度增加。

为促进学术信息的交流，IET 于 1880 年建立了图书馆。该图书馆拥有工程科技领域世界一流的数字版和印刷版的图书、期刊等文献，包括自 1994 年以来所有 IET 期刊、杂志、书籍、会议出版物和研讨会文摘的 190 000 多篇技术论文。

4.建立荣誉奖项

IET 奖项是颁发给那些已经在工程科学和技术的各个领域做出杰出贡献的个人。各奖项以著名工程师或科学人物命名，如迈克尔法拉第、约翰安布罗斯弗莱明、J.J.汤姆森和奥利弗赫维赛德等。

5.设立多种奖学金

为促进青年学术人员的学术能力提升和学术职业道路的发展，IET 设立了多种奖学金，包括面向博士生、博士后研究员、大学一年级学生、青年女性工程技术人员等。奖学金范围包括支持参加国际会议、撰写博士论文、开展解决全球共同挑战的研究等。

五、资金筹措

IET 的经费主要来源于各成员所缴纳的年度会费以及举办各类型国际会议、开展教育培训活动、出版学术资料而获得的收入。根据 IET《章程》，由于 IET 业务活动的不断扩充，为确保相关工作的及时开展，IET 旗下的工作人员有很大一部分属于需支付薪酬的聘用人员。

国际贵金属学会（IPMI）

国际贵金属学会（International Precious Metals Institute，IPMI）成立于 1976 年，是贵金属行业的专业贸易协会。目前，IPMI 在全球拥有 600 多个成员，服务领域涉及勘探与采矿、银行、贸易与金融、制药与生物医学、汽车、电子与其他消费品等方面。IPMI 在科研与工业界、贵金属界与政府机构之间发挥了重要桥梁作用。

国际贵金属学会（IPMI）基本信息

中文名称	国际贵金属学会	英文名称	International Precious Metals Institute
成立时间	1976 年	总部所在地	美国 佛罗里达州彭萨科拉
组织属性	非政府、非营利性组织	官方语言	英语
组织标识			
官方网址	https://www.ipmi.org/		
关注议题	促进贵金属及相关产业的全面发展；成为贵金属行业与政府、其他相关行业之间联系的桥梁；促进公众对贵金属及相关行业的了解和公共政策的健全；支持和促进贵金属和相关行业的安全、安保和信息交流；提供与贵金属和相关行业相关的网络和信息交流论坛；促进和支持贵金属相关的研究和教育等		

一、历史沿革

1970 年，纽约大学的雷•瓦斯等 3 位教授为工学院研究生开设贵金属冶金学课程，并筹划成立贵金属学会。1974 年 3 月，由 12 人组成的筹备委员会举行了首次会议。1976 年 11 月，学会首届学术会议召开，标志着 IPMI 的正式成立。2019 年，IPMI 进行了结构性转变，转向专注于满足成员和贵金属行业需求的贸易协会。同时，IPMI 成立了贵金属教育和科学基金会，通过扩大筹款活动，以确保其教育和科学工作的长期可持续性，同时吸引新一代专业人士加入到贵金属行业。

二、发展构想

IPMI 确立的发展目标为促进贵金属及相关产业的全面发展；成为贵金属行业与政府、其他相关行业之间的联络者；促进公众对贵金属及相关行业的了解和公共政策的健全；支持和促进贵金属和相关行业的安全、安保和信息交流；提供与贵金属和相关行业相关的网络和信息交流平台；促进和支持贵金属相关的研究和教育等。

三、组织架构

（一）成员构成

IPMI 的成员资格面向任何商业、慈善、协会、科学、教育领域或 IPMI 董事会认为可接受并符合 IPMI 宗旨的组织或个人开放。成员应从事或以其他专业方式参与教育、研究、科学、商业、金融或其他与贵金属和相关行业相关的活动或 IPMI 董事会认为可接受并符合 IPMI 宗旨和使命的其他活动。IPMI 的成员分为团体成员和个人成员两类。

1.团体成员

按照缴纳会费的多少又分为白金成员（会费目前为 7 500 美元/年）、铂金成员（会费目前为 5 000 美元/年）和银卡成员（会费目前为 1 000 美元/年）。成员级别不同享有的利益也不同。如白金成员可以被优先考虑提名成为董事会成员、参加 IPMI 召开的年度特别招待会，以及享有参加会议和研讨会折扣等权利。

2.个人成员

目前，每年缴纳会费 200 美元。

（二）组织架构

1.董事会

人数为 20~40 名。每个团体成员可以在董事会选派不超过 1 名代表参会。董事必须是团体成员的正式授权代表和 IPMI 的个人成员代表。董事须具有良好信誉，在贵金属行业至少有 5 年从业经验。董事每届任期 3 年。

2.执行委员会

在 IPMI 年度会议上由董事会从董事中选举产生，由 11 名成员组成，包括 4 名执行官（主席、副主席、秘书和司库）、前任主席和 6 名董事。执行委员会成员任期 1 年，连续任职不超过 7 年。

3.专业委员会

IPMI 还围绕贵金属领域设立了专业委员会，主要有

（1）环境与法规事务委员会：每年至少召开两次会议，重点研究影响全球贵金属及其使用的环境和银行法规。

（2）采样和分析委员会：研究贵金属分析领域的发展动态和新仪器、新技术的采用等。

（3）铂族金属提炼商委员会：每年至少举行两次会议，主要研究贵金属在石油炼制领域的安全有效利用等主题。

四、学术及沟通平台

IPMI 通过组织开展年度国际会议、区域和国际分会会议、各工作委员会活动、研讨会和网络研讨会，为其成员提供了贵金属领域研究和交流的平台。

其中，年度国际会议主要涉及贵金属领域的热门话题，一般由业内公认的管理者和专家作为主讲嘉宾；区域研讨会则主要关注 PGM 经济学、新炼油方法、贵金属分析新技术等专业主题。同时，IPMI 还通过国际贵金属教育和科学基金会，为学生提供资助、表彰机构管理者，推动贵金属领域的研究和教育，并吸引专业人士参与到贵金属行业。

五、经费筹措

IPMI 的运行经费主要来自成员会费和组织年度国际会议、区域和国际分会、研讨会和网络研讨会的会议费收入以及社会捐赠等。